Schlachtschiffe

Schlachtschiffe

Genehmigte Sonderausgabe für Verlagsgruppe Weltbild
GmbH, Steinerne Furt, 86167 Augsburg

Erste Auflage 2012
Igloo Books Ltd • Cottage Farm
Sywell • NN6 0BJ

www.igloo-books.com/pages/Deutschland

Alle Maßangaben sind gerundet.

Übersetzung: Helmut Roß, Krenglbach
(für lesezeichen Verlagsdienste)
Redaktion und Satz der deutschen Ausgabe:
lesezeichen Verlagsdienste, Köln

10 9 8 7 6 5 4 3 2 1
ISBN 978-3-82890-936-6

Text: Leo Marriott
Gedruckt in China

Inhalt

Einleitung 6

Die Vor-Dreadnought-Ära 24

Der Untergang der HMS *Victoria* 62

Viktorianische Schiffskonstrukteure 66

Dreadnought 70

Panzerschutz 110

Antriebsanlagen 113

Der Erste Weltkrieg 118

Admiräle des Ersten Weltkriegs 158

Im Innern eines Geschützturms 162

Zwischen den Kriegen: Die Vertragsschlachtschiffe 166

Eine neue Bestimmung: Umbau zum Flugzeugträger 206

Flugabwehrgeschütze 210

Der Zweite Weltkrieg: Der letzte Auftritt des Schlachtschiffs 214

Radar 254

Admiräle des Zweiten Weltkriegs 257

Das Ende vom Lied 262

Museumsschiffe: Lebendige Zeugen vergangener Zeiten 272

Anhang I: Liste der Schlachtschiffe und Schlachtkreuzer 280

Anhang II: Schlachtschiff-Spezifikationen 1905–1945 284

Anhang III: Die großen Geschütze 294

Anhang IV: Flugzeuge auf Schlachtschiffen 296

Auswahl-Bibliographie 300

Abkürzungen, Bildnachweise 301

Register 302

In voller Fahrt die schlagkräftigen 356-mm- Geschütze ausgeschwenkt – so verkörpert die USS Tennessee *die geballte Kraft eines Schlachtschiffs.*

EINLEITUNG

Einleitung

In der Zwischenkriegszeit verkörperte der Schlachtkreuzer HMS Hood *den ganzen Stolz der Royal Navy.*

Was ist ein Schlachtschiff? Wer sich mit den Besonderheiten der Schiffsterminologie nicht auskennt, neigt dazu, jedes Kriegsschiff als Schlachtschiff zu bezeichnen; aber nicht jedes Flugzeug ist ein Jumbo oder jedes Auto ein Ford Mustang. Eine kurze Beschreibung könnte wie folgt lauten: Schlachtschiffe sind (oder waren) die am schwersten bewaffneten und gepanzerten Schiffe ihrer Zeit und konnten in der Regel nur durch ihresgleichen besiegt werden. Andere Kriegsschiffe – wie Kreuzer, Zerstörer, Sloops und Patrouillenboote – waren den Schlachtschiffen untergeordnet, weshalb maritime Stärke und Status einer Nation an der Anzahl und Technik ihrer Schlachtschiffe gemessen wurden.

Die Entwicklung des gepanzerten modernen Schlachtschiffs begann Mitte des 19. Jahrhunderts, als Großbritannien die mit Abstand führende Seemacht war, woran sich bis zum Ende des Ersten Weltkriegs 1918 nichts ändern sollte. Danach wurde diese Vormachtstellung zunehmend angetastet – wenn auch eher durch politische Entscheidungen und knappe Finanzmittel –, sodass Ende des Zweiten Weltkriegs 1945 die Vereinigten Staaten die maritime Vorherrschaft angetreten hatten. Dieser Wandel spiegelte sich vielfach auch im Stellenwert des Schlachtschiffs wider, das bis 1914 allein über den Status als Seemacht bestimmt hatte, sich nun aber zunehmend verwundbar gegenüber neuen Technologien in Form von Flugzeugen und U-Booten zeigte. Dies war jedoch ein allmählicher Prozess; deshalb galt das Schlachtschiff in der Zwischenkriegszeit weiterhin als unverzichtbares Rückgrat jeder Kriegsflotte, und es wurden erhebliche Mühen aufgewandt, um seine Effizienz immer wieder zu steigern.

Noch nach Ausbruch des Zweiten Weltkriegs 1939 betrachteten die meisten Marineexperten das Schlachtschiff als allmächtig, und nur wenige Weitsichtige erkannten, dass die Zukunft über oder unter dem Meeresspiegel lag. Sie sollten Recht behalten. Beschleunigt wurde der Niedergang des Schlachtschiffs vor allem durch die Ereignisse von Pearl Harbor im Dezember 1941: Ein Überraschungsangriff durch japanische Trägerflugzeuge hatte die Pazifikflotte der US Navy so gut wie vernichtet. Dieses Ereignis bestätigte, dass Schlachtschiffe massiven Luftangriffen nicht standhalten konnten. Um den japanischen Streitkräften Einhalt zu gebieten und sie schließlich zu besiegen, konzentrierte sich die US Navy fortan auf Flotten und Einsatzkräfte, in deren Zentrum ein neues Großkampfschiff stand: der Flugzeugträger. Seitdem spielten Schlachtschiffe eine immer noch wichtige aber eher untergeordnete Rolle, wenngleich es noch ein paar klassische Seegefechte für sie geben sollte.

Bei Kriegsende im August 1945 war das Schlachtschiff im Wesentlichen Geschichte. Obwohl noch einzelne Schiffe im Einsatz blieben, sei es aus Prestigegründen oder für begrenzte militärische Aufgaben, war eine klassische Seeschlacht zwischen zwei konventionellen Flotten höchst unwahrscheinlich geworden. Daran änderte auch der Aufstieg der Sowjetunion zur Seemacht im Kalten Krieg nichts. (Dennoch ist es heute die russische Flotte, die mit einer Klasse moderner, mit Marschflugkörpern bewaffneter Schlachtkreuzer, so groß und imposant wie ihre historischen Vorläufer, Relikte der Schlachtschifftradition bewahrt).

Dieses Buch erzählt die faszinierende Geschichte der Schlachtschiffe, beginnend in der viktorianischen Ära, als sich das Wesen des kämpfenden Kriegsschiffs nachhaltig veränderte. Die Segel wurden durch Dampfantrieb ersetzt, die hölzernen Rümpfe durch solche aus Eisen und Stahl und die Vorderladekanonen, die massive Kugeln abfeuerten, durch neue Hinterladegeschütze für Explosivgeschosse. Jede dieser Neuerun-

Die 1870 fertiggestellte HMS Captain, *ein von Cowper Coles konstruiertes Turmschiff mit Segeltakelung, sollte tragisch enden.*

Schlachtschiffe

Die 1871 vom Stapel gelaufene HMS Devastation *war das erste große Kriegsschiff ganz ohne Takelung und wegweisend für die Entwicklung der Schlachtschiffe.*

gen bedurfte versierter und fantasievoller Admiräle, Seeleute und Schiffskonstrukteure, um die neuen Technologien möglichst optimal umzusetzen. Da sich diese Veränderungen innerhalb weniger Jahrzehnte ereigneten, entstand eine verblüffende Vielzahl von Schiffstypen, die jeweils von einigen als zukunftsweisend betrachtet wurden. In der Praxis überwogen jedoch die Misserfolge, denn viele Schiffe erwiesen sich als durchweg unpraktisch, manche gar als lebensgefährlich – so etwa das Turmschiff HMS *Captain*, das 1870 bei heftigem Sturm sank und 473 Besatzungsmitglieder in den Tod riss.

In den 1880er-Jahren hatte man indes die ausgefalleneren Ideen verworfen, und das moderne Schlachtschiff begann sich abzuzeichnen. Den Anfangspunkt bildete die bereits 1873 in Dienst gestellte HMS *Devastation* als das erste große seetuchtige Kriegsschiff, das ganz auf Segel verzichtete und mit vier schweren Vorderladegeschützen in zwei Drehtürmen bewaffnet war. Hieraus entwickelten sich die frühen Panzerschiffe mit einer typischen Verdrängung von rund 10 000 Tonnen (t) – bewaffnet mit vier großen Hinterladegeschützen –, die dank mit Kohle befeuerter Kolbendampfmaschinen 15 Knoten (kn) erreichen konnten. Derartige Schiffe wurden in beträchtlicher Zahl von Großbritannien gebaut, in geringerem Ausmaß auch von anderen Nationen mit der industriellen Kapazität und dem Fachwissen für solch komplexe Konstruktionen. Konkret waren dies Frankreich, Deutschland, Russland, Italien, Österreich und die Vereinigten Staaten, mehr oder weniger in der Rangfolge ihrer jeweiligen Flottenstärke. Damals war die US Navy noch ein eher unbedeutender Mitspieler.

Anfang des 20. Jahrhunderts gab es bereits Schlachtschiffe mit rund 15 000 t Verdrängung. Die Hauptbewaffnung bestand weiterhin aus vier großkalibrigen Geschützen (meist 318 mm in gepanzerten Zwillingstürmen), doch die mit 18 kn schnellsten Schiffe besaßen außerdem eine beachtliche Batterie kleinerer Kaliber wie 234-mm- oder 190-mm-Geschütze. Europa stand im Zeichen eines aggressiven Wettrüstens, da Deutschland sich mit dem Aufbau einer großen Hochseeflotte zu behaupten suchte, um die Royal Navy herauszufordern. Bis 1905 hatte Deutschland in kaum mehr als 15 Jahren nicht weniger als 24 Schlachtschiffe auf Kiel gelegt oder fertiggestellt – eine beachtliche Leistung, doch die Royal Navy war mit ihren fast doppelt so vielen Schlachtschiffen immer noch deutlich überlegen. Die französische Kriegsmarine befand sich im Niedergang; sie baute nur wenige Schlachtschiffe und konzentrierte sich stattdessen auf schlagkräftige Kreuzer, die man für besser geeignet hielt, um die Sicherheit der entlegenen Kolonien zu gewährleisten.

Russland hatte sich durch den Aufstieg Japans zur modernen Seemacht bedroht gefühlt und eine Flotte von der Ostsee aus um die halbe Welt entsandt, um den im Gelben Meer gelegenen Stützpunkt Port Arthur (heute Lüshunko, China) zu sichern, nachdem ein japanischer Überraschungsangriff die russische Pazifikflotte nahezu ausgelöscht hatte. Die von Admiral Roschestwenski kommandierten russischen Schiffe wurden in der Tsushima-Straße durch einen moder-

Oben: *Die 1906 vom Stapel gelaufene HMS* Dreadnought *revolutionierte den Seekrieg.*

Unten: *Ältere Schlachtschiffe, wie die 1902 fertiggestellte USS* Maine *(BB10), wurden mit Einführung der* Dreadnought *obsolet.*

nen, gut organisierten japanischen Verband unter Admiral Togo auf dem Schlachtschiff *Mikasa* (15 200 t) abgefangen, der sämtliche russischen Schiffe versenken oder erbeuten konnte. Dieser Sieg etablierte Japan als stärkste Seemacht im Pazifik.

Doch schon bald sollte sich eine wahre Revolution ereignen, die eine völlig neue Art der Kriegführung zur Folge hatte und ein Wettrüsten einläutete, das zum Kriegsausbruch 1914 beitrug. Im Oktober 1904 wurde Admiral Sir John Fisher als First Sea Lord an die Spitze der Royal Navy berufen. Er war bereits für zahlreiche Reformen verantwortlich und sah sich nun in der Lage, seine Vorstellungen von einem Schlachtschiff der Zukunft voranzutreiben. Stark von Tsushima beeinflusst – aber auch von der Art der neuen, auf Kiel liegenden japanischen und amerikanischen Schiffe – war Fisher die treibende Kraft für den Bau eines revolutionären, neuen Schlachtschiffs, der HMS *Dreadnought*. Tempo war gefragt: Kiellegung am 2. Oktober 1905, Stapellauf am 10. Februar 1906, Indienststellung am Neujahrstag 1907 – eine unglaubliche Leistung angesichts der Größe und Komplexität des neuen Schiffs, das mit 18 100 t größer war als alle

seine Vorgänger. Doch es gab noch weitere Unterschiede. Abgesehen von leichter Artillerie bestand die Bewaffnung allein aus nicht weniger als zehn 305-mm-Geschützen in fünf Panzertürmen mit zentraler Feuerleitung. Trotz der Größe waren dank der neu entwickelten Dampfturbinen 21 kn erreichbar, womit diese Antriebsart erstmals bei einem großen Kriegsschiff zum Einsatz kam.

Die HMS *Dreadnought* schlug ein wie eine Bombe: Quasi über Nacht galt jedes andere Schlachtschiff als veraltet, da ein Schiff der Dreadnought-Klasse dank seiner höheren Geschwindigkeit in eine taktisch günstige Position manövrieren konnte, um aus großer Entfernung schweres Feuer zu eröffnen. Diese Überlegenheit war derart ausgeprägt, dass der Begriff Schlachtschiff für wenigstens ein Jahrzehnt ungebräuchlich wurde und man die Großkampfschiffe in Dreadnoughts und Vor-Dreadnoughts unterteilte. Für die Royal Navy bedeutete der Bau der HMS *Dreadnought* ein kalkuliertes Risiko: Plötzlich wurde die eigene gewaltige Überlegenheit an Vor-Dreadnoughts irrelevant, denn die anderen Nationen konnten nun mit dem Aufbau neuer Dreadnought-Flotten beginnen. Selbstverständlich nahm Deutschland die Herausforderung an, doch die Royal Navy konnte ihren Vorsprung wahren und verfügte bei Ausbruch des Ersten Weltkriegs über nicht weniger als 20 dieser Schiffe, weitere zwölf waren in Bau. Auf deutscher Seite waren es 15 fertiggestellte und sechs auf Kiel.

Als Admiral Fisher die Konstruktion der HMS *Dreadnought* initiierte, gab er gleichzeitig den Anstoß

Die Deutsche Hochseeflotte, angeführt vom Linienschiff SMS Preußen

zur Entwicklung einer neuen Klasse von Kriegsschiffen, dem schnellen Schlachtkreuzer. Wie das neue Schlachtschiff hatte auch dieser 305-mm-Geschütze (acht in vier Türmen) als Standardbewaffnung und Dampfturbinenantrieb. Die Kreuzer sollten jedoch nicht Teil der Schlachtlinie sein, sondern für die Hauptkampfflotte als Aufklärer fungieren und unabhängig Jagd auf einzelne feindliche Kreuzer machen können. Die ersten drei Schlachtkreuzer wurden 1908 in Dienst gestellt. Ihr hohes Tempo (25 kn, in späteren Klassen 27 kn) und ihr schnittiger Bau beflügelten die Fantasie der Menschen. Um die hohen Geschwindigkeiten zu erreichen, musste jedoch der Panzerschutz reduziert werden, was Gewicht einsparte und Platz für die leistungsfähigeren Maschinen schuf. Schlagkraft, Mobilität und Schutz bilden seit jeher eine komplexe Gleichung, und der Schlachtkreuzer verkörperte eine ideenreiche Lösung für eine spezielle Aufgabenstellung. Doch die Erfahrung sollte lehren, dass dies nicht unbedingt eine gute Lösung war.

Bei Kriegsausbruch 1914 war die Mobilmachung bereits erfolgt, sodass die Royal Navy sogleich ihre Einsatzhäfen aufsuchte. Gleich zu Beginn fielen drei Panzerkreuzer einem U-Boot-Angriff im Ärmelkanal zum Opfer. Dies zeigte sofort, welche Gefahr den Großkampfschiffen durch diese relativ neue unsichtbare Waffe drohte. Bis zur Entwicklung geeigneter Gegenmaßnahmen und Taktiken wurden die Operationen der Kampfflotte erheblich behindert. Schlimmer noch war die totale Niederlage eines Kreuzergeschwaders der Royal Navy vor der chilenischen Küste gegen das deutsche Ostasiengeschwader unter Admiral von Spee. Admiral Fisher reagierte rasch und entsandte zwei Schlachtkreuzer in den Südatlantik, die von Spee vor den Falklandinseln begegneten – und dessen Verband vollständig vernichteten.

Doch der Seekrieg konzentrierte sich weiterhin auf die Nordsee, wo die britische Öffentlichkeit zuversichtlich eine größere Auseinandersetzung erwartete, die in einem vernichtenden, trafalgarartigen Sieg über die Deutsche Hochseeflotte enden würde. Nach einigen Scharmützeln mit unterschiedlichem Ausgang stieß die britische Grand Fleet unter Admiral Jellicoe erst im Mai 1916 in der Skagerrakschlacht auf die deutschen Schiffe unter Admiral Scheer. Diese in der einbrechenden Dämmerung ausgetragene Schlacht stellt bis heute die umfassendste Begegnung von Schlachtschiffen dar, auch wenn es keinen eindeutigen Sieger gab. Zumindest aus britischer Sicht kann man nur von einem Patt sprechen. In der Tat verlor die Royal Navy nicht weniger als drei der neuen Schlachtkreuzer, während die Deutschen unter den Großkampfschiffen einen Schlachtkreuzer und ein älteres Schlachtschiff einbüßten. Immerhin führten die Erfahrungen am Skagerrak dazu, dass die Deutsche Hochseeflotte die Royal Navy nicht noch einmal ernsthaft herausforderte, bis sie vollständig kapitulierte und im November 1918 festgesetzt wurde. In Scapa Flow vor den Orkney-Inseln wurde die gesamte deutsche Flotte im Juni 1919 schließlich von den eigenen Besatzungen versenkt.

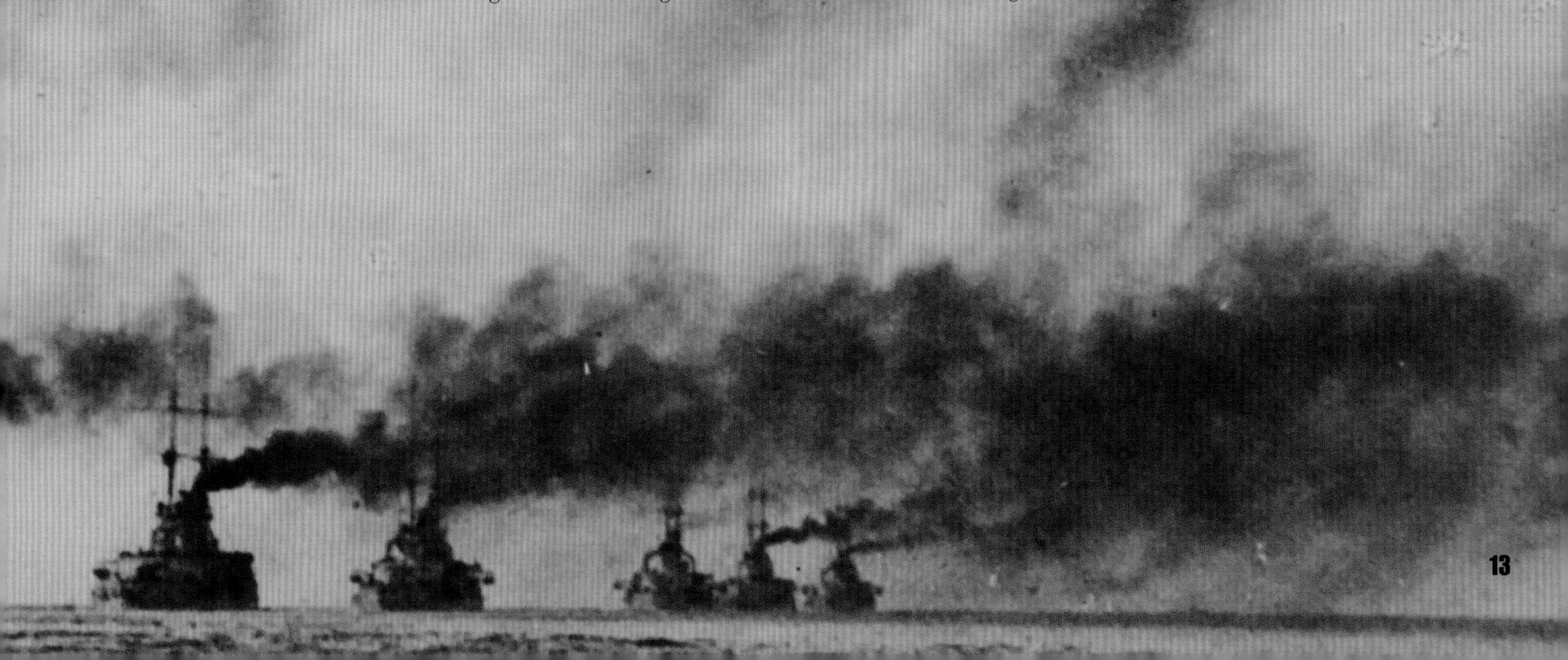

Ungeachtet des Ausgangs der Skagerrakschlacht hielt die Royal Navy am Bau neuer Schlachtkreuzer fest. Die 1920 fertiggestellte HMS *Hood* war während der gesamten Zwischenkriegszeit mit einer Verdrängung von 41 000 t das größte Kriegsschiff der Welt. Trotz des Waffenstillstands gab es weiterhin Pläne für große Schlachtkreuzer mit 48 000 t und 406-mm-Geschützen, später sogar mit 457-mm-Geschützen. Triebfeder war die Absicht, den aufstrebenden Seemächten Japan und USA deutlich überlegen zu bleiben.

Die US Navy hatte erst zu Beginn des 20. Jahrhunderts ernsthafte Anstrengungen unternommen, sich als Seestreitmacht hervorzutun. Im Ersten Weltkrieg wurde sie erstmals 1917 in Kampfhandlungen verwickelt, als ein Geschwader zur britischen Grand Fleet in Scapa Flow abgesandt wurde. Bereits 1919 verfolgten die Vereinigten Staaten eine erklärte Politik der Parität mit der Royal Navy und hatten Schlachtschiffe mit 40 000 t Verdrängung und 406-mm-Geschützen sowie große Schlachtkreuzer auf Kiel liegen.

Da Japan an ähnlichen Schiffen baute, entstand ein weiteres maritimes Wettrüsten, bei dem Größe und Kosten eines Schlachtschiffs anscheinend keine Grenzen gesetzt waren. Fraglich war, ob sich die betreffenden Nationen derart gewaltige Schiffe überhaupt leisten konnten. So überrascht es nicht, dass auf der (von den Vereinigten Staaten initiierten) Washingtoner Flottenkonferenz 1921 vereinbart wurde, das Leistungsvermögen von Schlachtschiffen und die Größe der nationalen Flotten zu begrenzen.

Die HMS Hood *1940 in Scapa Flow, eingerahmt von zwei 381-mm-Geschützen eines Schlachtschiffs der Queen-Elizabeth-Klasse*

Die HMS Nelson *war eines von zwei mit 406-mm-Geschützen ausgestatteten Schlachtschiffen, die Großbritannien laut Washingtoner Flottenvertrag von 1921 bauen durfte.*

Abgesehen von einigen konkreten Ausnahmen einigte man sich darauf, alle laufenden Arbeiten einzustellen und wenigstens in den kommenden zehn Jahren (die Frist wurde später verlängert) keine weiteren Schlachtschiffe zu bauen. Außerdem durfte die Verdrängung jedes neuen Schlachtschiffs nicht mehr als 35 000 t betragen, das Kaliber der Geschütze wurde auf 406 mm begrenzt. Schließlich startete man ein umfassendes Abwrackprogramm, sodass zwischen den Vereinigten Staaten und Großbritannien ein ungefähres Gleichgewicht der Kräfte entstand. Japan sah sich auf eine Gesamttonnage der Großkampfschiffe beschränkt, die drei Fünftel des Volumens beider Großmächte entsprach, während Frankreich und Italien gezwungen waren, ein Drittel zu akzeptieren.

Im Zuge dieser Beschlüsse stellte die US Navy drei Schlachtschiffe der Maryland-Klasse fertig und Japan zwei Schiffe der Nagato-Klasse. Großbritannien durfte mit dem Bau von zwei Schiffen der Nelson-Klasse beginnen. In allen Fällen kamen 406-mm-Geschütze zum Einsatz, doch nach Maßgabe des Washingtoner Flottenvertrags und des Londoner Vertrags von 1930 durften die Vereinigten Staaten und Großbritannien für nahezu zehn Jahre keine weiteren Schlachtschiffe auf Kiel legen. Der Washingtoner Flottenvertrag hatte einen Nebeneffekt, der die Entwicklung der Schlachtschiffe nachhaltig beeinflusste: Mehrere überzählige Schiffsrümpfe mussten nicht zerlegt, sondern durften für Flugzeugträger genutzt werden.

Ausgelöst wurde die Wiederaufnahme des Schlachtschiffbaus durch das 1931 vom Stapel gelaufene Panzerschiff *Deutschland*. Gemäß Versailler Vertrag von 1919 durfte Deutschland einige der alten, nach dem Ersten Weltkrieg verbliebenen Vor-Dreadnoughts ersetzen. Diese waren auf 10 000 t und 280-mm-Geschütze beschränkt, und die Alliierten setzten einen gleichwertigen Austausch voraus, der für ihre größeren Kriegsflotten keine Bedrohung bedeutete. Dank ihrer Dieselaggregate waren die deutschen Schiffe jedoch schnell (26 kn) und besaßen eine große Reichweite. Mit ihrer vergleichsweise starken Bewaffnung aus sechs 280-mm-Geschützen in zwei Drillingstürmen eigneten sich diese „Westentaschenschlachtschiffe" ideal für Überfälle auf Handelsschiffe auf hoher See. Auf dem Papier konnten sie jeden entgegengesandten Kreuzer leicht besiegen und praktisch jedes besser bewaffnete Großkampfschiff abhängen. Alarmiert durch diese Bedrohung begann Frankreich 1934 mit dem Bau von zwei Schlachtkreuzern mit 26 000 t und 343-mm-Geschützen. Noch im gleichen Jahr folgte Italien mit der

Kiellegung zweier Schlachtschiffe der Vittorio-Veneto-Klasse mit 381-mm-Geschützen. Frankreich reagierte 1935 mit Schlachtschiffen der Richelieu-Klasse, ebenfalls mit 381-mm-Geschützen. Deutschland als Urheber dieser Eskalation begann 1934 und 1935 mit dem Bau zweier Schlachtkreuzer (*Scharnhorst* und *Gneisenau*) und 1936 zweier Schlachtschiffe (*Bismarck* und *Tirpitz*).

Großbritannien und die Vereinigten Staaten hielten sich an die vertraglichen Klauseln und begannen erst 1937 mit dem Bau neuer Schlachtschiffe, etwa mit den ersten von fünf Schlachtschiffen der King-George-V-Klasse für die Royal Navy. Diese waren indes nur mit 356-mm-Geschützen ausgestattet, und die britischen Politiker hofften vergeblich, dies würde von den konkurrierenden Nationen akzeptiert. Die beiden US-Schlachtschiffe (*North Carolina* und *Washington*) hielten jedoch am 406-mm-Geschütz fest, so auch alle nachfolgenden US-Schlachtschiffe, von denen weitere acht während des Zweiten Weltkriegs fertiggestellt wurden. Japan hatte die Einhaltung der Klauseln 1937 öffentlich widerrufen und setzte ohne Wissen der Alliierten den Bau von drei großen Schlachtschiffen mit 64 000 t und 457-mm-Geschützen fort. Tatsächlich wurden nur zwei von ihnen (*Yamato* und *Musashi*) wie geplant fertiggestellt, während aus dem Dritten ein Flugzeugträger entstand.

Sämtliche ab 1934 auf Kiel gelegten Schlachtschiffe und Schlachtkreuzer hatten eines gemeinsam: Sie waren mit 28–33 kn deutlich schneller als ihre Vorläufer aus dem Ersten Weltkrieg. So wurde die konventionelle Vorstellung von einem leicht gepanzerten Schlachtkreuzer entbehrlich, wenngleich die deutsche Scharnhorst- und die amerikanische Alaska-Klasse (Kiellegung 1941) mit den leichteren 280-mm- bzw. 305-mm-Geschützen in schnellen, doch gut geschützten Schiffskörpern andere Akzente setzten.

Die 1941 fertiggestellte USS Washington *(BB56) war eines von zwei 1937 georderten US-Schlachtschiffen.*

Schlachtschiffe

Bei Kriegsausbruch 1939 waren nur sehr wenige der neuen Schiffe einsatzbereit. Zunächst kamen daher in den 1930er-Jahren oftmals umfassend modernisierte Schlachtschiffe und Schlachtkreuzer aus dem Ersten Weltkrieg zum Einsatz. Die großen Schlachtflotten aus diesem Krieg gab es nicht mehr, und an den aktuellen Kampfhandlungen war eine viel geringere Zahl von Kriegsschiffen beteiligt. Kämpfende Flotten begegneten sich noch am ehesten im Mittelmeer, wo sich größere britische und italienische Verbände mindestens zwei Mal gegenüberstanden (1940 vor Kalabrien und 1941 am Kap Matapan). Und im Juli 1940 bombardierten zwei britische Schlachtschiffe und der Schlachtkreuzer HMS *Hood* die französische Flotte in Oran, damit ihre Schiffe nicht in deutsche Hände fielen.

Nachhaltig demonstriert wurde das Potenzial der Schlachtschiffe durch die dramatische Jagd auf die *Bismarck*, nachdem diese die HMS *Hood* versenkt hatte. Ihr Schwesterschiff, die *Tirpitz*, musste nicht einmal auslaufen, um den Konvoi PQ17 vor der norwegischen Küste zu zerstören. Wegen der von dem deutschen Schiff ausgehenden Gefahr hatte die britische Admiralität dem Konvoi befohlen sich aufzulösen. Allein und schutzlos fielen die Handelsschiffe des Konvois immer wieder deutschen Angriffen zum Opfer.

Obwohl kaum jemals in See gestochen, bedeutete das deutsche Schlachtschiff Tirpitz *bis zu seiner Versenkung Ende 1944 eine große Gefahr für die arktischen Konvois nach Russland.*

Die HMS Repulse *war eines von zwei britischen Schiffen, die im Dezember 1941 vor Malaya durch japanische Flugzeuge versenkt wurden – ein Ereignis, das letztlich die Vormachtstellung der Schlachtschiffe im Seekrieg beendete.*

Das deutsche Schlachtschiff Bismarck *feuert auf die HMS* Hood *(aufgenommen an Bord des Schweren Kreuzers* Prinz Eugen*).*

Dennoch zeichnete sich rasch ab, dass die Tage des Schlachtschiffs gezählt waren und das Flugzeug zum Zünglein an der Waage wurde. Die Royal Navy hatte die Überlegenheit der Luftangriffe bereits demonstriert, indem sie im November 1940 in Tarent die italienische Flotte mit altertümlichen Swordfish-Doppeldeckern kampfunfähig machte. Den Japanern war dies nicht entgangen. Sie wiederholten die Operation in größerem Maßstab in Pearl Harbor (Dezember 1941): Sieben US-Schlachtschiffe wurden versenkt oder kampfunfähig gemacht. Noch bedrohlicher für das Schlachtschiff war der Untergang der britischen Schiffe HMS *Prince of Wales* und HMS *Repulse* vor Malaysia am 10. Dezember 1941. Beide Schiffe konnten sich auf offenem Meer frei bewegen, besaßen die neuesten Flugabwehrgeschütze und vier Zerstörer als Geleitschutz. Befürworter des Schlachtschiffs hatten behauptet, dieses könne sich in einer derartigen Situation recht gut verteidigen, doch der Erfolg des japanischen Luftangriffs verbannte diese Vorstellung in die Mottenkiste der Geschichte.

Im weiteren Kriegsverlauf wurden Schlachtschiffe meist zur Unterstützung größerer Operationen eingesetzt, etwa bei Landungskommandos (Sizilien und Iwo Jima), wo die Feuerkraft ihrer schweren Geschütze für die Landungstruppen ein großes Plus bedeutete, oder als Flugabwehreskorten für die schnellen Trägerverbände. Kurze Momente des Ruhms waren die Versenkung der *Scharnhorst* durch die HMS *Duke of York* (Dezember 1943) und die Nachtaktion der Überlebenden von

Pearl Harbor in der Schlacht um Leyte, als Schlachtschiffe an der Versenkung der japanischen *Yamashiro* mitwirkten. Im späteren Verlauf wurde das Riesenschlachtschiff *Musashi* durch amerikanische Trägerflugzeuge versenkt; auch ihr Schwesterschiff, die *Yamato*, wurde Opfer eines Luftangriffs (April 1945).

Bei Kriegsende 1945 stand bei den Achsenmächten keines ihrer Schlachtschiffe mehr in Dienst, die allesamt (zum Teil selbst) versenkt, kampfunfähig oder beschlagnahmt waren. Viele intakte Schiffe wurden 1946 für US-Atombombentests eingesetzt. Auf alliierter Seite blieben einige Schlachtschiffe eine Zeit lang in Dienst, sei es als Schulschiff oder aus Prestigegründen. Es gab immer wieder Pläne, sie mit Lenkflugkörpern auszurüsten, doch die meisten wurden bis 1960 abgewrackt. Eine wichtige Ausnahme bilden die amerikanischen Schlachtschiffe der Iowa-Klasse, die im Koreakrieg und später auch in Vietnam kurzzeitig zum Einsatz kamen. Überraschenderweise wurden sie dann in den 1980er-Jahren für den Abschuss von Marschflugkörpern umgerüstet. Einige der Schiffe nahmen gar am ersten Golfkrieg 1991 teil, was jedoch ihr Ende einläutete. Bei den bis heute erhaltenen Relikten aus der Ära der großen Schlachtschiffe handelt es sich ausnahmslos um Museumsexemplare.

Doch damit ist die Geschichte noch nicht ganz zu Ende, denn die russische Kriegsmarine schuf in den 1980er-Jahren eine moderne Neuauflage des Schlachtkreuzerkonzepts, und wenigstens eines dieser Schiffe ist bis heute in Dienst. Zwar wurde die dichte Abfolge von Großgeschützen durch moderne Raketenabschuss-Silos ersetzt, doch der Anblick eines mit 30 kn voraneilenden 30 000-t-Kriegsschiffs erinnert weiterhin an lang zurückliegende Tage, als Schlachtschiffe und Schlachtkreuzer die Weltmeere beherrschten.

Die HMS Duke of York *– jenes Schiff, das den deutschen Großen Kreuzer* Scharnhorst *versenkte*

16. April 2010, das Ende einer Ära: Die USS Wisconsin, letztes Schlachtschiff der US Navy, wird der Stadt Norfolk (Virginia) als Denkmal und Museumsschiff übergeben.

DIE VOR-DREADNOUGHT-ÄRA

Den erhabenen Mittelpunkt dieses Ölgemäldes bildet die HMS Devastation.

Die Vor-Dreadnought-Ära

Die Seeschlacht bei Trafalgar

Im Oktober 1805 führte Admiral Lord Nelson die Royal Navy vor Kap Trafalgar (Spanien) zu einem historischen Sieg über die vereinigte französische und spanische Flotte. Obwohl dies nicht die allerletzte Schlacht zwischen Segellinienschiffen war (das war die Seeschlacht von Navarino, 1828), steht Trafalgar für den Gipfelpunkt von drei Jahrhunderten Seekrieg, in deren Verlauf sich weder die Schiffe noch ihre Bewaffnung wesentlich veränderten. Nelsons Genialität lag darin begründet, wie er seine Männer motivierte, seine Flotte organisierte und gewagte neue Taktiken einsetzte. Und doch wurde auch diese Schlacht unweigerlich dadurch gewonnen, dass sich einzelne Schiffe aus größter Nähe bekämpften – Nelson selbst wurde durch eine aus wenigen Metern Entfernung abgefeuerte Musketenkugel tödlich verwundet. Der Ausgang derartiger Begegnungen hing wesentlich davon ab, wie schnell die Besatzungen ihre Vorderladekanonen bedienen konnten.

Am 27. Mai 1905, also fast genau 100 Jahre später, ereignete sich auf der anderen Seite des Erdballs eine kaum weniger bedeutende Schlacht, als eine von Admiral Togo kommandierte japanische Flotte einen russischen Verband abfing, der im fernen Ostseehafen Kronstadt gestartet war, um das von Japan besetzte russische Port Arthur (Mandschurei) zu befreien. Hier standen sich nun schwer gepanzerte Dampfschiffe gegenüber, bewaffnet mit starken Hinterladegeschützen, die kilometerweit präzise feuern konnten. Der Kontrast zwischen den beiden Schlachten hätte kaum größer ausfallen können.

In den 100 Jahren zwischen den beiden Schlachten hatten sich die Konstruktion und Ausrichtung der Kriegsschiffe, ihre Bewaffnung und Ausrüstung von Grund auf verändert. Dies wiederum führte zu völlig neuen Taktiken und Kommandomethoden, um die Möglichkeiten der neuen Technologien zu nutzen. So entstand vor allem das eisenbewehrte, dampfgetriebene Schlachtschiff, dessen Weiterentwicklung schließlich zu den Großkampfschiffen des 20. Jahrhunderts führte, die in den beiden Weltkriegen eine wichtige Rolle spielen sollten.

In den ersten Jahrzehnten nach Trafalgar änderte sich kaum etwas. Als führende Seemacht zögerte die Royal Navy, von bewährten Prinzipien abzuweichen. Auch wenn die neue Diagonalverstrebung den Bau längerer Schiffe erlaubte, blieb das Segelkriegsschiff ansonsten nahezu unverändert. Doch es waren bereits Faktoren am Werk, so etwa die Einführung des Dampfantriebs, die den grundlegenden Wandel heraufbeschwören sollten. Dass sich ein Dampfschiff unabhängig vom Wind bewegen konnte, war taktisch naturgemäß von Vorteil. Die Notwendigkeit ausreichender Kohlevorräte erforderte jedoch die Einrichtung eines weltweiten Netzwerks von Versorgungsstationen. Die frühen Dampfschiffe wurden zudem noch durch Seitenräder angetrieben, die ein empfindliches Ziel darstellten und dort saßen, wo bisher Geschütze montiert waren. Erst als in den 1840er-Jahren die

Oben: *Japan bescherte Russland in der Seeschlacht bei Tshushima eine demütigende Niederlage, was die Zukunft der Kriegsschiffe nachhaltig beeinflusste.*

Unten: *Die französische* La Gloire *war das erste große seetüchtige Panzerschiff, wenngleich es noch über einen Holzrumpf verfügte.*

Eines der 70-Pfünder Hinterladegeschütze der HMS Warrior*; diese erwiesen sich als nicht erfolgreich, weshalb man für weitere zwei Jahrzehnte zu Glattrohr-Vorderladern zurückkehrte.*

Überlegenheit des Schraubenantriebs nachgewiesen wurde, begann man ernsthaft auf Dampfantrieb umzustellen, ohne dabei auf volle Takelung zu verzichten. Das letzte voll getakelte Segellinienschiff (die HMS *Aboukir*, ein Zweidecker mit 90 Geschützen) lief erst 1848 vom Stapel, wenngleich ähnliche Schiffe damals bereits während der Fertigstellung auf Dampfantrieb umgestellt wurden.

Die neuen Dampffregatten hielten an den traditionellen Breitseiten aus Vorderladekanonen fest, doch es kamen zunehmend präzisere, gezogene Geschütze für Explosivgeschosse zum Einsatz. Wie wirkungsvoll diese sein konnten, hatte sich im Krimkrieg gezeigt – vor allem gegen Schiffe mit hölzernem Rumpf; deshalb wurde eine Art Panzerschutz erforderlich. Wie so oft in jener Zeit wartete Frankreich mit neuen Ideen auf, doch Großbritannien konnte dank überlegener industrieller Ressourcen mindestens gleichziehen. Die französische, 1858 auf Kiel gelegte *La Gloire* und ihre drei Schwesterschiffe waren gepanzerte Dampffregatten mit einer Geschwindigkeit von 13 kn und insgesamt 52 Geschützen, eine Mischung aus Vorderladekanonen und gezogenen Hinterladegeschützen für Granaten. Auch wenn man sie als die ersten großen Panzerschiffe ausgab, handelte es sich um Schiffe mit hölzernem Rumpf und einem 11,5 cm dicken schmiedeeisernen Gürtelpanzer über und unter der Wasserlinie. Die Briten reagierten sofort, indem sie 1859 die Panzerschiffe HMS *Warrior* und HMS *Black Prince* auf Kiel legten. Die gänzlich aus Eisen gebauten Schiffe verdrängten 9210 t und waren mit einer Gesamtlänge von 127 m fast doppelt so groß wie die *La Gloire*. Die Hauptbewaffnung der HMS *Warrior* umfasste 26 Vorderlader (68-Pfünder) sowie 14 Hinterlader (vier 70-Pfünder und zehn 110-Pfünder), die in traditioneller Breitseitenmanier arrangiert und durch den Gürtelpanzer geschützt waren. Obwohl die Royal Navy damals bereits großkalibrige Hinterladegeschütze eingeführt hatte, kehrte man mangels Erfolg für weitere zwei Jahrzehnten zu Vorderladern zunehmenden Kalibers zurück.

An der traditionellen Breitseitenanordnung der Geschütze hielt man auch bei einigen nach der *Warrior*

Oben: *Die CSS* Virginia, *eine Schwimmende Batterie, entstand 1863 aus der erbeuteten Dampffregatte* Merrimack.

Unten: *Geschützturm eines Monitors der Nordstaaten-Navy; einzelne Vollkugeln haben Spuren hinterlassen, doch den Schutzpanzer nicht durchdrungen.*

gebauten Schiffen fest – ebenso wie bei den französischen Schiffen. Jenseits des Atlantiks gab es 1863 indes, während des Sezessionskriegs, ein Ereignis, das die Entwicklung der Kriegsschiffe nachhaltig verändern sollte. Konföderierte hatten während der Besetzung des Federal Navy Yard in Norfolk (Virginia) die Schraubenfregatte *Merrimack* erbeutet. Die numerisch unterlegene konföderierte Navy beschloss, das Schiff in eine unüberwindliche Schwimmende Batterie zu verwandeln. Auf den bis zur Wasserlinie reduzierten Rumpf pflanzte man eine gepanzerte Zitadelle aus dicken, um 45 Grad nach innen geneigten Lagen aus

Fichten- und Eichenholzbohlen, verkleidet mit 5 cm dicken Eisenplatten. Die durch in den Panzer geschnittene Stückpforten feuernde Geschützbatterie bestand aus vier gezogenen 178-mm-Vorderladern und sechs glatten 228-mm-Geschützen. Am 8. März 1863 lief die *Merrimack* (nun unter dem Namen *Virginia*) in Norfolk aus, um in den Hampton Roads die Blockade der Nordstaaten aus hölzernen Kriegsschiffen zu durchbrechen – mit durchschlagendem Erfolg, denn die Schüsse der feindlichen Schiffe wurden durch den geneigten Panzer abgelenkt, und zwei von ihnen wurden zerstört. Zufällig arbeiteten die Nordstaaten gerade an einer revolutionären Konstruktion des schwedischen Ingenieurs John Ericsson. Die USS *Monitor* besaß auf einem Holzrumpf ein Panzerdeck und überhängende gepanzerte Seiten. Vor allem aber war ihre Bewaffnung, nur zwei 280-mm-Dahlgren-Glattrohrkanonen, in einem drehbaren Geschützturm untergebracht. Am Morgen des 8. Mai trafen beide Panzerschiffe aufeinander und duellierten sich fast vier Stunden lang. Die Sache endete zwar unentschieden, doch damit war erwiesen, welche Vorteile der Plattenpanzer bot. Als erste Auseinandersetzung zweier gepanzerter Schiffe behielt dieses Ereignis historische Bedeutung.

Die Begegnung zwischen der Monitor *und der* Virginia *endete unentschieden, auch wenn die Dramatik dieser zeitgenössischen Skizze etwas anderes suggerieren mag.*
Schautafel rechts: *Das Bauschema der* Monitor *zeigt den floßartigen Rumpf und den inneren Aufbau des Drehturms.*

A
B
B
Fig. 2.
C
D
A
Fig 1
B
C
K
E
F
A
Fig.3.
K
G
PLANS OF THE MONITOR.

Oben: *Die von Reed konstruierte HMS* Monarch, *ein Turmschiff mit voller Takelung, wurde 1869 fertiggestellt.*
Detail unten: *Nahansicht eines der Türme der HMS* Captain.

Die Geschütze der *Monitor* waren sehr langsam, da zwischen zwei Schüssen rund sieben Minuten vergingen. Dennoch bedeutete die Tatsache, dass sich ein Schiff mit nur zwei Geschützen gegen eines mit zehn Geschützen behauptet hatte, den deutlichen Nachweis der Vorteile drehbarer Geschütztürme. Tatsächlich hatte ein solches Arrangement in Europa bereits seine Befürworter, so vor allem Captain Cowper Coles von der Royal Navy, der sich die Idee bereits 1859 patentieren ließ. In der Theorie bot ein mit Türmen ausgestattetes Schiff den großen Vorteil, nur die Hälfte der Geschütze eines entsprechenden Breitseitenschiffs zu benötigen, da diese in beide Richtungen feuern konnten. In der Praxis gab es indes diverse Schwierigkeiten, etwa die Auswirkung der stark gepanzerten Türme auf die Stabilität des Schiffs. Zudem waren die damaligen Schiffe noch voll getakelt, sodass die verschiedenen Masten und Wanten im Weg standen. Dennoch gelang es Coles, das Konzept 1862 mit dem Bau eines kleinen Schiffs, der HMS *Prince Albert*, zu untermauern. Im Jahr 1866 folgte die Kiellegung der HMS *Monarch* mit 8300 t und vier 305-mm-Vorderladegeschützen in zwei Türmen mittschiffs. Als erstes Schiff seiner Art, das als Bestandteil der Kampfflotte auf hoher See vorgesehen war, wurde die *Monarch* als vollwertiger Dreimaster ausgeführt. Von Sir Edward Reed, dem Chefkonstrukteur der Navy entworfen, stieß sie bei Coles auf Ablehnung, denn der hohe Freibord machte sie in seinen Augen zu einem größeren Ziel; außerdem behinderten das Vorderdeck und die Stützen des Brückendecks das Feuern in Längsrichtung. Coles konnte die Admiralität zum Bau eines durchweg von ihm entworfenen Turmschiffs, der HMS *Captain*, bewegen. So entstand ein weiterer dampfgetriebener Dreimaster, jedoch mit viel tiefer eingelassenen Türmen. Trotz Zweifel an der Stabilität wurde das Schiff im Januar 1870 in Dienst gestellt. Vor dem spanischen Kap Finisterre geriet es

Oben: *In der viktorianischen Epoche veränderte sich die Seekriegführung nachhaltig, wie deutlich aus diesem Bild hervorgeht. Es zeigt die HMS* Devastation *(1873 fertiggestellt) bei der Vorbeifahrt an der HMS* Victory *im Hafen von Portsmouth.*

im September in starke, doch nicht ungewöhnlich stürmische Winde. Man raffte die Segel, doch plötzlich schlug das Schiff um, ging unter und riss bis auf 18 Mann alle in den Tod, darunter auch den Kapitän und Cowper Coles selbst.

Trotz dieser schmerzlichen Verluste verfolgte man das Turmprinzip weiter. Reed löste das Problem der Stabilität unter Segeln ebenso einfach wie revolutionär: Er verzichtete auf sämtliche Masten, Segel und Wanten. So entstand mit der HMS *Devastation* das erste ganz auf Dampfantrieb basierende große Kriegsschiff und damit auch das erste erkennbar moderne Schlachtschiff. Die *Devastation* verdrängte 9330 t, ihre Länge betrug 87 m, die Breite 18 m. Den Rumpf schützte ein Verbund aus 30 cm Schmiedeeisen und 45 cm Teakholz. Der Freibord betrug nur 135 cm, weshalb das Hauptdeck während der Fahrt ständig überspült war; doch die mittleren zwei Drittel nahm eine 2 m starke Brustwehr ein; an beiden Enden befanden sich Ringtürme mit Drehlafetten und je einem Paar gezogener 305-mm-Vorderlader. Zwischen den Türmen erstreckte sich ein Brückendeck, in das die beiden Schornsteine und ein einzelner Großmast eingelassen waren. Trotz des geringen Freibords war das Schiff für Hochseeaufgaben vorgesehen; der 1800 t Kohle fassende Bunker sorgte für einen weiten Aktionsradius.

Neben den schweren Geschützen verfügte die *Devastation* auch über einen Rammsteven – ein Muss für die Panzerschiffe jener Zeit. Die wenigen Kampfhandlungen, in die die frühen Panzerschiffe verwickelt waren, wurden eifrig analysiert, um die Effizienz der neuen Waffen und Konstruktionen zu studieren. Am 20. Juli 1866 stieß die österreichisch-ungarische Flotte unter Konteradmiral Tegetthoff vor der adriatischen Insel Lissa auf eine überlegene italienische Streitmacht unter Admiral Conte di Persano. Die Italiener besaßen große Panzerschiffe mit zahlreichen gezogenen Armstrong-Geschützen für Granaten von 45–135 kg sowie

Das italienische Flaggschiff Re d'Italia *wurde in der Seeschlacht von Lissa (1866) durch Rammen versenkt – ein Ereignis, das nicht ohne Folgen blieb.*

fünf gut bewaffnete Panzerfregatten. Dann gab es noch ein Turmpanzerschiff von 4000 t mit einem 79 m langen, scharfen Rammsteven und zwei 135 kg schweren Armstrong-Geschützen. Tegetthoffs Flotte bestand aus zwei Panzerfregatten (eine war das Flaggschiff *Ferdinand Max),* vier kleineren Panzerschiffen und diversen anderen Schiffen, darunter ein dampfgetriebenes Linienschiff mit Holzrumpf.

Beim Aufeinandertreffen lösten sich die Anfangsformationen rasch auf und es entwickelte sich ein ungeordneter Nahkampf (Mêlée). Die *Ferdinand Max* rammte und versenkte das italienische Flaggschiff *Re d'Italia,* doch trotz der Menge an Munition, die beide Seiten abfeuerten, sank sonst nur noch ein kleines italienisches Kanonenboot – ein Granattreffer hatte einen Brand ausgelöst, der das Magazin explodieren ließ. Die Lektion: Granaten waren generell untauglich, eine Panzerung zu durchdringen, und der Feind konnte nur durch Rammen versenkt werden. Wenigstens in den folgenden beiden Jahrzehnten wurde somit jedes größere Kriegsschiff mit einer Rammvorrichtung ausgestattet; doch auch wenn auf diese Weise keine weiteren Schiffe in einer Schlacht versenkt wurden, gab es einige folgenschwere Unfälle. Die HMS *Vanguard* wurde 1872 von der HMS *Northumberland* im Nebel gerammt. Am helllichten Tag rammte und versenkte das Schlachtschiff *Camperdown* 1892 das Flaggschiff der Mittelmeerflotte, die HMS *Victoria,* aufgrund eines unbedachten Flottenmanövers, das durch den Oberkommandierenden, Admiral Sir George Tyron, angeordnet worden war.

Die Seeschlacht von Lissa hatte noch eine weitere Konsequenz: Tegetthoff hatte seine Flotte in Pfeilspitzenformation gegen die italienische Linie geführt, was man als Erfolgsfaktor ansah. Folglich legte man nun großen Wert darauf, dass ein Schiff maximale Feuerkraft direkt nach vorn entfalten konnte. Mit der traditionellen Breitseitenbatterie der frühen Panzerschiffe war dies natürlich nicht möglich. Selbst ein Schiff mit Türmen vorn und achtern konnte nur mit der Hälfte seiner Geschütze nach vorn feuern. Um das Vorausfeuer zu konzentrieren, entstanden einige recht merkwürdige Schiffe. Mit der 1877 vom Stapel gelaufenen *Admiral Duperre* fanden die Franzosen schließlich eine Lösung, auf die sie auch bei einigen ihrer späteren Panzerschiffe zurückgriffen.

Mit der 1879 vom Stapel gelaufenen Admiral Duperre *führte Frankreich das Konzept des Barbettschutzes ein.*

Das knapp 10 500 t verdrängende Schiff zeichnete sich dadurch aus, dass die Bordwände oberhalb der Wasserlinie stark nach innen geneigt waren (Tumblehome genannt). So konnten abseits der Aufbauten Strukturen für die Geschütze errichtet werden. Diese und ähnliche Strukturen zum Schutz weiterer auf der Mittellinie vorn und achtern montierter Geschütze waren ebenfalls eine französische Innovation: eine stark gepanzerte Brustwehr (Barbette), hinter der die Geschütze geladen und ausgerichtet werden konnten – eine populäre Alternative zum komplexeren und schwereren Panzerturm. Die *Admiral Duperre* besaß vier 340-mm-Geschütze – je eines an den Bordseiten, vorn und achtern; so konnten jeweils drei Geschütze direkt nach vorn oder hinten feuern.

Zwischenzeitlich hatte die Royal Navy mehrere Zentralbatterieschiffe gebaut, bei denen die Hauptbewaffnung mittschiffs in einer gepanzerten Zitadelle untergebracht war. Vor und hinter der Zitadelle waren die oberen Decks eingezogen, um direkt nach vorne oder achtern feuern zu können. Das erste dieser Schiffe war die HMS *Alexandra* (1873, 9490 t) mit zwei gezogenen 280-mm-Vorderladern, zehn 254-mm-Vorderladern und sechs 13-cwt-Hinterladern (1 cwt. – engl.: hundredweight – entspricht etwa 50 kg). Die Einführung von Barbetten und Türmen erforderte jedoch eine neue Anordnung der Geschütze, und Italien kam

Unten: *Die HMS* Alexandra *war eines von mehreren Zentralbatterieschiffen, deren Geschütze hinter einer gepanzerten Zitadelle platziert wurden, bevor Türme weite Verbreitung fanden.*

Mit schweren 406-mm-Geschützen bewaffnet, waren die Dandalo **(oben)** *und ihr Schwesterschiff* Duilio **(unten)** *bei ihrer Kiellegung 1873 die potenziell schlagkräftigsten Schlachtschiffe überhaupt.*

Die 1876 auf Kiel gelegte Lepanto *war bei ihrer Fertigstellung elf Jahre später bereits veraltet, denn der Rumpf des großen und schnellen Schiffs blieb ungeschützt, und nur das zentrale Reduit war gepanzert.*

mit der Idee, diese mittschiffs diagonal versetzt aufzustellen. Dank davor und dahinter zurückgesetzter Aufbauten konnte aus beiden Türmen direkt nach vorn und achtern gefeuert werden. Benedetto Brin, Chefkonstrukteur der italienischen Kriegsmarine, zeichnete für die *Dandalo* und *Duilio* verantwortlich, die bei ihrer Kiellegung 1873 die wohl schlagkräftigsten Kriegsschiffe weltweit waren. Die Hauptbewaffnung dieser 11 138 t verdrängenden Panzerschiffe bestand aus vier massiven 450-mm-Vorderladegeschützen (100 t) in zwei großen Panzertürmen mittschiffs, der Vordere leicht nach Steuerbord, der Hintere nach Backbord versetzt. So konnte das äußere Geschütz jedes Turms direkt nach vorn feuern, doch in der Praxis verursachte die Detonation inakzeptable Schäden an den Aufbauten. Auf diese beiden Schiffe folgten die noch größeren *Lepanto* und *Italia* (14 000 t, Kiellegung 1876) mit vier etwas kleineren Geschützen in Zwillingsbarbetten, eingefasst durch ein zentrales Reduit.

Großbritannien reagierte auf diese Ungeheuer mit der HMS *Inflexible*, die Nathaniel Barnaby nach italienischem Vorbild entworfen hatte. Auch hier befand sich die Hauptbewaffnung aus vier 406-mm-Vorderladegeschützen in zwei mittschiffs diagonal versetzten Panzertürmen. Das Laden und Abfeuern dieser Großgeschütze gestaltete sich kompliziert und zeitaufwendig, obwohl Türme und Lademechanik hydraulisch bewegt wurden. Nach dem Feuern wurden die Geschützrohre gesenkt, um mit den durch eine Panzerwand geschützten, schräg nach oben gerichteten Laderohren eine Linie zu bilden. Dann wurde der Turm verriegelt, und die hydraulisch betriebenen Ansetzer drückten Schwämme durch den Lauf, der zusätzlich mit Wasser ausgespritzt wurde. Die Schwämme wurden entfernt und Kartuschbeutel von Hand auf die Ladevorrichtung gelegt, gefolgt von den Granaten auf Rollwagen, die mit Muskelkraft auf eine Linie mit den Laderohren gebracht wurden. Das Ganze wurde dann hydraulisch durch das Laderohr und in den Geschützlauf gerammt. Nach Entfernen des Ansetzers wurde der Turm entriegelt und konnte nun erneut auf das Ziel gerichtet werden. Ein Zündrohr wurde in das Zündloch gesteckt und konnte elektrisch ferngezündet oder manuell durch einen Perkussionsmechanismus

Als Antwort auf die italienische Duilio-Klasse war die HMS Inflexible *ebenfalls mit 406-mm-Geschützen in versetzten Türmen bewaffnet.*

gezündet werden. Die Feuerleitung war immer noch sehr einfach: Jeder einzelne Richtkanonier visierte durch eine gepanzerte Turmhaube, auch wenn man mit Gefechtsentfernungen von bis zu 900 m rechnete. Eine gut gedrillte Mannschaft konnte idealerweise alle zwei Minuten einen Schuss abfeuern, doch waren auch fünf Minuten nicht ungewöhnlich.

Neben ihren sehr schweren Geschützen besaß die *Inflexible* den dicksten Panzer, den jemals ein Kriegsschiff getragen hat. Gürtelpanzer und Zitadellpanzer bestanden aus nicht weniger als 60 cm dicken Panzerplatten mit 43 cm starker Teakholzarmierung. Damit glaubte man, gegen sämtliche Eventualitäten gewappnet zu sein. Diese Zahlenwerte wurden auch später nicht übertroffen, da man mit verbesserten Stahlsorten und anderen Schutzmethoden arbeitete. Die *Inflexible* verfügte über eine Brigg-Takelung, die jedoch niemals ernsthaft als Hauptantrieb vorgesehen war, sondern eher den Drillgepflogenheiten der viktorianischen Royal Navy Rechnung trug.

Das mit der *Inflexible* verfolgte Konzept findet man in zwei kleineren Schiffen wieder, der *Ajax* und *Agamemnon* (8500 t, Kiellegung 1876), als den letzten britischen Schlachtschiffen mit Vorderladegeschützen (4 x 318 mm). Es folgten zwei weitere, mit 9150 t etwas größere Schiffe *(Colossus* und *Edinburgh),* die als Erste mit den neuen 305-mm-Armstrong-Hinterladegeschützen ausgestattet waren.

Trotz der Probleme mit früheren Hinterladegeschützen waren derartige Waffen aufgrund verbesserter Explosivstoffe notwendig geworden. Die Einführung des langsam abbrennenden Schwarzpulvers, das seine Energie abgab, während das Geschoss den Lauf durcheilte, führte zu höheren Mündungsgeschwindigkeiten und Reichweiten. Um dies voll auszunutzen, bedurfte es längerer Läufe; zusammen mit den Zügen und Feldern, die das Geschoss durch Drall stabilisierten, ergab sich eine viel höhere Präzision. Einen langen gezogenen Lauf von vorn mit einem straff sitzenden Langgeschoss zu laden, war mechanisch sehr schwierig, sodass das Hinterladeprinzip auf der Hand lag. Wieder einmal ersannen die Franzosen eine einfache Methode zum Abdichten des Verschlusses. Frühe Hinterlader besaßen einen Schraubstopfen, der sich jedoch schwer bedienen ließ, da er mehrere komplette Drehungen benötigte, um fest zu verriegeln. Beim französischen Prinzip des unterbrochenen Gewindes wurden passende Segmente herausgeschnitten, sodass der Schraubstopfen nur um rund 30 Grad gedreht werden musste. Dies erlaubte eine starke Erhöhung der Schussfrequenz und wurde anfangs bei Waffen kleinerer Kaliber angewandt, die von Hand geladen werden konnten.

Größere Waffen wie die 305-mm-Geschütze eines Schlachtschiffs profitierten trotz des aufwendigeren Ladevorgangs ebenfalls stark.

Die Entwicklung von Schnellfeuer- oder QF-Geschützen erfolgte zur rechten Zeit, denn die großen Panzer- und Schlachtschiffe blickten in den 1870er-Jahren einer neuen Bedrohung ins Auge, nämlich dem Torpedo mit Eigenantrieb, den der Engländer Robert Whitehead in Italien erfolgreich entwickelt hatte. Eines wusste man genau: Ein feindliches Kriegsschiff wurde am besten versenkt, indem eine Sprengladung den Rumpf unter der Wasserlinie traf. Um dies zu erreichen, hatte man bereits diverse andere Verfahren erprobt, doch der Durchbruch erfolgte erst, nachdem es Whitehead gelungen war, dafür zu sorgen, dass der Torpedo nicht vom Kurs abkam und – was noch wichtiger war – sich in konstanter Tiefe bewegte. Die ersten Exemplare beförderten mit einer Geschwindigkeit von 6 kn nur eine kleine Ladung über wenige hundert Meter. Doch hatte man die Grundprinzipien erst einmal verstanden, ging es rasch voran, wenngleich in den 1870er-Jahren maximal rund 900 m erreicht wurden.

Oben: *Die Französische Erfindung des unterbrochenen Gewindes bot eine ebenso simple wie effiziente Methode, einen Geschützverschluss zu verriegeln und hatte die Einführung von Schnellfeuer- oder QF(Quick Firing)-Geschützen zur Folge.*

Vor allem Frankreich sah im Torpedo eine wertvolle Waffe, und einige Offizierskreise befürworteten eine große Flotte aus schnellen, kleinen Torpedoschiffen, um die plumpen Schlachtschiffe auszumanövrieren, ihrem schweren Geschützfeuer leicht auszuweichen und aus kürzerer Distanz wirkungsvoll zuzuschla-

Die HMS Colossus *war das erste britische Schlachtschiff mit Hinterladegeschützen als Hauptbewaffnung und mit Verbundpanzer.*

Oben: *Der Engländer Robert Whitehead* **(rechts im Bild)** *perfektionierte den selbstlaufenden Torpedo in Italien, hier 1875 mit seinem Sohn John beim Mustern eines ziemlich ramponierten Testexemplars.*

gen. Diese Aussichten waren derart attraktiv, dass Frankreich in den 1880er-Jahren sogar den Bau von Schlachtschiffen erster Klasse eine Zeit lang einstellte. Angesichts dieser neuen Bedrohung sann die Royal Navy auf Gegenmaßnahmen. Vornehmlich ging es um den Schutz ankernder Schlachtschiffe, die man daher mit Torpedoschutznetzen, Suchscheinwerfern, Gatling Guns und Nordenfelt-Mitrailleusen ausrüstete. (Heute verhält es sich nicht viel anders, wenn sich Kriegsschiffe gegen Terrorangriffe wappnen müssen – gleichfalls mit Frühwarnsystemen und Schnellfeuerwaffen). Anfangs hatte man Sorge, die Schlachtflotte auf See zu schützen, doch Übungen zeigten, dass Torpedoboote Probleme hatten, nahe genug heranzukommen, zumal die zunehmende Ausrüstung der Schlachtschiffe mit den neuen Schnellfeuergeschützen abschreckend wirk-

Oben: *Die Bedrohung ankernder Schlachtschiffe durch Torpedoboote führte dazu, dass man diese mit Gatling Guns und Nordenfelt-Mitrailleusen ausrüstete.*

Die USS Stiletto, *ein typisches frühes Torpedoboot, beim Abfeuern eines Torpedos – eine ernst zu nehmende Gefahr für weitaus größere Schiffe*

Diese Ansicht der HMS Collingwood *(Stapellauf 1882) zeigt deutlich die in offenen Barbetten montierten 305-mm-Geschütze.*

te. Zudem reagierte die Royal Navy mit den größeren, schnelleren Torpedobootzerstörern, die auch eigene Angriffe durchführen konnten.

Anfang der 1880er-Jahre führte die Erfahrung mit den verschiedenen in Dienst oder im Bau befindlichen Panzerschiffen zu einer stärker vereinheitlichten Konstruktion in Form einer Schiffsklasse, die als homogene Schlachtflotte operieren konnte. Die HMS *Collingwood* (Kiellegung 1880) von Nicholas Barnaby basierte auf der 1879 fertiggestellten HMS *Dreadnought*. Diese wiederum war im Grunde eine vergrößerte Ausgabe der zwillingstürmigen HMS *Devastation*. Die noch größere *Collingwood* besaß vier 305-mm-Hinterladegeschütze in symmetrisch vorn und achtern platzierten Zwillingsbarbetten, sowie sechs 152-mm-QF-Geschütze zu beiden Seiten in den Aufbauten zwischen den Barbetten. Wenngleich nützlich zur Abwehr attackierender Torpedoboote, sollten diese Geschütze vor allem auf die ungepanzerten Sektionen feindlicher Panzerschiffe zielen. Im Gegensatz zu früheren Schiffen fanden sich hier keinerlei Anklänge an eine Segeleinrichtung, denn der einzige Mast hinter den Zwillingsschornsteinen diente als Signalmast und Ausguck. Die HMS *Collingwood* bot ein gefälliges Profil und blieb für die nächsten 20 Jahre wegweisend. Nach dem gleichen Grundbauplan folgten vier mit 10 600 t etwas größere Schiffe (Admiral-Klasse) mit schweren 343-mm-Geschützen. Ein fünftes Schiff dieser Klasse, die HMS *Benbow*, besaß zwei 413-mm-Hinterladegeschütze, eines in jeder Barbette. Auch die nächsten beiden Schiffe (*Victoria* und *Sans Pareil*) hatten zwei dieser 413-mm-Geschütze (100 t), die jedoch in einem drehbaren Panzerturm untergebracht waren. Aus Gewichtsgründen gab es jedoch nur einen Turm vorn, mit Aufbauten im hinteren Schiffsteil. Dieses Arrangement bot kaum Vorteile, und zwischen zwei Schüssen der riesigen Geschütze vergingen über fünf Minuten. Wie bereits erwähnt, sollte die *Victoria* nach nur drei Jahren aktivem Dienst bei einem tragischen Unfall verloren gehen.

Abgesehen von der Victoria-Klasse bauten die Briten eine beträchtliche Zahl von eher konventionellen Schlachtschiffen aufeinanderfolgender Klassen. In dieser Zeit, gegen Ende der 1880er-Jahre, kam nun auch der Begriff *battleship*, Schlachtschiff, in Gebrauch.

Oben: *Trotz der gewaltigen 413-mm-Geschütze bedeutete die 1893 nach einem Zusammenstoß untergegangene HMS* Victoria *einen Rückschritt.*

Vorher hatte man die unterschiedlichen gepanzerten Schiffe der vorangegangenen beiden Jahrzehnte eher allgemein als ironclads, Panzerschiffe, bezeichnet. Als neuer Chefkonstrukteur der britischen Kriegsmarine versuchte William White, Barnabys Admiral-Klasse zu verbessern. So entstand die höchst erfolgreiche und vielbewunderte Royal-Sovereign-Klasse, deren Typschiff 1889 auf Kiel gelegt wurde (weitere sieben wurden in den beiden folgenden Jahren gebaut). Die Wasserverdrängung war nun auf 14 150 t angewachsen, doch der augenfälligste Unterschied zur Admiral-Klasse war ein zusätzliches Deck über die gesamte Rumpflänge. Der damit stark erhöhte Freibord machte die Schiffe viel seetüchtiger und erhöhte die vier 343-mm-Geschütze in Zwillingsbarbetten auf 7 m über der Wasserlinie, womit sie bei fast jedem Wetter einsetzbar waren. Die auf zwölf 152-mm-QF und zahlreiche leichte 6-Pfünder und 3-Pfünder verdoppelte Sekundärbewaffnung wurde in den oberen Aufbauten platziert und durch sieben feste 457-mm-Torpedorohre ergänzt. (Die meisten Schlachtschiffe jener Zeit waren mit Torpedos bewaffnet). Es gab zwei Masten und die Zwillingsschornsteine standen – was eher ungewöhnlich war – nebeneinander hinter der Brücke.

Eine der Royal Sovereigns, die HMS *Hood*, wurde nach einem veränderten Entwurf vollendet, mit der Hauptbewaffnung in zwei gepanzerten Türmen anstelle der offenen Barbetten. Deren Gewicht bedeutete jedoch den Wegfall des zusätzlichen Decks, sodass die Geschützlafetten tiefer lagen. Damit hatte man die Vorteile der anderen Schiffen aufgegeben, und die Idee wurde in dieser Form nicht nochmals aufgegriffen. Im Rahmen des 1894 von der britischen Regierung verabschiedeten umfassenden Ausbaus der Kriegsmarine entstanden nicht weniger als sieben neue Schlachtschiffe der Majestic-Klasse als Fortentwicklung der Royal Sovereigns. Die Grundzüge blieben gleich, doch die 343-mm-Geschütze ersetzte man durch neuartige 305-mm-Geschütze, die trotz des kleineren Kalibers Ähnliches leisteten, dank des längeren Rohrs vom Kaliber 35 präziser schossen und für den neuen Explosivstoff Kordit entwickelt wurden. Ihre Unterbringung in drehbaren Panzerkuppeln über den Barbetten bedeutete eine Gewichtsersparnis gegenüber den früheren Türmen mit dem gesamten Lademechanismus und sollte sich durchsetzen. Obwohl nur etwas schwerer als ihre Vorgänger waren die Majestics dank der Harveypanzers, der doppelt so effizient war wie Schmiedeeisen, viel besser geschützt. Das bei Gürtelpanzer und Barbetten eingesparte Gewicht konnte somit dem vermehrten Schutz der Aufbauten und anderer Bereiche dienen.

Die 1897 und 1898 auf Kiel gelegten sechs Schiffe der Canopus-Klasse waren im Grunde eine Neuauflage der Majestics mit besseren Maschinen, die nun

Unten: *Die von Sir William White entworfene Royal-Sovereign-Klasse war Richtmaß für die Schlachtschiffe im letzten Jahrzehnt des 19. Jahrhundert.*

18,75 anstatt 17 kn erreichten. Konstruktionsbedingt befanden sich die Zwillingsschornsteine nun auf der Längsachse anstatt nebeneinander. Die nachfolgenden acht Schiffe der in drei nahezu gleiche Untergruppen unterteilten Formidable-Klasse wurden zwischen 1898 und 1901 auf Kiel gelegt. Der vermehrte Panzerschutz erhöhte die Verdrängung auf 15 000 t. Die Hauptbewaffnung aus 305-mm-Geschützen vom verbesserten Typ Kaliber 40 besaß eine Reichweite von 15 000 m. Es folgten sechs Schiffe der Duncan-Klasse (Kiellegung 1899, Fertigstellung 1903/04), die auf die Erfolgsformel zurückgriffen, jedoch mit aus Gewichtsgründen leicht reduzierter Panzerung. Die Leistung der Kolbendampfmaschinen stieg auf 18 000 PS und erlaubte eine Geschwindigkeit von 19 kn.

William Whites letzte Schöpfung, eine weitere Neuauflage der Majestics, war die zwischen 1901 und 1903 auf Kiel gelegte King-Edward-VII.-Klasse. Erheblich verändert wurde die Sekundärbewaffnung, bestehend aus vier 234-mm-Geschützen in einzelnen gepanzerten Kasematten in jeder Ecke der zentralen Aufbauten sowie der gewohnten Batterie aus 152-mm-QF-Geschützen, nun auf zehn reduziert.

Weniger auffällig, doch sehr bedeutsam war die Verlegung der Feuerleitung auf den Vor- und Großmast – als Reaktion auf die zunehmend größeren Entfernungen möglicher Artilleriegefechte.

Oben: *Die HMS* Majestic, *Typschiff der Majestic-Klasse.*

Die Geschütze der HMS Hood *waren in stark gepanzerten Türmen untergebracht, deren Gewicht ein verringertes Freibord bedeutete.*

Links: *Die 1897 vom Stapel gelaufene HMS* Canopus *wurde 1899 fertiggestellt.*

Das 234-mm-Geschütz erscheint auch in den beiden 1904 auf Kiel gelegten und von dem neuen Chefkonstrukteur Sir Philip Watts entworfenen Schiffen der Lord-Nelson-Klasse. Sich an die tradierten Grundzüge haltend, ließ Watts jedoch die 152-mm-QF-Geschütze fort und verbesserte die Sekundärbewaffnung zu einer Batterie aus zehn 234-mm-Geschützen in vollständig geschlossenen Türmen mit einer Zwillingslafette in jeder Ecke der Aufbauten und Einzellafetten an den Bordseiten. Vibrationen an den Feuerleitständen auf den Pfahlmasten der King-Edward-VII.-Klasse veranlassten Watts zur Wahl der stabileren Dreibeinmasten.

Rechts: *Die King-Edward-VII.-Klasse führte das 234-mm-Geschütz als Sekundärbewaffnung ein.*

Einschließlich der beiden Lord Nelsons hatte die Royal Navy zwischen 1895 und 1904 ausgehend von der *Majestic* nicht weniger als 39 Schlachtschiffe auf Kiel gelegt. Hinzuzählen könnte man die früheren Royal Sovereigns und die beiden ab 1902 für Chile gebauten, doch 1903 von Großbritannien aufgekauften Schiffe der Swiftsure-Klasse. Eine stattliche Flotte und zugleich ein erheblicher finanzieller Aufwand bei Stückkosten von rund 1 Mio. Pfund. Dank des gewaltigen Empires und eines weltweiten Handelsnetzes, das indes auf eine enorme Handelsflotte angewiesen war, konnte sich das Vereinigte Königreich diese Ausgaben leisten – und sah sich angesichts der politischen Lage auch dazu genötigt.

Die acht 1898 und 1899 auf Kiel gelegten Schiffe der Duncan-Klasse waren eine Neuauflage der Majestic, *jedoch etwas schneller.*

Oben: *Die* Lord Nelson *und ihr Schwesterschiff* Agamemnon *waren das Nonplusultra britischer Vor-Dreadnought-Schlachtschiffe.*

Unten: *Die HMS* Swiftsure, *eines von zwei Schlachtschiffen, die Sir William White für die chilenische Kriegsmarine entworfen hatte, wurde 1903 von der Royal Navy übernommen.*

Bis Ende des 19. Jahrhunderts hatte Frankreich den Briten als wahrscheinlichster Feind gegolten, teils aus historischen Gründen, teils aber auch wegen seiner kolonialen Ambitionen. Zudem näherte sich Frankreich zunehmend einem Bündnis mit dem zaristischen Russland, das unter den Zaren Alexander III. und Nikolaus II. ebenfalls darauf erpicht war, zur Seemacht aufzusteigen. Nach dem Russisch-Türkischen Krieg (1877) errichtete man Stützpunkte am Schwarzen Meer und im Fernen Osten (Port Arthur). Kurzzeitig besaß Russland sogar eine kleine Militärbasis an der französischen Mittelmeerküste. So sah sich Großbritannien veranlasst, einen Zwei-Mächte-Standard zu verkünden, wonach die Royal Navy stark genug werden sollte, um es mit zwei beliebigen Seemächten aufzunehmen. Doch die Bedrohung durch eine russisch-französische Allianz verblasste zunehmend angesichts eines weitaus stärkeren potenziellen Gegners: Deutschland. Die neue deutsche Nation hatte bereits im Deutsch-Französischen Krieg von 1870/71 mit den Muskeln gespielt. Das Heer hatte einen Sieg errungen, doch die schlagkräftige französische Flotte hatte Deutschlands kleine Kriegsmarine mattgesetzt. Ein Staatsoberhaupt mit der Vision, das Land zu einer Seemacht werden zu lassen, erhielt Deutschland jedoch erst, nachdem Kaiser Wilhelm II. 1888 den Thron bestiegen hatte. Und als er Admiral Tirpitz 1897 zum Staatssekretär des Reichsmarineamts ernannte, kam Bewegung in die Sache.

Wenngleich bereits eine kleine Zahl diverser Küstenverteidiger und gepanzerter Barbettschiffe vorhanden war, startete die Kaiserliche Marine erst mit den vier Schlachtschiffen der Brandenburg-Klasse (Kiellegung 1890) den Bau von Schiffen nach dem Standard der europäischen Nachbarn. Mit einer Verdrängung von 10 000 t und 115 m Länge waren die Brandenburger kleiner und langsamer als die britische Majestic-Klasse. Die Hauptbewaffnung umfasste sechs 280-mm-Geschütze in drei gepanzerten Zwillingstürmen, je einer vorn und achtern, der Dritte mittschiffs zwischen Schornsteinen und Großmast, die das Schussfeld einschränkten. Während die Hauptgeschütze Kaliber 40 besaßen, wurden die Mittschiffgeschütze wegen des reduzierten Bestreichungswinkels auf Kaliber 35 reduziert. Hinzu kamen sechs 105-mm- und acht 88-mm-Geschütze sowie sechs feste Torpedorohre.

Admiral Alfred von Tirpitz, Architekt des Ausbaus der deutschen Kriegsmarine Ende des 19. Jahrhunderts

Die nächsten fünf Schiffe, die gesamte Kaiser-Friedrich-II.-Klasse (1895–1898), bedeuteten einen Rückschritt. Obwohl sie etwas größer und schwerer waren, bestand die Hauptbewaffnung nur aus vier 240-mm-Geschützen in Zwillingstürmen vorn und achtern, ergänzt durch nicht weniger als achtzehn 150-mm-Geschütze, sechs in Einzeltürmen auf Höhe des Oberdecks, der Rest in einzelnen Kasemattenlafetten auf Höhe von Haupt- und Oberdeck. Bedenkt man, dass das 234-mm-Geschütz bei den britischen Schlachtschiffen als Sekundärbewaffnung diente, so waren die deutschen Schlachtschiffe deutlich unterbewaffnet. Die Royal Navy würde sie womöglich als Panzerkreuzer eingestuft haben, hätte ihre Geschwindigkeit mit 17,5 kn

Oben: *Die* Kurfürst Friedrich Wilhelm, *ein 1890 vom Stapel gelaufenes Schlachtschiff der Brandenburg-Klasse*

nicht deutlich unter der eines anständigen Kreuzers gelegen. Die fünf Schiffe der Mecklenburg-Klasse (1898–1900) waren kaum besser und mehr oder weniger eine Neuauflage der früheren deutschen Schiffe, abgesehen von einer Neuverteilung der Sekundärbewaffnung und auf 18 kn ausgelegte Maschinen.

Erst mit der Braunschweig-Klasse (1901/02) kehrte das 280-mm-Geschütz als Hauptbewaffnung zurück, die Sekundärbewaffnung wurde auf vierzehn 150-mm-Geschütze reduziert, abgesehen von 12 x 88 mm. Diese Schiffe besaßen drei statt der gewohnten zwei Schornsteine, so auch die fünf Schiffe der Deutschland-Klasse (1903/04). Aufgrund vermehrter Panzerung war die Verdrängung nun auf 13 190 t gestiegen, bei einer Länge von 127 m – ganz ähnlich der zeitgleichen britischen Duncan-Klasse. Das deutsche 280-mm-Geschütz dieser Schiffe feuerte eine 240-kg-Granate über 19 100 m; das beste britische 305-mm-Geschütz besaß eine ähnliche Reichweite mit einer 455-kg-Granate! Somit war die deutsche Kriegsmarine 1905 im Besitz von 23 teils noch im Bau befindlichen modernen Schlachtschiffen – kaum halb so viel wie die Royal Navy und im direkten Einzelvergleich deutlich unterlegen.

Während Deutschland mit seinem maritimen Muskelspiel begann, setzten sich jenseits des Atlantiks ähnliche Entwicklungen in Gang. Obwohl sie im Sezessionskrieg in das erste Seegefecht zwischen zwei Panzerschiffen verwickelt gewesen war, hatte sich die Navy der amerikanischen Nordstaaten kaum weiterentwickelt, und viele ihrer besten Schiffe rotteten vor sich hin. Die US Navy befand sich 1881 in einem kritischen Zustand, denn sie besaß fast ausschließlich Holzschiffe, und die meisten waren reparaturbedürftig. Dennoch wurde erst ab 1889 der Versuch unternommen, ein großes Kriegsschiff nach internationalem Standard zu bauen: Das 1895 fertiggestellte, nur 6300 t verdrängende Schlachtschiff USS *Texas* war mit zwei einzelnen 305-mm-Geschützen in Mittschifftürmen und sechs 152-mm-QF-Geschützen bewaffnet, davon zwei in Einzeltürmen vorn und achtern auf Höhe des Oberdecks, der Rest in einzelnen Kasemattlafetten auf Höhe des Hauptdecks. Die Gürtellinie besaß einen 30 cm starken Verbundpanzer, so auch das zentrale Reduit und die Hauptartillerietürme. Die ebenfalls

Die fünf zwischen 1902 und 1904 vom Stapel gelaufenen Schiffe der Braunschweig-Klasse fielen durch ihre drei hohen Schornsteine auf.

Rechts: *Die Schlachtschiffe der Kaiser-Friedrich-III.-Klasse waren mit ihren 240-mm-Geschützen eher leicht bewaffnet.*

1895 fertiggestellte, ansonsten ähnliche USS *Maine* besaß eine Hauptbewaffnung aus vier 254-mm-Geschützen in zwei Zwillingstürmen, ergänzt durch sechs 152-mm-Geschütze.

Die ersten US-Schlachtschiffe, die einem Vergleich mit den europäischen Entwicklungen standhielten, waren die drei 1891 auf Kiel gelegten Schiffe der Indiana-Klasse. Äußerlich den britischen Royal Sovereigns ähnelnd, waren sie entsprechend der damaligen Haltung der US Navy weitaus stärker bewaffnet: mit vier 330 mm-, acht 203-mm- und vier 152-mm-Geschützen in Zwillingstürmen, zusätzlich die 152-mm-Geschütze in einzelnen Kasemattlafetten bordseits. Der Gürtelpanzer variierte zwischen 45 cm und 36 cm, und bei einer Verdrängung von 10 300 t erreichten die Schiffe lediglich 16 kn.

Das hohe Turmgewicht verringerte den Freibord, sodass es sehr feucht wurde und die Schiffe ihre Hauptbewaffnung auf Seefahrt nicht einsetzen konnten. Dieses Manko wurde beim Bau der nachfolgenden USS *Iowa*

Die USS Texas *war das erste amerikanische Schlachtschiff, das versuchte, die europäischen Standards zu erreichen.*

(Kiellegung 1893) behoben – durch eine leichtere Hauptbewaffnung aus vier 305-mm-Geschützen und vermindertem Panzerschutz, um den Freibord auf ein praxisgerechtes Maß zu erhöhen. Die nächsten beiden Schiffe, USS *Kearsage* und *Kentucky*, warteten mit einem wirklich ungewöhnlichen Arrangement der Haupt- und Sekundärbewaffnung auf: vier 330-mm-Geschütze in zwei Zwillingstürmen, mit je einer doppelten 203-mm-Geschützlafette auf dem Dach – das Ganze drehbar. Ergänzend befand sich auf Höhe des Oberdecks eine Breitseitenbatterie aus 14 127-mm-Geschützen. Dieses aus Gewichtsgründen gewählte Arrangement war aus taktischer Sicht nicht ungefährlich, denn bereits ein einziger Schuss konnte das gesamte Ensemble ausschalten – abgesehen von der Tatsache, dass ungeschützte Munitionsaufzüge zwischen den beiden Türmen und den Magazinen darunter eine Gefahr darstellten.

Erst mit der Alabama-Klasse (Kiellegung 1896/97) begannen sich die US-Schlachtschiffe den Standards der Royal Navy anzunähern; einem Vergleich mit der Majestic-Klasse hielten diese Schiffe meist stand, auch wenn sie weiterhin nur 16 kn Höchstgeschwindigkeit aufbrachten. Dafür besaßen sie eine Hauptbewaffnung aus vier 330-mm-Geschützen in Zwillingstürmen vorn und achtern, die 499-kg-Granaten abfeuerten (gegenüber den 385-kg-Granaten der britischen 305-mm-Geschütze). Die nachfolgende, ähnlich bewaffnete Maine-Klasse brachte es auf 18 kn und besaß nun drei (statt vormals zwei) sehr große Schornsteine. Das Erscheinungsbild dieser Schiffe war dem einiger zeitgleicher deutscher Schlachtschiffe nicht unähnlich.

Ungeachtet der Nachteile der bei der USS *Kearsage* eingeführten kombinierten 330-mm- und 203-mm-Türme griff man dieses Arrangement bei den fünf 1902 auf Kiel gelegten Schlachtschiffen der Virginia-Klasse auf. Bei einer Länge von 134 m und einer Verdrängung von fast 15 000 t ergab sich zugleich ein Größenzuwachs, während der 19 000 PSi leistende Doppelschraubenantrieb 19 kn erlaubte – sehr viel für ein

Die 1901 vom Stapel gelaufene USS Maine wurde nach jenem Schiff benannt, das im Hafen von Havanna durch eine Explosion zerstört worden war. Das frühe amerikanische U-Boot im Vordergrund zeugt von jenen Gefahren, die den Schlachtschiffen unter Wasser drohen sollten.

Schlachtschiff jener Zeit. Abgesehen von Kombilafetten vorn und achtern befanden sich weitere vier 203-mm-Geschütze in zwei Zwillingstürmen an den Bordseiten sowie zwölf 152-mm-Geschütze in Kasemattlafetten an der Breitseite. Auch die sechs Schiffe der Connecticut-Klasse (1903–1905) hielten an diesem Grundprinzip fest, abgesehen davon, dass die Kombilafetten schließlich entfielen und sich die Sekundärbewaffnung aus acht 203-mm-Geschützen in vier Zwillingstürmen an den Ecken der zentralen Aufbauten befand. Die Verdrängung war auf 16 000 t angewachsen, doch die weniger leistungsfähigen Maschinen bedeuteten eine Reduzierung der Geschwindigkeit auf 18 kn.

Die zunehmende Größe der Schlachtschiffe sorgte für Bedenken. Um dem Trend zu begegnen, wurden 1904 zwei Schiffe der MississippI.-Klasse auf Kiel gelegt – mit auf 116 m reduzierter Rumpflänge und schwächeren Maschinen, die nur zwei Schornsteine benötigten, sodass die Verdrängung trotz unveränderter Haupt- und

Die USS North Dakota *während der gleichen Flottenparade, nur ein Jahr nach ihrer Fertigstellung*

Links: *Die USS* Mississippi *1911 auf einer Flottenparade; 1914 wurde sie zusammen mit ihrem Schwesterschiff* Idaho *an Griechenland verkauft.*

Sekundärbewaffnung auf 13 000 t reduziert werden konnte. Bei einer auf 17 kn verringerten Geschwindigkeit hatten es diese Schiffe indes schwer, bei taktischen Manövern mitzuhalten, weshalb es bei diesem einen Experiment blieb. Die nächste Schlachtschiffgeneration sollte indes einen Trend zu weitaus größeren und stärker bewaffneten Schiffen einläuten.

Und so besaß die US Navy 1905 rund 31 mehr oder weniger fertige, relativ moderne Schlachtschiffe. Lag sie im Jahr 1883 noch hinter Ländern wie Spanien, Chile und China auf Rang zwölf, so war sie nun auf Platz zwei vorgerückt – allerdings mit deutlichem Abstand hinter der Royal Navy. Einer der zahlreichen Gründe für diese massive Expansion war das Buch „The Influence of Seapower on History" („Der Einfluss der Seemacht auf den Gang der Geschichte") des amerikanischen Marinehistorikers Captain Alfred Mahan, das erstmals fundiert analysierte, warum Großbritannien eine derart erfolgreiche Handelsnation war und warum dies aufs Engste mit ihrer Kriegsmarine verknüpft war. Die hier ausgedrückten Gedanken untermauerten die Vorstellungen einiger Politiker und Marineoffiziere, nach denen die Vereinigten Staaten nicht länger darauf bauen durften, dass sich

andere nationalistische Streitmächte in ihren Expansionsbestrebungen durch die Weite von Pazifik und Atlantik abschrecken lassen würden. Als Bedrohung und Affront betrachtete man vor allem die dauerhafte Präsenz mächtiger spanischer Kriegsschiffe in Karibik und Pazifik.

Die Sache spitzte sich zu, als die Kubaner gegen ihre spanischen Herrscher aufbegehrten. Schiffe der US Navy wurden in neutraler Mission entsandt, um zwischen die Fronten geratenen US-Bürgern zu Hilfe zu eilen. Am 15. Februar 1898 ging das Schlachtschiff USS *Maine* bei Havanna vor Anker und wurde das Opfer einer gewaltigen inneren Explosion. Spätere Ermittlungen deuteten auf die zufällige Entzündung von Rauchgas, doch zunächst kursierte ein Sabotageverdacht – und er allein reichte aus, die Vereinigten Staaten Spanien den Krieg erklären zu lassen. Im Pazifik zerstörte ein US-Verband aus Kreuzern und Kanonenbooten die in der Bucht von Manila ankernden spanischen Kriegsschiffe, während man im Atlantik versuchte, einen zur kubanischen Garnison entsandten Verband spanischer Kreuzer zu lokalisieren und abzufangen. Doch die spanischen Schiffe unter Admiral Cervera konnten Kuba unbehelligt erreichen; allerdings wurden sie am 19. Mai 1899 im Hafen von Santiago festgesetzt, wo die Amerikaner rasch eine Blockade errichtet hatten. Nach mehrwöchiger Belagerung versuchte Cervera mit seinen vier Kreuzern auszubrechen. Ihm stand ein beachtlicher Verband gegenüber, darunter die Schlachtschiffe *Iowa, Oregon, Texas* und *New York*. Die US-Schiffe wurden zunächst überrascht, doch aus der anfänglichen Konfusion entwickelte sich eine geordnete Jagd, bis sämtliche spanischen Schiffe versenkt, auf Grund gesetzt oder zerstört waren. Später zeigte sich, dass die 203-mm- und 152-mm-Schnellfeuergeschütze den meisten Schaden verursacht hatten; aus den größeren 305-mm-Geschützen wurden offenbar nur zwei Treffer registriert.

Nicht nur Spanien machte den Vereinigten Staaten Sorge, denn jenseits des Pazifiks wuchs Japan rasch zu einer bedeutenden Seemacht heran und verfolgte in China eine Expansionspolitik. Noch um 1860 fast mittelalterlich geprägt, verwandelte sich Japan zusehends in einen modernen Staat mit wachsendem Industriepotenzial. Seine effiziente, gut geschulte Marine war Anfang des 20. Jahrhunderts noch weitgehend mit in Europa gebauten Schiffen ausgerüstet. Bewiesen hatte sie sich bereits am 17. September 1894 in der Seeschlacht am Yalu gegen chinesische Kriegsschiffe, die einen Truppentransport begleiteten. Hierzu zählten zwei in Deutschland gebaute Schlachtschiffe von 7200 t mit je vier 305-mm-Geschützen in zwei im Stil der HMS *Inflexible* diagonal versetzten Barbettlafetten. Außerdem gab es zwei kleinere Barbettschiffe und sechs kleine Kreuzer, doch all diese Schiffe waren langsam, die Mannschaften waren schlecht ausgebildet, und es fehlten moderne Schnellfeuergeschütze mittlerer Kaliber. Ganz anders dagegen die japanische Kreuzerflotte, die bereits mit jener kühlen Effizienz operierte, die Japans Seemanöver charakterisieren sollte: Die schnelleren Kreuzer zogen buchstäblich ihre Kreise um die behäbigen chinesischen Schiffe – fünf von ihnen wurden versenkt und beide Schlachtschiffe schwer beschädigt, wenngleich eines von ihnen den japanischen Kreuzer *Matsushima* mit einer 305-mm-Granate treffen konnte. Die in der Abenddämmerung abgebrochenen Kampfhandlungen endeten mit einem beachtlichen Sieg der Japaner.

Der Japanisch-Chinesische Krieg und die nachfolgenden Friedensverhandlungen, an denen auch europäische Mächte teilnahmen, hatten neben anderem zur Folge, dass Russland den strategisch wichtigen Hafen Port Arthur (heute Lüshunko) im Gelben Meer erhielt. Diesen verband man mit einer Nebenstrecke der transsibirischen Eisenbahn, um rasch neue Truppen heranführen zu können, und baute eine Russische Pazifikflotte mit nicht weniger als sechs Schlachtschiffen auf. Im Februar 1904 war ein Patt erreicht, als sich der russischen Flotte aus sechs Schlachtschiffen und

Wrack des spanischen Panzerkreuzers Viscaya *nach der Seeschlacht vor Santiago de Cuba*

drei Kreuzern die Japaner mit vier Schlachtschiffen und vier Panzerkreuzern entgegenstellten. Während die Geschütze aus großer Entfernung aufeinander feuerten, genoss Russland scheinbare Vorteile. Doch dann ereignete sich ein japanischer Glückstreffer – mit einer 305-mm-Granate, die den gepanzerten Kommandoturm des in Frankreich gebauten russischen Flaggschiffs *Zessarewitsch* (13 000 t) traf, Admiral Withöft tötete und das Schiff manövrierunfähig machte. Die russischen Schiffe flohen völlig ungeordnet nach Port Arthur, wo sie durch Feldartillerie zerstört wurden.

Japan zog daraus einige wertvolle Lehren. Vor allem erkannte man hier die Notwendigkeit, die Techniken des Distanzschießens einzuüben und zu verfeinern. Dass dies gelang, sollte sich deutlich in der Seeschlacht bei Tsushima zeigen, die der Ära des Panzerschiffs einen dramatischen Höhepunkt bescherte. Zur Wahrung seiner Interessen im Fernen Osten hatte Russland aus Europa eine Flotte unter Admiral Roschestwenski abgesandt. Als sich beide Verbände am 27. Mai 1905 vor der Tsushima-Straße begegneten, schienen die Russen numerisch überlegen zu sein und erheblich mehr Feuerkraft zu besitzen. Tatsächlich zeigte sich jedoch ein anderes Bild. Der russische Admiral konzentrierte seinen Hauptverband auf vier große und vier ältere Schlachtschiffe. Viele der insgesamt mehr als 30 Schiffe waren veraltet, und einige Begleitschiffe erreichten nur 10 kn, was die gesamte Flotte verlangsamte.

Die japanische Flotte unter Admiral Togo war kleiner, mit einem Hauptverband aus vier Schlachtschiffen und acht Panzerkreuzern, doch seine Schiffe waren schneller und die Mannschaften gut gedrillt. Interessanterweise stammten fast all seine Schlachtschiffe aus Großbritannien, so auch das Flaggschiff *Mikasa* (15 200 t). Zunächst ließ er seine Schiffe eine zur russischen Flotte parallele Linie bilden. Nun konnten sie dank ihrer überlegenen Geschwindigkeit vorziehen und sich quer vor die feindliche Linie setzen. Mit diesem klassischen Manöver, dem „Crossing the T", gelang es seinen Schiffen, das Feuer auf die führenden Schiffe des Gegners zu konzentrieren. Schon bald erhielt das russische Flagschiff *Knjas Suworow* einen Treffer und musste ausscheren; weitere Schiffe gerieten

unter schweren Beschuss. Innerhalb weniger Stunden errangen die Japaner einen bedeutenden Sieg, indem sie sämtliche russischen Schiffe versenkten oder erbeuteten. Es ist vielleicht kein Zufall, dass Admiral Togo ein erklärter Bewunderer von Admiral Nelson und seinen Methoden war und so weit ging, vor Kampfbeginn zur Hebung der Moral ein dramatisches Flaggensignal geben zu lassen.

Sein Flaggschiff *Mikasa* ist heute als Denkmal und Museumsschiff im japanischen Yokosuka zu besichtigen – das einzige weltweit erhaltene Schlachtschiff dieser Ära, und dazu eines mit kampferprobter Historie.

Das in Großbritannien gebaute Schlachtschiff Mikasa *war Admiral Togos Flaggschiff in der Seeschlacht bei Tsushima (1905).*

Die Vor-Dreadnought-Ära

Die 1903 in Frankreich fertiggestellte russische Vor-Dreadnought Zessarewitsch *illustriert die für die französischen Schlachtschiffe jener Zeit charakteristische, deutlich verringerte Decksweite. Das Schiff wurde in der Seeschlacht im Gelben Meer (1904) beschädigt.*

Der Untergang der HMS Victoria

Oben: *Die HMS* Camperdown, *das Flaggschiff von Konteradmiral Markham*

Im Jahr 1893 war die HMS *Victoria* das Flaggschiff der ruhmreichen britischen Mittelmeerflotte, als sie nach einer Kollision mit ihrem Schwesterschiff HMS *Camperdown* unterging. Dieses wohl unrühmlichste Ereignis in der Geschichte der Royal Navy wurde 1949 in dem britischen Film „Kind Hearts and Coronets" („Adel verpflichtet") aufs Korn genommen.

Der Untergang ereignete sich am 22. Juni 1893 gegen 15 Uhr bei Übungen vor der syrischen Küste in Gegenwart von Zuschauern. Die Flotte aus elf Vor-Dreadnoughts bereitete sich unter dem Kommando des 61-jährigen Vizeadmirals Sir George Tyron an Bord der *Victoria* auf das Ankern vor. Tyron galt als höchst kompetenter Offizier mit originellen Ideen, zugleich aber auch als herrisch und eisern auf Disziplin beharrend; gern stellte er seine Kommandanten unangekündigt auf die Probe. Kurz: Seine Untergebenen hatten es nicht leicht.

Tyron hatte sich für ein eindrucksvolles Ankermanöver entschieden. Zunächst in zwei Linien aus fünf und sechs Schiffen fahrend, sollten die Führungsschiffe jeder Linie sodann nach innen wenden; die übrigen Schiffe sollten es ihnen nachtun, sobald sie die Wendeposition der Führungsschiffe erreicht hatten.

Oben: *Vizeadmiral Sir George Tyron RN*

Dann sollten die Linien eine kurze Strecke zurücklegen und vor Anker gehen. Der Wendekreis der Schiffe bedeutete, dass die Linien im Abstand von mindestens acht Kabellängen (1450 m) starten mussten, damit die Schiffe nicht in der Mitte kollidierten.

Unten: *Die HMS* Victoria *mit ihrem massiven 413-mm-Geschützturm*

Tyron hatte ursprünglich vor, die Wende mit sechs Kabellängen Abstand einzuleiten. Zwar ließ er sich dahingehend korrigieren, dass acht Kabellängen erforderlich seien, ordnete jedoch kurz darauf, trotz Nachfrage, erneut sechs Kabellängen an. Tyron führte die Steuerbordlinie aus sechs Schiffen der 1. Division, während sein Stellvertreter, Konteradmiral Albert Hastings Markham, auf der *Camperdown* die Backbordlinie aus fünf Schiffen leitete.

Die Flaggensignale für die Wende lauteten: „Zweite Division Kursänderung nacheinander 180 Grad nach Steuerbord unter Beibehaltung der Flottenformation" und „Erste Division Kursänderung nacheinander 180 Grad nach Backbord unter Beibehaltung der Flottenformation". Markham erklärte das Manöver für unmöglich und wartete mit der Bestätigung durch Flaggensignal. Doch bevor er den Befehl anzweifeln konnte, signalisierte Tyron „Worauf warten Sie noch?" Dieser Tadel veranlasste Markham zur Bestätigung, und beide Linien begannen zu wenden. Markham nahm an, Tyron wolle außen um ihn herum wenden, sodass Tyron nach der Wende in der Steuerbordlinie bliebe und die Flottenpositionen gewahrt waren. Dennoch ließ er seine Männer vorsichtshalber in Kollisionsstellungen gehen.

Als man mit einer Geschwindigkeit von 9 kn aufeinanderzufuhr, warteten auf beiden Schiffen verschiedene Offiziere darauf, dass Tyron in letzter Minute anderslautende Order geben würde. Doch Tyron beobachtete offenbar die Wenden der Schiffe hinter ihm, bis ihn der Kapitän der *Victoria* bat, mit der Backbordmaschine volle Fahrt zurückgehen zu dürfen, um die Wende zu verengen. Tyron sah nun, dass *Victoria* und *Camperdown* keine 460 m mehr trennten. Er willigte ein, doch es war zu spät. Auch Markham ordnete zur gleichen Zeit volle Fahrt zurück an.

Die *Camperdown* rammte die rechte Bugseite der *Victoria* im Winkel von rund 80 Grad und riss ein 9 m^2 großes Loch in den Rumpf des Flaggschiffs. Wie die meisten Schlachtschiffe jener Zeit besaß auch die *Camperdown* einen Rammsteven für Treffer unterhalb der Wasserlinie. Das Rammen war damals immer noch Standard, denn Geschützgefechte zwischen Panzerschiffen endeten meist unentschieden.

Nachdem sich die Schiffe rasch wieder getrennt hatten, drang nur noch mehr Wasser in die *Victoria* ein. Tyron hatte eine Minute vor der Kollision angeordnet, alle Schotten dicht zu machen, doch zu spät. Bei der Hitze waren alle möglichen Öffnungen unverschlossen geblieben. Innerhalb von zehn Minuten war das niedrige Vordeck überspült, und der Geschützturm ragte wie eine Insel aus den Wellen heraus; Wasser drang durch die Stückpforten ein, und das Heck erhob sich steil in die Höhe. Nur 13 Minuten nach dem Zusammenstoß kippte die *Victoria* nach Steuerbord und ging unter, mit dem Bug zuerst. Ein großer Teil der Besatzung kam durch den Sog des sinkenden Schiffs und der weiterhin schnell drehenden Schrauben um; 357 Mann wurden gerettet, 358 verloren ihr Leben, darunter auch Tyron, der traditionsgemäß auf der Brücke geblieben war. Auch in die *Camperdown* waren Hunderte Tonnen Wasser eingedrungen, doch sie blieb oben. Die ersten beiden nachfolgenden Schiffe entkamen nur knapp einer weiteren Kollision.

Die anschließende Untersuchung musste zwei Fragen beantworten: Warum war die *Victoria* so schnell untergegangen? Und wer hatte das zu verantworten? Technische Merkmale der *Victoria* – wie die Anord-

Dramatische Aufnahme: Die letzten Momente der HMS Victoria

nung der Schotten und der massive Hauptturm auf dem niedrigen Vordeck – hatten für Instabilität gesorgt. Auch reichte der Seitenpanzer nicht bis zu jenem Bugbereich, in dem die Kollision erfolgt war. Man kam jedoch zu dem Schluss, dass das Schiff nicht gesunken wäre, wenn alle Schotten vor der Kollision dicht gewesen wären.

Hinsichtlich der Schuldfrage gab es kaum Zweifel, zumal mehr als ein Offizier gehört hatte, wie Tyron gleich nach der Kollision sagte „Es ist alles meine Schuld!“ Die Gründe für sein Verhalten bleiben indes unklar. Während der Manöver der Home Fleet 1890 hatte Tyron zwei zu dicht nebeneinanderfahrenden Linien ein ähnliches Wendemanöver befohlen, doch der andere Linienführer hatte sich seinerzeit geweigert. Falls die Order von 1893 kein Fehler war, wollte er womöglich, dass Markham außen um ihn herum wendete (Markham glaubte aber das Gegenteil), oder er wollte Markham nur auf die Probe stellen. Für den Fall eines Fehlers wurde vermutet, Tyron habe Wenderadius und Wendedurchmesser verwechselt, oder er habe an die kürzere Distanz gedacht, wie sie für eine üblichere 90-Grad-Wende erforderlich ist. Möglich auch, dass Tyron damals körperlich oder geistig krank war. Markham jedenfalls wurde für das blinde Befolgen gefährlicher Befehle getadelt. Seine Reputation und Karriere nahmen Schaden, wenngleich er letztlich doch zum Admiral befördert wurde.

Nachtrag: Das Wrack der *Victoria* wurde 2004 entdeckt, mit dem Bug senkrecht im schlammigen Meeresgrund steckend – das vereinte Gewicht der gefluteten Vorderkammern und der massiven Geschütze hatte sie mit dem Bug voraus hinabgezogen.

Viktorianische Schiffskonstrukteure

Die HMS Sultan *war ein voll getakeltes Zentralbatterieschiff jenes Typs, den Reed anfangs gegenüber dem Turmschiff bevorzugte.*

Seit Tudorzeiten lag die Konstruktion von Segelkriegsschiffen in der Hand der werfteigenen Schiffsbaumeister, bis man Ende des 17. Jahrhunderts das Amt des Surveyor of the Navy schuf. Unter seiner Leitung wurde jede Kriegsschiffklasse nach bestimmten Spezifikationen auf Kiel gelegt. Im 18. Jahrhundert beeilten sich die Franzosen, Kriegsschiffe nach wissenschaftlichen Prinzipien zu entwerfen und fertigten Schiffe mit überlegenen Segeleigenschaften, während die englische Admiralität erst 1811 in Portsmouth eine Schiffsbauschule gründete. Einer der Absolventen war Isaac Watts – als Surveyor und Chief Constructor of the Navy war er später verantwortlich für den Entwurf der HMS *Warrior*, Großbritanniens erstem gepanzerten Schlachtschiff (Kiellegung 1860).

Watts' Nachfolger als Chefkonstrukteur wurde 1863 Edward Reed. In den sieben Jahren seines Wirkens ereigneten sich überaus dramatische und folgenreiche technische Entwicklungen. Reed, 1830 geboren, hatte als Lehrling auf der Werft von Sheerness in Kent begonnen, durfte jedoch 1849 auf die School of Mathematics and Naval Construction in Portsmouth wechseln, wo er 1852 seinen Abschluss machte. Zurück in Sheerness musste er sich zunächst mit der Stellung eines Hilfszeichners begnügen. Angesichts fehlender Aufstiegsmöglichkeiten wechselte er als technischer Redakteur zum einflussreichen „Mechanic's Magazine" und wurde erst dessen Herausgeber, 1860 dann Sekretär des neu gegründeten Institute of Naval Architects. Gleichzeitig präsentierte er dem Admiralty Board (Marineministerium)

Oben: *Sir Edward James Reed KCB, FRS, Chief Constructor of the Royal Navy 1863–1870.*

Oben: *Die HMS* Neptune *war ein voll getakeltes Turmschiff, das Reed ursprünglich für Brasilien entworfen hatte, das aber 1878, noch im Bau, von der Royal Navy übernommen wurde.*

Entwürfe für diverse gepanzerte Schiffe und erhielt schließlich den Auftrag für den Entwurf der HMS *Bellerophon*, eines gepanzerten Zentralbatterieschiffs (7500 t, Stapellauf 1865). Dank seiner Verdienste stieg Reed 1863 (mit nur 33 Jahren) zum Chefkonstrukteur auf, noch bevor die *Bellerophon* auf Kiel gelegt wurde.

Obwohl Reed das Zentralbatterieschiff favorisierte, zeichnete er auch für den Entwurf der HMS *Monarch* verantwortlich, dem ersten großen seegehenden Panzerschiff der Royal Navy mit Drehtürmen (und traditioneller Volltakelung). Das Ergebnis verfeinerter Entwürfe für ein Schiff mit Geschützturm war die 1869 auf Kiel gelegte und vier Jahre später fertiggestellte HMS *Devastation*. Hier verzichtete Reed auf jegliche Segelausrüstung

Unten: *Längsschnitt und Decksplan (ohne Masten) der HMS* Neptune

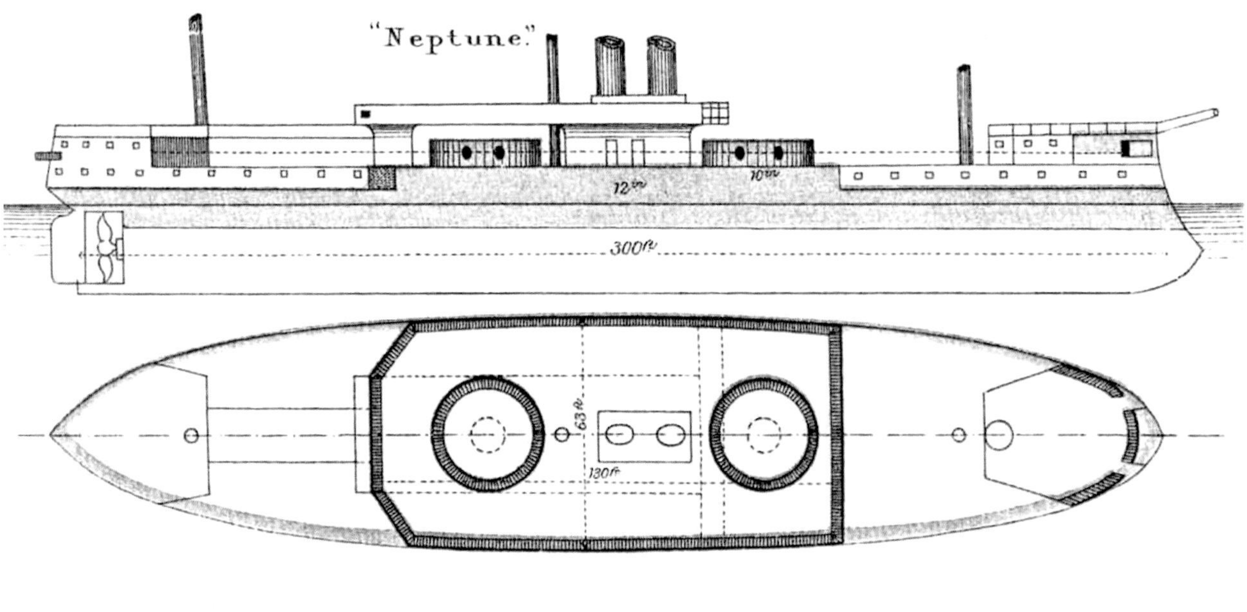

Oben: *Die HMS* Warrior *war das erste Kriegsschiff mit Eisenrumpf und Plattenpanzerung.*

und montierte die gezogenen 305-mm-Zwillings-Vorderlader hinter einer erhöhten Brustwehr, die auch Schutz bei hohem Seegang bot. Mit diesem Schiff begann eine Entwicklungslinie des Schlachtschiffs, die sich bis Ende des Zweiten Weltkriegs fortsetzte.

Unten: *Sir Nathaniel Barnaby KCB, Chief Constructor of the Royal Navy 1872–1985*

1870 trat Reed als Chefkonstrukteur zurück, um dagegen zu protestieren, dass die Admiralität Captain Cowper Coles erlaubt hatte, ganz ohne Einbeziehung seiner Abteilung ein getakeltes, dampfgetriebenes Turmschiff, die HMS *Captain*, zu entwerfen. Wie sehr er damit im Recht war, zeigte sich, als die *Captain* im September desselben Jahres mit allen Mann einschließlich Coles in einem Sturm unterging. Reed entwarf auch Kriegsschiffe für andere Nationen und begann 1874 als Parlamentarier eine erfolgreiche politische Karriere, bevor er im November 1906 an den Folgen eines Schlaganfalls starb.

Reeds Nachfolge trat 1870 sein Schwager Nathaniel Barnaby an, der ebenfalls auf der Werft von Sheernesss begonnen und die gleiche Fachschule besucht hatte. Später arbeitete er als Konstruktionszeichner auf der Werft von Woolwich, bevor er sich 1854 dem Department of Naval Construction anschloss, wo er am Entwurf der HMS *Warrior* beteiligt war.

Barnaby war zunächst Reeds Assistent, bevor er 1870 zum Chefkonstrukteur ernannt wurde, eine Position, die 1875 in Director of Naval Construction (DNC) umbenannt wurde. In seiner Amtszeit hatte Barnaby mit der wachsenden Größe und Leistungsfähigkeit der Schiffsgeschütze und der daraus resultierenden Notwendigkeit verbesserter Schutzpanzerung zu kämpfen. So wurden die Panzerschiffe unweigerlich erheblich größer, und sein erstes Großprojekt, die HMS *Dreadnought* als Nachfolgerin von Reeds *Devastation*, verdrängte 10 800 t. Sein nächster Entwurf, die HMS *Inflexible*, war mit den größten Vorderladegeschützen bewaffnet, die je in einem britischen Kriegsschiff montiert waren: 406-mm-Monstren von 81 t in zwei Zwillingstürmen mittschiffs. Schließlich kehrte Barnaby zu einem konventionelleren Aufbau zurück und setzte mit der HMS *Collingwood* (1879) den Standard für die britischen Schlachtschiffe der nächsten 25 Jahre. Mit 305-mm-Geschützen bewaffnet, sorgten der niedrige Freibord und die schweren Aufbauten dafür, dass auf offener See Wasser allgegenwärtig war.

Der Wunsch nach schwereren Geschützen führte dazu, dass ein Schiff der Collingwood-Klasse für zwei einzelne 413-mm-Geschütze (110 t) modifiziert wurde, während die zwei Schiffe der Victoria-Klasse die beiden Geschütze in einer Zwillingsbarbette trugen. Die Feuerrate dieser großen Geschütze ließ die taktische Verwendung der Schiffe zweifelhaft erscheinen, weshalb Barnabys letzte Entwürfe auf der Collingwood-Klasse basierten, ausgenommen die 343-mm-Geschütze als deren Hauptbewaffnung und eine Verdrängung von über 12 500 t. Durch die Arbeitsbelastung war Barnaby gesundheitlich angeschlagen und legte 1885, 56-jährig, sein Amt nieder; gleichwohl interessierten ihn weiterhin die neusten Entwicklungen – bis zu seinem Tod 1915.

Sir William Henry White, Director of Naval Construction 1885–1901

William White, der neue DNC und zugleich letzter Konstrukteur der viktorianischen Kriegsmarine, bekleidete diesen Posten bis 1901. Begonnen hatte er ähnlich wie seine Vorgänger. Geboren 1845, machte er eine Lehre auf der Werft von Devonport und gehörte 1864 zum ersten Jahrgang der School of Naval Architecture in South Kensington (London). Zunächst war er als Konstruktionszeichner tätig, arbeitete dann für Sir Edward Reed und später für Nathaniel Barnaby. Während dieser Zeit wirkte er an der *Dreadnought* und der *Inflexible* mit und übernahm den Auftrag, für Argentinien einen Kreuzer zu entwerfen. Sein in viele Sprachen übersetztes Buch „The Manual of Naval Architecture" („Handbuch der Schiffsarchitektur") avancierte zum Standardwerk.

Whites berühmteste Werke waren die Schlachtschiffe der Royal-Sovereign-Klasse; das Erste von ihnen wurde 1889 auf Kiel gelegt. Die Verbesserungen gegenüber der Collingwood-Klasse bestanden aus einem verlängerten Rumpf und einem weiteren Deck zur Erhöhung des Freibords, was die Seetauglichkeit drastisch erhöhte. Eine wegweisende Neuauflage mit verbessertem Panzerschutz war die Majestic-Klasse, mit drehbaren Panzerkuppeln über den Barbetten mit 305-mm-Geschützen. Außerdem entwarf White die Schlachtschiffe der Canopus-, Formidable-, Duncan- und King-Edward-VII.-Klasse und zeichnete insgesamt für nicht weniger als 47 Schlachtschiffe, 26 Panzerkreuzer, 102 Geschützte Kreuzer und 75 weitere Kriegsschiffe verantwortlich. Nach seiner Pensionierung 1901 assistierte White beim Entwurf des Cunard-Liners RMS *Mauretania* und war bis zu seinem Tod 1913 Präsident mehrerer technischer Institutionen.

Die Konstrukteure und Schiffsbauer der viktorianischen Ära waren allesamt hervorragende, technisch aufgeschlossene Ingenieure. Sie bilden die Speerspitze in einem Wettrüsten mit dem Ziel, Großbritanniens maritime Vorherrschaft zu Beginn des 20. Jahrhunderts zu bewahren.

DREADNOUGHT

Die HMS Dreadnought – *Beginn einer neuen Schlachtschiffära*

Dreadnought

Am 10. Februar 1906 reiste König Edward VII. nach Portsmouth Dockyard zur Taufe des jüngsten Schlachtschiffs für die Royal Navy. Im Rahmen des maritimen Rüstungsprogramms der Briten war die Taufe eines weiteren Schlachtschiffs eigentlich nichts Besonderes. Doch als der König die traditionellen Worte „Ich taufe dieses Schiff auf den Namen *Dreadnought*; Gott schütze alle, die auf ihr fahren" sprach und eine Flasche australischen Wein gegen den Bug schleuderte, war dies wie das Abfeuern eines Startschusses zu einem der größten Wettrüsten aller Zeiten. (Die Flasche zerschellte übrigens erst beim zweiten Versuch).

Die HMS *Dreadnought* bedeutete eine Wende in der bisher kontinuierlichen Weiterentwicklung von Schlachtschiffen. Unter Führung des brillanten und einfallsreichen Admirals Sir John Fisher war ein Design entstanden, das alle existierenden Schlachtschiffe deklassierte und auf einen Schlag veralten ließ. Das Schiff hatte man unter großer Geheimhaltung am 2. Oktober 1905 auf Kiel gelegt, und da viele wichtige Komponenten rechtzeitig vorher bestellt worden waren, ging es mit dem Bau zügig voran, sodass der Stapellauf nur gut vier Monate später erfolgen konnte – das allein war eine gewaltige Leistung. Nach dem Stapellauf wurde der Schiffskörper im Trockendock schleunigst mit den Maschinen und allen schweren Geschützen ausgestattet, sodass die HMS *Dreadnought* Anfang September der Royal Navy übergeben wurde und die Erprobung beginnen konnte. Die Bauzeit von insgesamt nur zwölf Monaten (zwei weniger als geplant) stellte einen bis heute nicht übertroffenen Rekord für den Bau eines Schlachtschiffs auf.

Für diese Eile gab es gute Gründe. Als bereits während der Bauzeit Details der Schiffskonstruktion publik wurden, erkannten andere Marinen, dass ihre Schlachtschiffe plötzlich deklassiert waren und sie selbst mit dem Bau von Dreadnoughts beginnen mussten, wenn sie weiterhin im Wettlauf mithalten wollten. Außerdem setzte Großbritannien durch die Entwicklung der *Dreadnought* seine eigene Stärke aufs Spiel, denn jeder mit Dreadnoughts ausgestattete potenzielle Feind wäre eine Gefahr für die eigene, im Laufe der

Die in nur zwölf Monaten vollendete, Ende 1906 in Dienst gestellte HMS Dreadnought *deklassierte sämtliche bisherigen Schlachtschiffe.*

Der brillante Admiral Sir John Fisher zeichnete für das Konzept der HMS Dreadnought *verantwortlich.*

Schlachtschiffe wie die 1908 fertiggestellte und mit einer Kombination aus 305-mm- und 193-mm-Geschützen ausgestattete französische Justice *wurden durch die schnellere und schwerer bewaffnete* Dreadnought *obsolet.*

letzten 20 Jahre unter hohem Kostenaufwand aufgebaute Schlachtflotte der Royal Navy. So blieb kein anderer Weg, als Dreadnoughts rascher zu bauen als alle anderen.

Was aber machte die HMS *Dreadnought* nun zu solch einer revolutionären Waffe, und wie wurde sie entwickelt? Wie erwähnt, verdankt sie ihr Entstehen Sir John Fisher, der im Oktober 1904 zum First Sea Lord aufgestiegen war. Zuvor hatte er bereits einige wichtige Posten bekleidet – so die gemeinhin als prestigeträchtigste praktische Tätigkeit innerhalb der Navy angesehene Position des Kommandeurs der Mittelmeerflotte. Das neue Amt bot ihm jede Gelegenheit, neue Ideen auszuprobieren und jüngere Offiziere für sein fortschrittliches Denken zu gewinnen. Seit 1902 war Fisher als Second Sea Lord für Personal und Ausbildung in der gesamten Royal Navy verantwortlich gewesen. Hier hatte er bereits Akzente gesetzt, indem er Auswahl und Ausbildung der Offiziere reformiert, das Leistungsprinzip verankert, die Bedingungen für Offiziere wie Mannschaften reorganisiert und verbessert sowie das Geschütztraining stärker in den Mittelpunkt gerückt hatte.

Stets offen für neue Ideen, nutzte Fisher rasch die durch die neu verfügbaren Waffen und Systeme gebotenen Vorteile, wobei ihm seine mangelnde Rücksicht auf Traditionen manche Feinde schuf. Auf dem Mittelmeer nahmen seine Vorstellungen von einem neuen Großkampfschiff Formen an, die er 1903 als Commander-in-Chief (C-in-C) in Portsmouth zusammen mit den Schiffskonstrukteuren der Werft weiter ausarbeitete. Damals schwebte ihm ein Schiff vor, das er HMS *Untakeable* nannte und das mit acht großkalibrigen Geschützen bewaffnet war, von denen wenigstens sechs auf jeder Breitseite feuern konnten. Ein Geschwindigkeitsvorsprung gegenüber den derzeitigen Schlachtschiffen war unabdingbar, damit das Schiff eine eigene taktische Position wählen und es auch mit feindlichen Kreuzern aufnehmen konnte. Auf eine Sekundärbewaffnung konnte indes verzichtet werden, da das Schiff nach Belieben auf große Entfernung feuern konnte und die schwerste vertretbare Panzerung zur Ausstattung gehörte. Ein hoher Freibord würde die Seetauglichkeit erhöhen und die Geschütze bei fast jedem Wetter einsatzfähig halten. Steife Dreibeinmasten sollten die jüngsten Feuerleitsysteme tragen, während alle übrigen Kommandosysteme in einem gepanzerten Kommandoturm unterhalb der Brücke angelegt werden sollten.

Ein 1904 von Fisher einberufenes *Committee on Designs* traf einige bedeutende Entscheidungen. Fisher hatte anfangs wegen der höheren Schussfrequenz eine Bewaffnung mit 254-mm-Geschützen vorgeschlagen, sich dann aber bald für 305-mm-Geschütze mit ihrem schwereren Projektil entschieden. Da er darauf beharrte, das Schiff müsse zu schwerem Feuer direkt nach vorn in der Lage sein, entschied man sich schließlich für zehn 305-mm-Geschütze in fünf Zwillingstürmen – einer auf Mittellinie auf dem Vorschiff und zwei achtern, die übrigen zwei außen zwischen den Schornsteinen. So konnten acht Geschütze eine Breitseite abfeuern und sechs direkt nach vorn oder achtern gerichtet werden. Ihre aus einem einzigen Kaliber bestehende Hauptbewaffnung unterschied die *Dreadnought* von ihren Vorgängern und bot deutliche Vorteile bei der Feuerleitung auf große Entfernungen. Bei zentraler Feuerleitung würde das kompakte Trefferbild leicht erkennbar und korrigierbar sein, was bei gleichzeitig feuernden Geschützen unterschiedlicher Kaliber nicht einfach war.

Um die notwendige Geschwindigkeit zu erreichen (mindestens 21 kn, damit man die meisten zeitgenössischen Schlachtschiffe um 3 kn übertraf), entschied man sich für die neu entwickelten Dampfturbinen, die 1899 auf den Zerstörern *Cobra* und *Viper* erfolgreich getestet und 1904 auch in den Kreuzer *Amethyst* eingebaut worden waren. Durch die vergangenen Erfolge ermutigt, sah der Konstruktionsausschuss nun auch für das neue Schlachtschiff Dampfturbinen vor.

Beim Entwurf der HMS *Dreadnought* wurden zudem Erkenntnisse aus den wenigen Kampfhandlungen berücksichtigt, in die Vor-Dreadnoughts verwickelt waren, vor allem aus der noch nicht lange zurückliegenden Seeschlacht bei Tsushima (1905) im Fernen Osten. Sie schienen die Wahl von Distanzgeschützen und den taktischen Vorteil durch eine höhere Geschwindigkeit positiv zu bestätigen. Berücksichtigt wurden auch die Auswirkungen von Kampfschäden – deshalb sah man für die *Dreadnought* bis hinauf zum Hauptdeck wasserdichte Querschotten vor. Da es in den Schotten selbst keine wasserdichten Durchlässe gab, musste der Umweg über das Hauptdeck genommen werden, um sich auf den unteren Schiffsebenen in Längsrichtung zu bewegen. Dies war zwar unbequem, doch so wurde ausgeschlossen, dass das gesamte Schiff gefährdet war, wenn nur ein Durchlass offen blieb – seinerzeit ein entscheidender Faktor beim Untergang des von der *Camperdown* gerammten Schlachtschiffs *Victoria* (siehe Seite 62ff.). Die fertiggestellte *Dreadnought* verdrängte 17 900 t; nicht weniger als 5000 t davon bestanden aus dem Panzerschutz: ein 28 cm dicker Gürtelpanzer und eine vergleichbare Panzerdicke der Türme, Barbetten und des Kommandoturms.

In der Dreadnought *ersetzte eine betörend schlichte Dampfturbine die komplexe Kolbendampfmaschine – wie in dieser für den Kreuzer HMS* Andromeda *vorgesehenen Konfiguration.*

Der mit der HMS *Dreadnought* erzielte Durchbruch war tatsächlich Fisher und der Royal Navy zu verdanken; weil andere jedoch in dieselbe Richtung dachten, hatte man das Schiff mit einer solchen Hast gebaut. In dem einflussreichen Standardwerk „Jane's Fighting Ships" („Janes Kampfschiffe") wurde 1903 ein Artikel des italienischen Schiffskonstrukteurs Vittorio Cuniberti veröffentlicht, der „ein ideales Schlachtschiff für Großbritanniens Royal Navy" beschrieb. Darin war die Rede von einem Schiff mit 17 000 t, zwölf 305-mm-Geschützen und 24 kn – nicht viel anders als Fishers eigene Vorstellungen. Und bereits im März 1905, noch vor Kiellegung der *Dreadnought*, durfte die US Navy zwei neue Schlachtschiffe der South-Carolina-Klasse bauen. Diese wurden zwar erst Ende 1906 auf Kiel gelegt, doch auch sie folgten der neuen Denkweise mit acht 305-mm-Geschützen in vier Zwillingstürmen, je zwei vorn und achtern. Für sie wurde erstmals die überhöhte Aufstellung gewählt: Der innere Turm war jeweils auf einer erhöhten Barbette montiert, um über den Zwillingspartner hinwegfeuern zu können. So konnten die Türme dichter beieinander platziert werden, was weniger Panzerung zum Schutz der Turmfundamente und Magazine bedeutete. Zudem gab es eine leichte Sekundärbewaffnung mit 76-mm-Geschützen. An der veralteten Kolbendampfmaschine, die nur 18 kn erlaubte, hielt man indes fest.

Fisher befasste sich nicht allein mit Schlachtschiffen. Die Royal Navy besaß bereits mehrere Panzerkreuzer, deren Verdrängung von rund 14 000 t der vieler Schlachtschiffe entsprach. Sie waren mit 234-mm-Geschützen ausgestattet und erreichten rund 23 kn. Diese Schiffe sollten wie gewohnt Handelschiffe beschützen, zugleich aber auch als Kundschafter und zur Gefechtsunterstützung im Rahmen der Schlachtflotte operieren. Fischer beschloss, die Schiffe dieses Typs zu verbessern, indem er sie mit den 305-mm-Geschützen der Schlachtschiffe ausstattete, um ihren Nutzen für die Flotte zu steigern und ihre Geschwindigkeit auf

Überhöhte Türme finden sich erstmals bei der 1910 in Dienst gestellten amerikanischen South-Carolina-Klasse.

25 kn zu erhöhen, damit sie jeden Kreuzer einholen und einen nutzbaren Vorsprung gegenüber den Dreadnought-Schlachtschiffen hatten. Hierzu steigerte man die Leistung von den nur 23 000 WPS der *Dreadnought* auf 41 000 WPS, die Rumpflänge wuchs auf 173 m. Um Gewicht zu sparen, reduzierte man die Hauptbewaffnung auf acht 305-mm-Geschütze in vier Türmen, je einer vorn und achtern und zwei mittschiffs diagonal versetzt, sodass sechs Geschütze in jede Richtung feuern konnten (auch direkt nach vorn und achtern) und acht Geschütze breitseits einen beschränkten Bestreichungswinkel ermöglichten. Da diese Schiffe nicht als Teil der Schlachtlinie vorgesehen waren und man Gewicht einsparen wollte, wurde die Panzerung auf einen 15 cm dicken Gürtelpanzer und 18 cm dicke Panzerplatten für Turmfronten und Barbetten reduziert. Trotzdem waren die nun als Schlachtkreuzer bezeichneten Schiffe immer noch sehr wuchtig und imposant. Für die Öffentlichkeit, viele Politiker und sogar Admiräle handelte es sich um Großkampfschiffe und einen bedeutenden Faktor im internationalen Kräftemessen.

Man entschied sich bewusst dafür, nicht eher Schlachtkreuzer oder weitere Dreadnoughts auf Kiel zu legen, bis die HMS *Dreadnought* ihre ersten Tests abgeschlossen hatte – eine durchaus vernünftige Entscheidung angesichts der Neuartigkeit dieses Schiffs, das seinen Wert indes bald bewies: Vor allem die Dampfturbinen waren ein großer Erfolg. So wurden Anfang 1906 nicht weniger als drei Schlachtkreuzer (*Invincible, Inflexible* und *Indomitable)* auf Kiel gelegt; im Dezember 1906 folgte das erste von drei Dreadnought-Schlachtschiffen, die HMS *Bellerophon*, die beiden übrigen im folgenden Januar und Februar. In den Abmessungen und der Anordnung der Hauptbewaffnung ähnelten sie der *Dreadnought*, doch die Verdrängung

Oben: Die Bellerophon-Klasse ist an ihren dreibeinigen Masten mit den Feuerleitplattformen zu erkennen.

Unten: *Die St.-Vincent-Klasse wiederholte die Dreadnought-Formel, war jedoch mit den neuen, weiter schießenden 305-mm-L/50-Geschützen bewaffnet.*

stieg auf 18 600 t. Überdies verstärkte man die Bewaffnung zur Abwehr naher Torpedoboote auf 16 102-mm-QF-Geschütze anstelle der 12-Pfünder der *Dreadnought*. Augenfällig war der nun vor dem vorderen Schornstein platzierte dreibeinige Fockmast, um dem Rauch zu entgehen, und ein zweiter Mast vor dem zweiten Schornstein.

Bereits 1907/08 folgte die Kiellegung von drei weiteren Dreadnoughts (St.-Vincent-Klasse). Äußerlich unterschieden sie sich kaum von den Bellerophons, doch sie besaßen die neuen 305-mm-L/50-Geschütze anstelle der älteren L/45. Die Steigerung der Reichweite von 17 000 m auf fast 19 200 m war eine erhebliche Verbesserung, wenngleich die Lafetten schwerer wur-

den und die Verdrängung auf 19 250 t stieg, bei einer Geschwindigkeit von 21 kn.

Bis jetzt hatte der fortgesetzte Bau von Schlachtschiffen volle politische Unterstützung genossen, doch angesichts der geplanten sechs Dreadnoughts und drei Schlachtkreuzer setzte die liberale Regierung andere Prioritäten, wehalb 1908 nur ein Schlachtschiff und ein Schlachtkreuzer genehmigt wurden. Bei dem Schlachtschiff handelt es sich um die im Januar 1909 auf Kiel gelegte HMS *Neptune*. Man hatte die Anordnung der Seitentürme bei den früheren Dreadnoughts kritisiert, da nicht alle Geschütze auf der Breitseite feuern konnten. Die Seitentürme der *Neptune* waren daher vor und hinter dem zweiten Schornstein diago-

Oben: *Die HMS* Indefatigable, *das erste Schiff einer neuen Klasse von Schlachtkreuzern, war ebenfalls mit dem neuen 305-mm-L/50-Geschütz ausgestattet.*

Links: *Deutschlands Antwort auf die* Dreadnought *waren die Schiffe der Nassau-Klasse, die jedoch nur mit 280-mm-Geschützen bewaffnet waren und mit ihren Kolbendampfmaschinen lediglich 19 kn erreichten.*

nal versetzt platziert, ganz wie bei den Schlachtkreuzern. Für einen ausreichenden Schwenkbereich lag der vierte (X) Turm höher, damit er über den hinteren (Y) Turm feuern und beide dichter aneinanderrücken konnten. Ein Brückendeck über den Mitteltürmen verband die vorderen und hinteren Aufbauten, was das neue Erscheinungsbild prägte; Rumpf, Maschinen und Panzerung jedoch blieben weitgehend unverändert.

Der Schlachtkreuzer von 1908, die HMS *Indefatigable*, ähnelte den früheren Schiffen, besaß aber ebenfalls die neuen 305-mm-L/50-Geschütze und einen etwas längeren Rumpf, um den Bestreichungswinkel der Mittschifftürme zu vergrößern. Der nach vorn verlegte linke Turm konnte um rund 30 Grad nach rechts schwenken, in der Lücke zwischen dem vorderen und dem neu positionierten hinteren Schornstein, der nun außerhalb der Aufbauten stand. Ähnlich konnte der rechte Seitenturm nun zwischen dem zweiten und dritten Schornstein, der sich jetzt am vorderen Ende der Aufbauten befand, nach Backbord schwenken.

In jedem potenziellen Krieg konnte Großbritannien auf die Unterstützung der Nationen seines großen Empires zählen. Nach Diskussionen mit verschiedenen Regierungen entstand das Commonwealth Defence Program, in dessen Rahmen Australien und Neuseeland sich bereit erklärten, den Bau je eines Schlachtkreuzers der Indefatigable-Klasse zu finanzieren. Beide Schiffe wurden im Juni 1910 in Schottland auf Kiel gelegt und erhielten die Namen der Gebernationen. Die HMAS *Australia* wurde im Juni 1913 bei der australischen Navy in Dienst gestellt; sie bestritt die laufenden Kosten und behielt das Kommando über das Schiff, das im Bedarfsfall aber der Royal Navy zur Verfügung gestellt würde. Neuseeland indes war den Kosten nicht gewachsen, sodass man das Schiff nach Fertigstellung im November 1911 der Royal Navy übergab.

Man hoffte, dieser Tritt auf die Bremse werde von anderen Nationen bemerkt, die sich nun ebenfalls überzeugen ließen, ihr Schiffsbauprogramm zurückzufahren. Dabei sah man vor allem auf Deutschland, das zunächst scheinbar träge auf die Dreadnoughts reagiert hatte. Die vier Vor-Dreadnoughts der Deutschland-Klasse waren 1904/05 auf Kiel gelegt und 1908 in Dienst gestellt worden, doch bis zur Kiellegung neuer Dreadnoughts sollten noch zwei Jahre verstreichen.

Das Erscheinen der HMS *Dreadnought* hatte die deutsche Kriegsmarine unter Admiral Tirpitz nicht überrascht, doch man stellte fest, dass die eigenen Schiffe größer und leistungsfähiger sein mussten, um mit den britischen gleichzuziehen – ein gravierendes Problem, da Kiel an der Ostsee, Wilhelmshaven an der Nordsee liegt und der beide Marinebasen verbindende Kaiser-Wilhelm-Kanal nur für Schiffe bis zur Größe der Vor-Dreadnoughts ausgelegt war. Aushub, Verbreiterung und Einbau neuer Schleusentore bedeuteten ein größeres, zeitaufwendiges Bauvorhaben.

Schließlich wurden 1907 vier Dreadnoughts der Nassau-Klasse auf Kiel gelegt, die den britischen Schiffen jedoch in mancher Hinsicht unterlegen waren. Bei einer Verdrängung von 18 850 t besaßen sie zwölf 280-mm-Geschütze in sechs Zwillingstürmen, je einer vorn und achtern und zwei auf jeder Seite. Das war nicht sonderlich praktisch, denn nur jeweils acht Geschütze konnten zu den Breitseiten geschwenkt werden. Die stattliche Mittelartillerie bestand aus zwölf 150-mm- und 16 88-mm-Geschützen, was dem von der *Dreadnought* vorgemachten „Big Gun"-Konzept widersprach. Einen noch größeren Nachteil bedeuteten die weiterhin verwendeten Kolbendampfmaschinen, die nur 19,5 kn erlaubten. Ein Plus war die gute Panzerung: Besondere Aufmerksamkeit galt dem Unterwasserschutz mit Stahlschotten hinter den seitlichen Kohlebunkern. Bei sämtlichen deutschen Dreadnoughts wurde sehr auf den Unterwasserschutz geachtet, was sich später als wertvoll erweisen sollte.

Nachdem sie mit dem Bau von Dreadnoughts begonnen hatte, beschleunigte die deutsche Kriegsmarine ihre Aktivitäten. Die vier laut Plan von 1908 auf Kiel gelegten Schiffe der Helgoland-Klasse bedeuteten einen Längenzuwachs um beachtliche rund 21 m, was sie bei einer Verdrängung von 22 800 t zu den bisher größten Dreadnoughts machte.

Zudem wurde das Kaliber der Hauptbewaffnung auf 305 mm erhöht, doch das Arrangement der sechs Zwillingstürme blieb gegenüber der Nassau-Klasse unverändert, mit den entsprechenden Nachteilen; dies war jedoch notwendig, da in den deutschen Schiffen weiterhin Kolbendampfmaschinen zum Einsatz kamen, die viel Raum beanspruchten und die Platzierungsmöglichkeiten der Magazine einschränkten. Die

Oben: *Die Luftaufnahme der* Ostfriesland *zeigt das Arrangement der hinteren 305-mm-Geschütze. Man beachte auch die 150-mm-Geschütze in Kasematten als Teil der Sekundärbewaffnung.*

Unten: *Der deutsche Schlachtkreuzer* Von der Tann *in voller Fahrt.*

auf 28 000 PSi gesteigerte Leistung reichte für gut 20 kn, während die drei Schornsteine den Schiffen ein markantes Erscheinungsbild verliehen.

Zur gleichen Zeit folgten die Deutschen dem britischen Konzept des Schlachtkreuzers, wobei ihre Variante einen stark verbesserten Panzerschutz zuließ. Der Gürtelpanzer der im März 1908 auf Kiel gelegten *Von der Tann* war 10–25 cm stark, Türme und Barbetten besaßen bis zu 27 cm und der Kommandoturm 30 cm. Lebenswichtige Bereiche wurden durch eine 5–7 cm starke Panzerdecke geschützt. Zum umfassenden Unterwasserschutz zählte auch ein Torpedoschott. Wenngleich die Hauptbewaffnung nur aus acht 280-mm-Geschützen bestand, bei denen die Seitentürme für Breitseitenfeuer wie bei den britischen Schiffen diagonal versetzt aufgestellt waren, wurde die starke Sekundärbewaffnung aus zehn 150-mm-Geschützen mittschiffs in seitlichen Kasematten platziert. Die 42 000 WPS leistenden Dampfturbinen (britischer Konstruktion!) erreichten knapp 25 kn. Auf der *Von der Tann* basierend, besaßen die beiden 1908/09 auf Kiel gelegten Schlachtkreuzer *Moltke* und *Goeben* einen um 15 m verlängerten Rumpf, um achtern einen weiteren 280-mm-Zwillingsturm in überhöhter Aufstellung unterzubringen.

Der längere Rumpf und die auf

Vorderansicht des Schlachtkreuzers Goeben *mit den 280-mm-Geschützen in überhöhter Aufstellung*

Die 1911 fertiggestellte HMS Colossus *kehrte zur Platzierung des Masts hinter dem ersten Schornstein zurück, sodass Rauch den Ausguck behinderte.*

52 000 WPS gesteigerte Leistung erhöhten die Geschwindigkeit auf 25, kn.

Im Jahr 1908 verkündete Admiral Tirpitz neue Marinegesetze, die es erlaubten, alljährlich bis 1911 vier Schlachtschiffe oder Schlachtkreuzer auf Kiel zu legen, und danach zwei pro Jahr. Der britische Geheimdienst kam zu der Überzeugung, dass man mehr plante, da eine erhebliche Anzahl von Hauptkomponenten wie Panzerplatten und Lafetten geordert wurden. Die deutsche Führung beharrte darauf, diese Schiffe seien zur Wahrung ihrer legitimen Interessen an Handel und kolonialer Expansion notwendig, doch rasch wurde klar, dass die meisten neuen Schiffe in der Nordsee eingesetzt werden sollten, wo es nur einen potenziellen Gegner gab: Großbritannien. Tirpitz begriff, dass er nicht Schiff für Schiff mit der Royal Navy gleichziehen musste, um das britische Seemonopol zu brechen. Er musste nur genügend Schiffe besitzen, um der Royal Navy damit zu drohen, eine größere Auseinandersetzung in der Nordsee zu verlieren. Diese Gefahr wurde von manchen Briten klar erkannt, die sich vehement für acht neue Schlachtschiffe einsetzten, damit die numerische Überlegenheit gewahrt blieb. Typisch britischer Kompromiss: Die Regierung bewilligte die Kiellegung von vier neuen Schiffen im Jahr 1909, die vier weiteren sollten davon abhängen, ob Deutschland mehr Schiffe baute als bekundet. Doch der Startschuss kam aus einer anderen Richtung, denn die weiteren vier britischen Schiffe wurden bewilligt, nachdem Österreich Ungarn und Italien (Mitglieder des Dreibundes mit Deutschland) den Bau von Dreadnoughts angekündigt hatten.

Colossus und *Hercules* wurden im Juli 1909 auf Kiel gelegt und waren die ersten der acht neuen Schiffe; sie ähnelten der *Neptune* auf jeden Fall in der Anordnung der Hauptbewaffnung. Der einzige (dreibeinige) Mast wurde unerklärlicherweise hinter dem vorderen Schornstein platziert, was die gleichen Rauchprobleme verursachte, die schon die *Dreadnought* geplagt hatten. Ein weiterer Rückschritt war der mit verstärkter äußerer Seitenpanzerung begründete Verzicht auf ein inneres Torpedoschott, wie es bei der *Bellerophon* und nachfolgenden Schiffen vorhanden war. Anders verhielt es sich mit den übrigen Schiffen des Programms von 1909: vier Schlachtschiffen und zwei Schlachtkreuzern. Die Royal Navy hatte stets die Philosophie verfolgt, neben der zahlenmäßigen Überlegenheit auch die überlegene Bewaffnung jedes einzelnen Schiffs sicherzustellen. Als Deutschland in der Helgoland-Klasse zum 305-mm-Geschütz überging, bewaffneten die Briten ihre neuen Großkampfschiffe mit einem 343-mm-Geschütz für 567-kg-Projektile mit einer Reichweite von 21 000 m. Ihre Premiere hatte diese Waffe bei den vier 1909 und 1910 auf Kiel gelegten

Die HMS Thunderer*, ein Schlachtschiff der Orion-Klasse, wurde erstmals mit einem modernen Feuerleitsystem für das Präzisionsschießen bis zur maximalen Geschützreichweite ausgestattet.*

Schlachtschiffen der Orion-Klasse, deren zehn Geschütze in fünf Zwillingstürmen allesamt auf der Mittellinie platziert waren. Vorn und achtern gab es überhöhte Türme, und hinter den beiden Schornsteinen befand sich der Q-Turm. Trotz Problemen durch den Rauch war der dreibeinige Fockmast wiederum hinter dem ersten Schornstein platziert, allerdings mit stark erhöhten Leitpositionen. Die 22 500 t verdrängenden und schwerer bewaffneten Schiffe waren erheblich leistungsstärker als ihre Vorgänger und wurden nun zu Recht als Super-Dreadnoughts bezeichnet.

Neben den schwereren Geschützen profitierte die *Orion* von einem weiteren technischen Fortschritt. Bei den Vor-Dreadnoughts zielte man mit den Geschützen noch direkt von der Lafette aus – kaum anders als im Segelzeitalter. Die *Dreadnought* wurde indes mit den ersten Versionen eines moderneren Systems ausgerüstet, das man bei den größeren erzielbaren Reichweiten auch benötigte. Auf dem Fockmast wurde ein Feuerleittopp installiert, von wo aus Ziel und Trefferlage unbehindert beobachtet werden konnten, während separate Entfernungsmesser die Zielentfernung ermittelten. Diese und weitere Daten – wie Zielpeilung und -geschwindigkeit – wurden an eine Übertragungsstation unterhalb des gepanzerten Kommandoturms weitergeleitet. Ein früher Analog-Schießrechner (der Dumaresq) berechnete neben der einzustellenden Peilung und Richthöhe auch den Vorhalt, um die Zielbewegung nach dem Abfeuern zu berücksichtigen. Diese Werte wurden zu Telegrafenverstärkern in den Türmen übertragen, wo sie von den Richtkanonieren übernommen und an den einzelnen Geschützen eingestellt wurden. Vom Feuerleittopp aus erfolgte dann der Feuerbefehl für eine synchronisierte Salve (ein Geschütz pro Turm) oder Breitseite (beide Geschütze). Unter den fachmännischen Augen Admiral Sir Percy Scotts entwickelte sich dieses System zur zentralen Feuerleitung – einer gepanzerten Plattform am Vordermast, deren Peilungen und Entfernungsdaten in einen Dreyer-Feuerleittisch in der Übertragungsstation eingespeist wurden. Dieser strombetriebene Rechner war weit fortschrittlicher als der Dumaresq und der erste elektronische, wenngleich noch analog arbeitende Rechner. Die Richtkanoniere brauchten nur die in die

Türme übermittelten Anzeigen zu befolgen, ohne dass sie das Ziel selbst sehen mussten. Salven und Breitseiten wurden zentral fernausgelöst.

Die zentrale Feuerleitung ermöglichte eine erheblich verbesserte Effizienz, sodass die britischen Schiffe ihren deutschen Gegenspielern meist voraus waren, obwohl die deutschen Entfernungsmesser vor allem auf große Distanzen präziser waren. Nach erfolgreicher Erprobung an Bord der HMS *Bellerophon* wurde die 1912 fertiggestellte HMS *Thunderer* (Orion-Klasse) als erstes Schiff mit dem neuen System ausgestattet, das nun bei keinem neuen Schiff fehlen sollte und in den älteren Dreadnoughts nachgerüstet wurde.

Mit 343-mm-Geschützen wurden auch die beiden nach dem Plan von 1909 auf Kiel gelegten Schlachtkreuzer HMS *Lion* und HMS *Princess Royal* ausgerüstet, 1911 gefolgt von der leicht modifizierten *Queen Mary*. Bei einer Verdrängung von 26 350 t waren diese imposanten Schiffe mehr als 30 m länger als die Indefatigable-Klasse. Dampfturbinen auf vier Wellen erreichten mit 70 000 WPS gut die doppelte Leistung der Orion-Klasse und mehr als 27 kn (die *Princess Royal* schaffte bei der Erprobung sogar 28,5 kn). Gürtel- und Turmpanzer wurden auf 23 cm erhöht, die Panzerdecke indes kaum. Der Fockmast wurde zunächst wiederum hinter dem vorderen Schornstein platziert, offenbar auf Betreiben Admiral Jellicoes; dies erleichterte die Handhabung der Beiboote, obwohl der Rauch die Feuerleitstände stark beeinträchtigte – ein interessanter Blick auf die Prioritäten mancher Offiziere. Für 60 000 £ pro Schiff verlegte man den Fockmast schließlich doch vor den Schornstein.

Der Schlachtkreuzer war weitgehend Sir John Fishers geistiges Kind; den Gipfelpunkt seiner Ideen bildete die in mehrerer Hinsicht bemerkenswerte HMS *Tiger*. Dieser vermutlich beste Vorkriegs-Schlachtkreuzer war ursprünglich als viertes Schiff der Lion-Klasse vorgesehen, doch sein Grundkonzept war stark durch die von Vickers entworfene, für Japan gebaute *Kongo* beeinflusst. Die Bewaffnung mit acht 343-mm-Geschützen wurde beibehalten, doch den Q-Turm verlegte man nach hinten, wo er freies Schussfeld hatte, und die drei Schornsteine bildeten nun eine Gruppe, wodurch das Schiff viel symmetrischer wirkte. Alle bisherigen Schlachtkreuzer besaßen eine Mittelartillerie aus 102-mm-QF-Geschützen, die bei der *Tiger* auf

Die in der Orion-Klasse eingeführten 343-mm-Geschütze brachten den Schiffen den Namen „Super-Dreadnought" ein.

Oben: *Die HMS* Tiger *war der letzte Schlachtkreuzer vor Skagerrak und zeigt sich stark durch die von Vickers Armstrong für die japanische Kriegsmarine gebaute* Kongo *beeinflusst.*

152-mm-QF-Geschütze in Breitseitenkasematten mittschiffs gesteigert wurde. Der Panzerschutz blieb gegenüber den Lions unverändert, doch die *Tiger* war das erste britische Kriegsschiff mit mehr als 100 000 WPS und mit 29 kn deutlich schneller als alle deutschen Schlachtkreuzer. Die Fertigstellung erfolgte im Oktober 1914 – kurz nach Ausbruch des Ersten Weltkriegs.

Man war sich nahezu sicher, dass ein größerer Krieg bevorstand; deshalb war das britische Dreadnought-Programm bereits 1910 auf gutem Wege, und man bestellte vier Dreadnoughts der King-George-V-Klasse,

die alle 1911 auf Kiel gelegt wurden; 1912 folgten vier Schiffen der Iron-Duke-Klasse. Die erste Gruppe orientierte sich an der Orion-Klasse – abgesehen davon, dass der vordere Pfahlmast (später durch ein kurzes Dreibein verstärkt) vor den Schornsteinen stand. Die sonst ähnlichen Iron Dukes unterschieden sich darin, dass das Kaliber der Waffen für die Abwehr von Torpedobooten auf 152 mm erhöht wurde, die dicht oberhalb der Wasserlinie in Kasematten montiert waren.

Während dieses konzentrierte Schiffsbauprogramm dafür sorgte, dass die Royal Navy Deutschland numerisch überlegen blieb, war der Admiralität nicht entgangen, dass auch andere Nationen Schlachtschiffe mit Geschützen von mindestens 356 mm bauten oder planten. So beschloss man, die nächsten Schlachtschiffe mit 380-mm-Geschützen auszurüsten, die ein 871-kg-Geschoss knapp 22 000 m weit feuerten. Die durch eine 33 cm dicke Panzerung geschützten Zwillingstürme wogen rund 750 t, weshalb es nicht überrascht, dass die Zahl der Geschütze auf acht in überhöhter Aufstellung vorn und achtern reduziert wurde. Der Wegfall des Q-Turms mittschiffs bot nun Raum für zusätzliche Maschinen, sodass die Schiffe mit 75 000 WPS gut 24 kn erreichten.

So entstand die ab Oktober 1912 über einen Zeitraum von zwölf Monaten auf Kiel gelegte Queen-Elizabeth-Klasse. Ursprünglich waren nur vier Schiffe geplant, doch die Malaienstaaten finanzierten ein fünftes Schiff (HMS *Malaya*). Als alle fünf Schiffe im Frühjahr 1916 in die Grand Fleet der Royal Navy

Unten: *Die HMS* Lion*, das Führungsschiff des 1st Battlecruiser Squadron; man beachte die Befestigungen für Torpedofangnetze an den Seiten.*

Oben: *Die HMS* Royal Sovereign, *ein Schlachtschiff der R-Klasse, vor Anker liegend (1921); deutlich zu erkennen ist der Torpedowulst entlang der Wasserlinie.*

Die HMS King George V.; *bei diesen Schiffen verlegte man den Fockmast vor den vorderen Schornstein. Das neben der Mastspitze sichtbare Flugzeug ist ein Vorbote künftiger Gefahren.*

aufgenommen wurden, verkörperten sie die schlagkräftigsten Schlachtschiffe weltweit. Die Queen-Elizabeth-Klasse zeichnete sich auch dadurch aus, dass sie als erste Großkampfschiffe der Royal Navy mit Heizöl statt Kohle betrieben wurden. Die Vorteile der Ölfeuerung kannte man bereits, doch die Navy zögerte noch, allzu sehr darauf zu setzen, solange eine sichere Versorgung nicht garantiert war. 1914 wurde die britische Regierung Mehrheitsaktionär der Anglo-Persian Oil Company, sodass nun auch die strategischen Vorteile der Ölfeuerung einbezogen werden konnte. Die letzte Klasse der Vorkriegsschlachtschiffe, die Revenge- oder R-Klasse, arbeitete noch mit Kohle und Öl. Dies erwies sich als weise Entscheidung, nachdem die deutsche U-Boot-Offensive 1917 zur Ölknappheit führte. Die geringere Maschinenleistung bedeutete jedoch, dass die R-Klasse nur 23 kn erreichte, was für Operationen innerhalb der Grand Fleet zwar ausreichte, doch in späteren Jahren den Nutzen einschränkte. In anderer Hinsicht waren die Schiffe im Grunde eine Neuauflage der Queen-Elizabeth-Klasse, ausgenommen die HMS *Ramillies* mit ihrem neuartigen Unterwasserschutz – einem Torpedowulst mit einem als Pufferzone ausgelegten Zellensystem. Dieses Konzept fand nach dem Ersten Weltkrieg vielfach Anwendung bei der Modernisierung von Schiffen, doch es wurde damals einzig bei der *Ramillies* verwirklicht. Angetrieben wurde das britische Dreadnought-Programm durch das Erstar-

ken der deutschen Kriegsmarine. Auf die Helgoland-Klasse folgte 1909/10 die Kiellegung von fünf neuen Dreadnoughts (Kaiser-Klasse) und 1911/12 die von weiteren vier Schiffen (König-Klasse). Die Schiffe der Kaiser-Klasse besaßen als erste deutsche Schlachtschiffe Turbinenantrieb und arbeiteten mit Kohle oder Öl. Die Dreiwellen-Maschinen hatten 31 000 WPS und erlaubten 21 kn. Das vierte Schiff, die *Prinzregent Luitpold*, sollte ursprünglich neben zwei Turbinen auf zwei Wellen einen auf die Mittelwelle arbeitenden Diesel- (12 000 PS) als Marschmotor erhalten. Dies wurde zwar nicht realisiert, doch das deutsche Interesse an Dieselmotoren für große Kriegsschiffe hielt an – mit drastischen Konsequenzen in den Nachkriegsjahrzehnten. Die Kaiser-Klasse besaß zehn 305-mm-Geschütze in fünf Zwillingstürmen, einer auf dem Vorschiff, zwei mittschiffs diagonal versetzt und achtern ein weiteres, überhöht aufgestelltes Paar. Die Dampfturbinen erlaubten ein effizienteres Arrangement als in der vorangehenden Helgoland-Klasse. Mit einem Gürtelpanzer von bis zu 35 cm und dem 30 cm stark gepanzerten Kommandoturm waren diese Schiffe besser geschützt als ihre britischen Pendants.

Die folgenden vier Schiffe der König-Klasse waren ebenfalls mit zehn 305-mm-Geschützen bewaffnet, was die Royal Navy natürlich längst veranlasst hatte, nun auf 343 mm zu erhöhen. Die Schlachtschiffe der König-Klasse waren die ersten deutschen Schiffe, die ihre großen Geschütztürme in Mittschiffsaufstellung trugen. Die Kaiser- und die König-Klasse besaßen

343-mm-Geschütztürme der HMS Iron Duke*; die Vorgabe der Royal Navy, Schlachtschiffe sollten in der Lage sein, ohne Rohrerhöhung direkt vorauszufeuern, bedeutete, dass das vordere Deck nicht erhöht war und daher bei starkem Seegang überspült wurde.*

Die HMS Queen Elizabeth, *(aus Sicht der USS* Scapa Flow, *1918); die Rechtecke zwischen den Schornsteinen sollten feindliche Richtschützen irritieren, die mit Schnittbild-Entfernungsmessern arbeiteten.*

beide eine schwere Mittelartillerie aus 14 150-mm- und acht 88-mm-Geschützen. Letztere waren für die Fliegerabwehr (Flak) vorgesehen – ein Beweis für die frühe Berücksichtigung einer möglichen Gefahr aus der Luft. Übrigens waren die zeitgleichen britischen Dreadnoughts der Iron-Duke-Klasse die ersten mit Flak (102-mm-QF) ausgerüsteten Schiffe der Royal Navy.

Als letzte deutsche Dreadnoughts wurde die Bayern-Klasse (28 500 t) zwischen 1913 und 1915 auf Kiel gelegt. Vier Schiffe waren geplant, doch 1916 waren nur die ersten beiden (*Bayern* und *Baden*) fertiggestellt; die Arbeiten an den weiteren Schiffen wurden 1917, nach deren Stapellauf, eingestellt. Diese Schiffe ähnelten der britischen Queen-Elizabeth-Klasse; gerade die Tatsache, dass dort 380-mm-Geschütze vorgesehen waren, hatte die Royal Navy zu diesem Kaliber bewogen. Wie bei den britischen Schiffen wurde die Hauptbe-

waffnung auf acht Geschütze in vier gleichmäßig vorn und achtern verteilten Zwillingstürmen reduziert. Mit ihren hohen, dicht an dicht platzierten Schornsteinen besaßen die Schiffe ein markantes Profil und waren die einzigen deutschen Schlachtschiffe mit einem vorderen Dreibeinmast. Die nicht in Dienst gestellten Schiffe *Sachsen* und *Württemberg* waren für einen auf die Mittelwelle arbeitenden Dieselmotor vorgesehen.

Parallel zum Schlachtschiffprogramm setzte Deutschland auch die Weiterentwicklung seiner Schlachtkreuzer fort. Die 1911 auf Kiel gelegte und zwei Jahre später fertiggestellte *Seydlitz* war im Grunde eine vergrößerte Neuauflage der Moltke-Klasse – mit gleicher Bewaffnung, doch verlängertem Rumpf und einem um ein Deck erhöhten Vorschiff, was die Seeeigenschaften deutlich verbesserte. Die von 52 000 WPS auf 67 000 WPS erhöhte Leistung stei-

Die Schiffe der Kaiser-Klasse (hier die Prinzregent Luitpold) *waren die ersten deutschen Dreadnoughts mit Dampfturbinen.*

gerte die Geschwindigkeit auf 26,5 kn. Drei weitere Schlachtschiffe der Derfflinger-Klasse wurden 1912/13 auf Kiel gelegt, mit acht 305-mm-Geschützen in vier Zwillingstürmen auf der Mittellinie, je zwei vorn und achtern. Die schwere Sekundärbewaffnung bestand aus 150-mm- und 88-mm-Geschützen. Die für diesen Schiffstyp massive Panzerung betrug 10–30 cm an den Seiten, 28 cm (Stahl) an Türmen und Zitadelle, 30 cm am Kommandoturm und bis zu 7,5 cm auf den Decks. Das letzte der drei Schiffe, die Hindenburg, verdrängte rund 26 500 t; davon bestanden nicht weniger als 9800 t (37 %) aus Panzerung, verglichen mit nur 26 % bei der HMS *Tiger*. Das Nonplusultra der deutschen Schlachtkreuzer hätte die Mackensen-Klasse verkörpern sollen, doch keines der vier 1915 auf Kiel gelegten Schiffe wurde fertiggestellt. Vorgesehen waren acht 356-mm-Geschütze bei einer Verdrängung von rund 31 000 t.

Während das zum Krieg von 1914 führende Jahrzehnt durch das maritime Wettrüsten zwischen

Die Bayern *und ihr Schwesterschiff* Baden *waren mit 380-mm-Geschützen bewaffnet und damit die stärksten deutschen Dreadnoughts. Sie wurden zu spät in Dienst gestellt, um sich an der Skagerrakschlacht zu beteiligen.*

Großbritannien und Deutschland geprägt war, bauten auch andere Nationen Dreadnoughts, wenngleich nicht in solch großer Zahl. Als die *Dreadnought* 1906 vom Stapel lief, hatte Frankreich bereits aufgehört, mit Großbritannien in puncto Schlachtschiffe zu wetteifern und konzentrierte sich stattdessen auf die Küstenverteidigung mit schnellen Torpedobooten nebst zahlreichen Hilfskreuzern für den Handelsschutz. Die letzten französischen Vor-Dreadnoughts waren die sechs Schiffe der Danton-Klasse (18 300 t) mit vier 305-mm- und zwölf 240-mm-Geschützen, die jedoch erst 1907/08 auf Kiel gelegt wurden und bei ihrer Fertigstellung 1911 bereits veraltet waren. Die ersten modernen Dreadnoughts waren die vier Schiffe der Courbet-Klasse (Kiellegung 1910/11) – mit einer starken Hauptbewaffnung aus zwölf 305-mm-Geschützen in sechs Zwillingstürmen, davon zwei überhöhte Paare vorn und achtern und je einer in seitlicher Mittschiffposition. Eine schwere Sekundärbewaffnung aus 22 138-mm-Schnellfeuergeschützen diente der Abwehr

von Torpedobooten. Während die Panzerung nicht ganz an den britischen oder amerikanischen Standard heranreichte, schenkte man dem Unterwasserschutz große Beachtung.

Als die Courbet-Klasse 1914 kurz vor Kriegsausbruch in Dienst gestellt wurde, befanden sich drei ähnliche Schiffe der Bretagne-Klasse im Bau. Auch sie folgten der britischen und deutschen Praxis, die Hauptbewaffnung auf zehn 340-mm-Geschütze in fünf Zwillingstürmen auf der Mittellinie zu steigern, obwohl man den mittleren Turm hoch oben in den Aufbauten zwischen den Schornsteinen platzierte. Die *Bretagne* wurde im September 1915 fertiggestellt, ihr Schwesterschiff *Lorraine* im Juli 1916. Dies waren die letzten in Dienst gestellten französischen Dreadnoughts, denn der Bau von drei Schiffen der Normandie-Klasse wurde 1918 abgebrochen. Obwohl sie nicht fertiggestellt wurden, ließen sie doch die Zukunft erahnen: Die Hauptbewaffnung sollte aus nicht weniger als zwölf 340-mm-Geschützen bestehen – und zwar in drei ungewöhnlichen Vierlingstürmen: einer vorn und zwei achtern. Trotz erheblich gewachsener Hauptbewaffnung

Der deutsche Schlachtkreuzer Seydlitz *auf dem Trockendock*

wäre es so bei einer Verdrängung von rund 26 000 t geblieben.

Italien, Frankreichs Hauptrivale im Mittelmeer, hatte bereits in der Vor-Dreadnought-Ära mit vielen innovativen Entwürfen geglänzt und enttäuschte auch jetzt nicht. Für die erste ihrer Dreadnoughts, die 1913 fertiggestellte *Dante Alighieri*, hatte ihr Konstrukteur, Vittorio Cuniberti, ein höchst ungewöhnliches Grundkonzept gewählt. Die vier Parsons-Turbinen auf vier Wellen waren in zwei separaten Abteilungen vorn und achtern arrangiert, was zu zwei Doppelschornsteinen führte. Die schwere Hauptbewaffnung aus zwölf 305-mm-Geschützen war in vier Drillingstürmen untergebracht – eine Neuheit bei großkalibrigen Geschützen, die später von anderen Marinen aufgegriffen wurde. Dieses Schiff war, verglichen mit anderen Dreadnoughts jener Zeit, eher leicht gepanzert, sodass die Verdrängung nur bei rund 23 000 t lag.

Eine eher konventionelle Konfiguration wählte man für die drei 1911 auf Kiel gelegten Schiffe der Cavour-Klasse (Typschiff *Conte di Cavour)* mit nicht weniger als 13 320-mm-Geschützen in drei Drillings- und

Oben: *Als erste Dreadnought Italiens gab sich die* Dante Alighieri *in bester Tradition der Royal Navy überaus unkonventionell. Bei ihrer Fertigstellung im Jahr 1913 war sie zudem das schnellste Schlachtschiff der Welt.*

zwei Zwillingstürmen, womit sie zu den am schwersten bewaffneten Schlachtschiffen jener Zeit zählten. Die Zwillingstürme waren überhöht aufgestellt, und der dritte Drillingsturm befand sich mittschiffs zwischen den beiden mächtigen Schornsteinen. Alle drei Schiffe waren im Sommer 1915 fertiggestellt, doch das dritte, die *Leonardo da Vinci*, ging am 2. August 1916 in Taranto durch eine Explosion im Schiffsinnern verloren.

Zwei weitere, im Grunde ähnliche Dreadnoughts, die *Caio Duilio* und *Andrea Doria*, wurden 1915/16 fertiggestellt. Sie unterschieden sich vor allem darin, dass die Sekundärbewaffnung von 18 120-mm QF- auf 16 152-mm-QF-Geschütze verstärkt wurde – auch dies eine Reaktion auf internationale Trends.

Ungeachtet ihrer maritimen Rivalitäten sollten Frankreich und Italien im Ersten Weltkrieg zu Verbündeten gegen den potenziellen Feind Österreich-Ungarn werden. Trotz des nur sehr kurzen Küstenabschnitts am nördlichen Ende der Adria blickte die österreichische Kriegsmarine stolz auf ihren Sieg über Italien in der Seeschlacht von Lissa (1866) zurück. Ein am-

bitionierter Plan von 1911 sah den Bau von bis zu 16 Schlachtschiffen vor, doch nur vier Schiffe der Tegetthoff-Klasse wurden je fertiggestellt. Mit einer Verdrängung von 20 000 t waren sie zwar kleiner als andere Dreadnoughts jener Zeit, dafür aber mit zwölf 305-mm-Geschützen in vier vorn und achtern symmetrisch angeordneten Drillingstürmen ausgestattet. Ein weiterer potenzieller Feind war das Osmanische Reich, das 1910 in Großbritannien drei große Dreadnoughts orderte. Tatsächlich wurden nur zwei von ihnen je vollendet – und dann auch noch vor der Auslieferung von der Royal Navy beschlagnahmt.

Während das maritime Wettrüsten in Europa seinen Lauf nahm, verstärkte die US Navy stetig ihre Kraft – mit dem Ziel, die Vorrangstellung der Royal Navy zu beenden. In der Tat hatte die South-Carolina-Klasse ja dazu beigetragen, dass die *Dreadnought* überhaupt entstanden war. Die nächsten 1907 auf Kiel gelegten amerikanischen Dreadnoughts waren größer: die USS *Delaware* und USS *North Dakota* verdrängten 20 000 t und besaßen zehn 305-mm-Geschütze in fünf Türmen auf der Mittellinie. Die *North Dakota* war das erste US-Schlachtschiff mit Turbinenantrieb, der jedoch nicht die erhoffte Leistung brachte. Statt der trationellen Masten trugen die US-Dreadnoughts ihre Leit- und Scheinwerferstände an markanten Gittermasten, die bis Mitte der 1920er-Jahre bei allen US-Schlachtschiffen beibehalten wurden. Auch die Wahl des 127-mm-QF-Geschützes als standardmäßige Sekundärbewaffnung sollte sich durchsetzen: In verbesserter Ausführung fand es bis zum Ende des Zweiten Weltkriegs Verwendung.

Es entsprach der damaligen US-Politik, in jedem Haushaltsjahr zwei neue Schlachtschiffe zu bewilligen. So wurden 1909 zwei Schiffe der Florida-Klasse auf Kiel gelegt, die der Delaware-Klasse ähnelten und Dampfturbinen auf vier anstatt zwei Wellen besaßen. Die leicht angestiegene Verdrängung betrug knapp 22 000 t. Die nachfolgenden Schiffe der Wyoming-Klasse waren weitaus größer – wegen einer verstärkten

Die vier Schiffe der Courbet-Klasse, Frankreichs erste echte Dreadnoughts, wurden kurz vor Ausbruch des Ersten Weltkriegs fertiggestellt.

Schlachtschiffe

Hauptbewaffnung aus zwölf 305-mm-Geschützen in sechs Zwillingstürmen, zwei vorn und vier achtern. Zwillingsschornsteine und zwei Gittermasten standen mittschiffs dicht an dicht, um das Schussfeld freizuhalten. Bei den beiden 1911 auf Kiel gelegten Schiffen der New-York-Klasse kehrte man aufgrund der Turbinenprobleme anderer Schiffe zu Kolbendampfmaschinen zurück. Die Hauptbewaffnung bestand nun jedoch aus zehn 356-mm-Geschützen in fünf Zwillingstürmen (zwei vorn und drei achtern), und die Schiffe besaßen einen Panzerschutz, der vielfach für besser erachtet wurde als bei den Dreadnoughts der Royal Navy.

Die USS North Dakota *(BB29) beim Durchfahren des Panamakanals. Noch lange nach dem Zweiten Weltkrieg sahen sich US-Kriegsschiffe in ihrer Größe dadurch beschränkt, dass sie in der Lage sein mussten, den Panamakanal zu passieren.*

Eine der bei den beiden 1912 auf Kiel gelegten Schiffen der Nevada-Klasse eingeführten Veränderungen war der Panzerschutz nach dem Motto „ganz oder gar nicht" – als Ergebnis des Zielschießens auf ausgemusterte Panzerschiffe. Dieses System sah vor, sämtliche wichtigen Bereiche wie Maschinenräume, Türme, Barbetten, Magazine und Leitstände mit einer maximalen praktikablen Panzerung zu versehen, während der Rest vergleichsweise ungeschützt blieb. Die Hauptbewaffnung bestand weiterhin aus zehn 356-mm-Geschützen, doch die Zahl der Türme wurde auf vier reduziert (zwei Drillings- und zwei Zwillingstürme). Trotz der damit erzielten Gewichtseinsparung stieg die Verdrängung auf 27 500 t (teilweise wegen des verstärkten Panzerschutzes). Probleme mit den Maschinen führten dazu, dass in der *Nevada* Dampfturbinen

Unten: *Österreich-Ungarn stellte zwischen 1912 und 1915 vier Schlachtschiffe der Tegetthoff-Klasse in Dienst. Die relativ kleinen Schiffe waren mit zwölf 305-mm-Geschützen schwer bewaffnet.*

Imposantes Feuerpotenzial der drei hinteren 305-mm-Geschütztürme der USS Florida *(BB30)*

Die USS Nevada *(BB36) war mit zehn 356-mm-Geschützen in Zwillings- und Drillingstürmen bewaffnet. Der Gürtelpanzer entlang der Wasserlinie ist deutlich zu erkennen.*

installiert wurden, während man bei der *Oklahoma* auf Dampfmaschinen mit Dreifachexpansionskolben zurückgriff. Dennoch war die erzielte Leistung nahezu identisch, und beide Schiffe erreichten die übliche Flottengeschwindigkeit von 21 kn. Dank üppiger eigener Ölvorkommen kannte man nicht die Probleme der Royal Navy, sodass die Schiffe der Nevada-Klasse die ersten US-Dreadnoughts mit reiner Ölfeuerung waren.

Größe und Bewaffnung der US-Schlachtschiffe nahmen weiter zu. Mit über 31 000 t waren die Schiffe der Pennsylvania-Klasse (1913/14) bislang am schwersten – mit nicht weniger als zwölf 356-mm-Geschützen in vier Drillingstürmen. Die zunehmende Verdrängung ergab sich aus einer nochmals verstärkten Panzerung: Gürtelpanzer bis 34 cm, Barbetten und Schotten 36 cm und Turmfronten bis 46 cm. Die Kesselausgänge mündeten in einen einzigen Schornstein. Als durch den Verkauf zweier Vor-Dreadnoughts an Griechenland Geld in die Kasse kam, hielt man auch bei der nachfolgenden New-Mexico-Klasse, die drei Schiffe umfasste (Kiellegung 1915), an diesem Aufbau fest. Auch die inzwischen standardisierte Bewaffnung mit zwölf 356-mm-Geschützen wurde beibehalten; allerdings bekam die *New Mexico* eine neue Antriebstechnik: Dampfturbinen mit Generatoren und Elektromotoren. Diese Lösung wurde aufgrund anhaltender

Probleme der US-Industrie, die bei konventionellen Dampfturbinen notwendigen Untersetzungsgetriebe zu produzieren, erprobt. Der turboelektrische Antrieb hatte jedoch auch einige Nachteile, nicht zuletzt das gegenüber einer vergleichbaren Dampfturbine mit Getriebe mehr als verdoppelte Gewicht. Dennoch erhielten die Schiffe der Tennessee-Klasse (1916/17) einen turboelektrischen Antrieb; ansonsten der New-Mexico-Klasse ähnlich, war sie an der Rückkehr zu zwei schlanken, hohen Schornsteinen und der neuen Klipper-Bugform für verbesserte Seetüchtigkeit zu erkennen. Gipfelpunkt der US-Schlachtschiffe vom Dreadnought-Typ war die mächtige Colorado-Klasse, in der das 406-mm-Geschütz eingeführt wurde (siehe im vorigen Kapitel).

Die US Navy versuchte technisch, wenn nicht gar zahlenmäßig mit der Royal Navy mitzuhalten, doch auch der Ausbau der japanischen Kriegsmarine kam zum Tragen. Zunächst baute Japan nur wenige Dreadnoughts – einerseits wegen der Kosten für den Krieg gegen Russland, aber auch weil durch den Sieg ein bedeutender Gegner ausgeschaltet war. Trotzdem wurden 1907 in Japan zwei Schiffe der KawachI.-Klasse (21 000 t) auf Kiel gelegt; ähnlich wie die deutsche Nassau-Klasse waren sie mit zwölf 305-mm-Geschützen unterschiedlicher Kaliberlänge in sechs Zwillingstürmen (L/50 in den beiden Endtürmen und L/45 in den Seitentürmen) bewaffnet. Die Geschütze mussten aus Großbritannien importiert werden, während man für die Parsons-Turbinen entsprechende Lizenzen erworben hatte. Japans Werften besaßen damals weder die Kapazität noch das Know-how für den Bau großer Schiffe, sodass man die Vickers-Werft im englischen Barrow-in-Furness mit dem Bau des ersten von vier Schlachtkreuzern beauftragte. Die von Vickers nach japanischen Vorgaben entworfene *Kongo* basierte zwar

Die Hauptbewaffnung wurde bei der Pennsylvania- und der New-Mexico-Klasse auf zwölf 356-mm-Geschütze verstärkt. Bei der USS Idaho *(BB42) aus der New-Mexico-Klasse erkennt man die Gittermasten, mit denen noch lange nach dem Ersten Weltkrieg alle US-Schlachtschiffe ausgestattet wurden.*

auf der Lion-Klasse, war jedoch mit einer Bewaffnung aus acht 356-mm-Geschützen in Zwillingstürmen, je zwei vorn und achtern, ausgewogener. Der Panzerschutz wurde verstärkt, und die Verbesserungen waren derart markant, dass das japanische Schiff als Vorbild für die HMS *Tiger* diente. Die übrigen drei Schiffe *(Hiei, Haruna* und *Kirishima)* wurden mit britischer Hilfe in Japan gebaut und die letzten beiden im April 1915 in Dienst gestellt.

Die japanische Kriegsmarine wäre jedem potenziellen Gegner unweigerlich zahlenmäßig unterlegen gewesen, vor allem den Vereinigten Staaten. So entschied man sich schon früh zum Bau von individuell überlegenen Schiffen. Nachdem die Schlachtkreuzer genehmigt waren, folgte sogleich die Kiellegung von vier Super-Dreadnoughts, die alle noch vor Ende des Ersten Weltkriegs in Dienst gestellt wurden. Das erste Paar, die *Fuso* und *Yamashiro*, waren große Schiffe mit einer Verdrängung von 30 600 t, bewaffnet mit zwölf 356-mm-Geschützen in sechs Zwillingstürmen (je zwei vorn und achtern, die übrigen beiden auf der Mittellinie vor und hinter dem zweiten Schornstein) und 14 152-mm-QF-Geschützen in Breitseitenaufstellung. In mancher Hinsicht ähnelten sie der Pennsylvania-Klasse, waren jedoch nicht so schwer gepanzert (trotz 8000 t Panzerplatten). Aufgrund der Erfahrungen mit Minen und Torpedos im Krieg gegen Russland achtete man sehr auf Unterwasserschutz und engzellige Unterteilung. Die beiden nächsten Schiffe, *Hyuga* und *Ise*, waren ähnlich, doch die beiden mittleren Türme befanden sich nun in überhöhter Aufstellung hinter dem zweiten Schornstein. Dies schuf Platz für die Maschinen, und die Geschwindigkeit konnte um einen auf 23,5 kn gesteigert werden.

Der japanische Schlachtkreuzer Kongo *wurde noch in Großbritannien gebaut, die drei Schwesterschiffe dann mit britischer Hilfe in Japan.*

Rechts: *Decksplan des japanischen Schlachtschiffs* Fuso

Der Stapellauf der *Dreadnought* im Jahr 1906 hatte nahezu unausweichlich zu einem maritimen Wettrüsten geführt, da Großbritannien seine Seeherrschaft zu wahren suchte. Dies war für Deutschland nicht mehr akzeptabel. Der durch Bismarck entfachte Nationalstolz und das stark angestiegene Industriepotenzial führten dazu, dass sich Deutschland als europäische Großmacht mit weltweit legitimen Interessen betrachtete. Im folgenden Jahrzehnt gab es diverse kurzlebige politische Bündnisse, häufig veranlasst durch die Situation auf dem Balkan, wo verschiedene nationale Gruppierungen die Unabhängigkeit anstrebten. Den Gipfelpunkt bildete die Ermordung des österreichischen Erzherzogs Franz Ferdinand am 28. Juni 1914 in Sarajewo. Einen Monat später erklärte Österreich Serbien den Krieg. Russland machte mobil, um den Serben zu Hilfe zu kommen, und Deutschland tat Gleiches für Österreich. Doch auch das vertraglich mit Russland verbündete Frankreich war ein potenzieller Feind; und da Deutschland keine Garantien Frankreichs darüber erhielt, Russland im Kriegsfall nicht beizustehen, bereitete man sich in Berlin auf einen Zweifrontenkrieg vor.

Im Sommer 1914 ordnete die britische Admiralität eine versuchsweise Mobilmachung der Reserve Fleet an, die sich neben der Home Fleet in Spithead vor Portsmouth zu einer königlichen Parade einfand. Danach hätten sich die Flotten eigentlich zu ihren Heimathäfen begeben, die Reservisten heimfahren und die Crews der Home Fleet auf Urlaub gehen sollen; doch die Ereignisse in Serbien stießen diese Pläne um. Unterstützt durch Winston Churchill, damals First Lord of the Admiralty, bestand Admiral Prinz Louis of Battenberg darauf, die britische Flotte persönlich in den Krieg zu schicken. Anfang August stand die gesamte Royal Navy bereit – keinen Augenblick zu früh, denn am 4. August marschierten deutsche Truppen in Belgien ein. Die Royal Navy und die britische Armee erhielten sogleich den Befehl „Kampfhandlungen gegen Deutschland aufnehmen!“. Und so zogen auch die Dreadnoughts in den Krieg.

Die Grand Fleet der Royal Navy zieht in den Krieg, angeführt von Jellicoes Flaggschiff HMS Iron Duke.

Panzerschutz

Die Geschichte der Eisen- und Stahlpanzer für Schlachtschiffe beginnt mit dem ersten gepanzerten Kriegsschiff, der französischen *La Gloire* (Stapellauf 1859). Panzerschiffe waren die Reaktion auf Schiffsgeschütze für Explosivgeschosse anstelle von Vollkugeln. Zwar waren bereits zuvor Versuche angestellt worden, doch Schiffe aus oder mit Eisenplatten brachten nicht per se einen verbesserten Schutz mit sich. Wie man nämlich feststellte, war gewöhnliches Gusseisen spröder als Holz, und eiserne Strukturen verzogen sich sogar noch leichter als solche aus Holz. Selbst althergebrachte Vollkugeln richteten an Eisenschiffen mehr Schäden an als bei reinen Holzschiffen. Als *ironclad* oder Panzerschiff bezeichnete man nun Schiffe, die durch spezielle Panzerplatten aus Schmiedeeisen geschützt wurden, angebracht an einem Rumpf aus Holz wie bei der *La Gloire* oder aus Eisen wie bei der HMS *Warrior*.

Die ausgemusterte Vor-Dreadnought USS Indiana *(BB1) diente 1901 als Zielschiff. Während die ungepanzerten Rumpfabschnitte große Löcher aufweisen, blieben die gepanzerte Barbette links und der gepanzerte Turm rechts trotz Trefferspuren relativ intakt.*

Schmiedeeisen ist eine Legierung mit sehr geringem Kohlenstoffgehalt und gezielten Beimengungen („Schlacke"), die dem Eisen bessere Schmiedbarkeit und Zähigkeit verleihen. Hierbei fand das im 19. Jahrhundert erfundene Puddelverfahren weite Verbreitung. Das so durch Umrühren veränderte, zu Barren gegossene Eisen musste nun durch Paketieren weiter verbessert werden: Eine Anzahl von Barren wurde aufeinandergeschichtet, mit Drähten zusammengebunden, nochmals erhitzt und gehämmert oder gewalzt, was für Schmiedeeisen bester Qualität mehrmals wiederholt werden musste. Die *La Gloire* und *Warrior* erhielten 10–12 cm dicke Eisenplatten, hinterlegt mit rund 46 cm dicken Teakholzplatten, die wie ein Stoßdämpfer wirkten und Granatsplitter oder Eisenfragmente zurückhielten. Teakholz oder Flussstahl wurden während der gesamten in diesem Buch behandelten Zeitspanne als Unterlagen verwendet – sogar die *Bismarck* besaß noch eine 5 cm dicke Teakunterlage.

Die ersten Panzerschiffe begründeten einen Wettstreit um zunehmend wirksamere Panzerungen, der eng mit der kontinuierlichen Weiterentwicklung der Schiffsgeschütze verbunden war. Der schmiedeeiserne Panzer der *La Gloire* war noch durch Hämmern entstanden. Nachdem der berühmte britische Ingenieur John Brown das Schiff in Frankreich gesehen hatte, wartete er 1862 mit dem überlegenen Walzeisenpanzer auf. Komplexere Panzerschichten wurden ebenfalls erprobt, doch in der Regel brachten Einzelplatten den besten Schutz.

Das Schmiedeeisen wurde schließlich durch Verbund- und Stahlpanzer verdrängt. Beim Verbundpanzer wird eine Platte aus härterem, spröderem und kohlenstoffreicherem Stahl außen auf das Schmiedeeisen geschweißt. Das Geheimnis eines erfolgreichen Verbundpanzers lag in der Fähigkeit, die beiden unterschiedlichen Platten fest miteinander zu verschweißen, was zwei britischen Firmen 1877 unabhängig voneinander gelang. Cammell Laird goss geschmolzenen Stahl auf weiß glühendes Schmiedeeisen, während die John Brown Company beide Platten dicht nebeneinander platzierte und die Lücke mit geschmolzenem Stahl verschloss. Bei beiden Prozessen wurde nun die so entstandene Platte auf rund die Hälfte ihrer ursprünglichen Dicke heruntergewalzt, wobei der Stahl ungefähr ein Drittel einnahm. Verbundstahl war um 25–30 % effizienter als Schmiedeeisen und brachte eine dringend nötige Verbesserung, denn damals musste ein gewöhnlicher Eisenpanzer bis 57 cm dick sein, um den stärksten Schiffsgeschützen standzuhalten.

Mit dem Verbundpanzer konkurrierte der 1876 von der französischen Firma Schneider Electric für Kriegsschiffe entwickelte Stahlpanzer. Dennoch stellte sich der Verbundpanzer als mindestens gleichwertig und außerdem billiger heraus. Die Stärke des Verbundpanzers lag darin, dass die sehr harte Stahloberfläche auftreffende Projektile zertrümmerte, während die Eisenunterlage geschmeidiger war und nicht so schnell Risse bekam. Der damalige Stahlpanzer erwies sich bei Tests gegenüber dem Verbundpanzer oft als spröder und konnte schon einmal ganz durchbrechen. Dies sollte sich ändern, als man ab Ende der 1880er-Jahre die zäheren Nickel-Stahl- und Chrom-Stahl-Legierungen und die Oberflächenhärtung entwickelte.

Nickelstahl ist eine Legierung mit meist 3–5 % Nickel, die das Problem der Sprödigkeit beseitigte. Die 1889 entwickelte Nickelstahlplatte wurde indes nur wenige Jahre später durch einen weiteren Fortschritt verdrängt: die oberflächengehärtete Panzerung. Oberflächenhärtung (Zementation) bot die gleichen Vorteile wie Verbundpanzer, jedoch in Gestalt einer homogenen Platte. Verbundpanzer hatte vor allem den Nachteil, dass sich die beiden Lagen leicht voneinander lösten, wenn die äußere Schicht einriss. Das erste Oberflächenhärtungsverfahren wurde 1891 im Washington Navy Yard entwickelt und nach seinem Erfinder H. A. Harvey benannt. Hierbei hielt man eine Stahlplatte bei hoher Temperatur auf einer Seite in Kontakt mit einer Schicht aus Holzkohle. Nach zwei Wochen hatte die erhitzte Fläche den Kohlenstoff der Holzkohle bis in eine erstaunliche Tiefe von rund 2,5 cm aufgenommen. Nun musste die Platte kontrolliert abkühlen. Harveypanzer war rund doppelt so effektiv wie Schmiedeeisen und 15–20 % besser als einfacher Nickelstahl.

Die Oberflächenhärtung von Nickelstahlplatten brachte ausgezeichnete Resultate, doch kurz darauf gab es einen weiteren Fortschritt, denn Krupp ließ sich 1893 ein Verfahren patentieren, bei dem man dem Nickelstahl 1–2 % Chrom beimengte. Das Chrom ver-

Das Foto zeigt das Entfernen der massiven Ummantelung eines Turms der USS Maryland *(BB46), um den Austausch verschlissener Geschützrohre zu erleichtern.*

besserte die Härte und Aufnahmefähigkeit der Stahlplatte für den Kohlenstoff. Weitere Verbesserungen ließen sich durch Zugabe winziger Mengen (unter 1 %) Mangan und Molybdän erzielen. Zusammen mit der von Krupp erheblich verbesserten Oberflächenhärtung ergab dies einen Panzer („Krupp zementiert"), der im Durchschnitt 2,5 Mal robuster war als Schmiedeeisen. Damit endete eine lange Reihe von Verbesserungen der Panzerplatte gegen Ende des 19. Jahrhunderts. Lizenzen wurden an andere Länder, die Schlachtschiffe bauten, vergeben – speziell an Großbritannien und die Vereinigten Staaten. Wenngleich einzelne Unternehmen (auch Krupp) in verschiedenen Ländern leicht abweichende Verfahren entwickelten, gab es keine nennenswerten Verbesserungen. So sollten die Schlachtschiffe beider Weltkriege mit Panzerplatten aus Kruppstahl ausgerüstet werden, bis zum letzten jemals gebauten Schlachtschiff, der HMS *Vanguard*, die 1946 fertiggestellt wurde.

Antriebsanlagen

In den 1840er-Jahren beschleunigte sich der Übergang vom Segel- zum Dampfschiff, auch wenn man schon vorher Schiffe mit Schrauben oder Schaufelrädern erfolgreich vorgeführt hatte. Das Schaufelrad kam jedoch für ein seetüchtiges Kriegsschiff nie ernsthaft in Frage, da es im Gefecht leicht Schaden nahm und es die Länge der Geschützdecks für Breitseitenfeuer reduzierte. Das erste Schraubendampfschiff der Royal Navy war die 867 t verdrängende HMS *Rattler* mit Vierzylinder-Kolbendampfmaschine auf einer Zweiblattschraube

Ein dreiteiliger Satz Yarrow-Kessel wird für den Einbau in das damals in Großbritannien gebaute chilenische Schlachtschiff Almirante Latorre *vorbereitet. Das schließlich für die Royal Navy als HMS* Canada *fertiggestellte Schiff besaß insgesamt nicht weniger als 21 Kessel.*

Bevor man auf Heizöl umstellte, war das im ungünstigsten Fall alle zwei Tage notwendige Kohlebunkern ein schmutziger Knochenjob.

und mit 200 PS. Ihre 1843 begonnene Erprobung gipfelte in einem berühmten Tauziehen mit der in puncto Größe und Leistung vergleichbaren *Alecto* mit Schaufelradantrieb. Die *Rattler* siegte eindeutig, doch die Admiralität war bereits vom Potenzial der Schraubenschiffe mit Dampfantrieb überzeugt. Man hatte schon mehrere Schraubenfregatten bestellt, und nun standen schraubengetriebene Schlachtschiffe auf dem Plan. Das Erste von ihnen war die HMS *Ajax*, die im September 1846 zum weltweit ersten auf See gehenden dampfgetriebenen Schlachtschiff wurde.

Bis Anfang des 20. Jahrhunderts arbeiteten Dampfschiffe mit Kolbenmaschinen: Der Dampf wirkte auf einen Kolben ein, der die Kurbelwelle antrieb. Die ersten Dampfmaschinen besaßen waagerecht angeordnete Kolben und Zylinder, doch die senkrechte Anordnung setzte sich rasch durch, da die Maschinen nun leichter zugänglich waren und weniger Platz beanspruchten. Anfangs arbeiteten die Maschinen mit Einfachexpansion, doch es war äußerst ineffizient, den Dampf nur für einen Kolbenhub zu nutzen. Eine Verbesserung brachte die Mehrfachexpansionsmaschine. Hier wird der Dampf mit zunehmend vermindertem Druck durch einen oder mehrere weitere Zylinder geleitet, sodass mehr Dampfenergie genutzt werden konnte. Der erheblich verbesserte Wirkungsgrad hatte einen deutlichen Reichweitenzuwachs zur Folge.

Mitte der 1870er-Jahre kamen Zweifachexpansionsmaschinen auf, doch bereits im folgenden Jahrzehnt wurden Dreifachexpansionsmaschinen praktisch zur Norm bei großen Kriegsschiffen. Eine Vorstellung von den erzielten Fortschritten erhält man durch einen Vergleich der HMS *Warrior* von 1860 mit den Vor-Dreadnoughts der Duncan-Klasse von 1898. Erstere besaß eine einzige Einfachexpansionsmaschine mit zwei Zylindern und 5250 PS, Letztere zwei Sätze Dreifachexpansionsmaschinen mit vier Zylindern und 18 000 PS.

Dieses Foto vermittelt eine Vorstellung von der Größe und Komplexität der Dreifachexpansions-Kolbendampfmaschinen der großen Kriegsschiffe.

Doch Kolbenmaschinen waren groß und komplex, sodass der Weiterentwicklung praktische Grenzen gesetzt waren. Der englische Ingenieur Charles Parsons erfand 1884 ein alternatives Dampfturbinensystem, das anfangs zur Stromerzeugung dienen sollte, dessen Potenzial für die Seefahrt jedoch von Parsons rasch erkannt wurde. Daher gab er ein Demonstrationsschiff in Auftrag, das 1894 vom Stapel lief. Bei Tests erreichte die *Turbinia* mehr als 34 kn, und 1897 arrangierte Parsons einen spektakulären Werbeauftritt, indem er in Spithead die *Turbinia* uneingeholt durch die Reihen der für die Jubiläumsparade von Königin Victoria ankernden Kriegsschiffe brausen ließ. Bei der Parsons-Turbine wird Hochdruckdampf durch eine Reihe von Rotoren aus flügelförmigen, als Kreisfächer angeordneten Schaufeln geleitet. Die US-Firma Curtis entwickelte ein alternatives System, bei dem Dampfstrahl eimerförmige Rotoren antreibt. Dampfturbinen

Blick in einen der vier Maschinenkontrollräume eines Schlachtschiffs der Iowa-Klasse im Zweiten Weltkrieg

waren deutlich kleiner und leichter als Kolbenmaschinen und konnten zunehmend mehr leisten. Die vier Parsons-Turbinen der HMS *Dreadnought* (1905) erzeugten jeweils knapp 8000 PS, während die Iowa-Klasse der US Navy (im Zweiten Weltkrieg) vier Turbinensätze mit jeweils über 50 000 PS besaß.

Turbinen waren leichter, laufruhiger, weniger komplex und viel zuverlässiger. Während des Ersten Weltkriegs waren die Turbinen der meisten Schlachtschiffe direkt mit den Antriebswellen verbunden, während die schnelleren Schlachtschiffe des Zweiten Weltkriegs einfach oder doppelt untersetzte Getriebe besaßen. Die US-Industrie hatte jedoch Probleme bei der Fertigung zuverlässiger Untersetzungsgetriebe, weshalb man sich für den turboelektrischen Antrieb entschied: Dampfturbinen speisen Generatoren, die Elektromotoren mit Strom versorgen; diese wiederum treiben die Schraubenwellen an. Das erste Schlachtschiff mit diesem System war die USS *New Mexico* (Stapellauf 1917); die Tennessee- und die Colorado-Klasse folgten nach. Turboelektrische Systeme boten zahlreiche Vorteile in puncto Vielseitigkeit, doch sie waren deutlich schwerer und sperriger als konventionelle Dampfturbinen. So erreichten die Aggregate der HMS *Hood* (1918) pro Maschinentonne mehr als doppelt so viel Leistung wie die USS *Tennessee*, deren Maschinen zudem dreimal so viel Raum beanspruchten. Als man den Schlachtschiffbau 1937 wieder aufnahm, kehrte die US Navy zu Getriebeturbinen zurück.

Naturgemäß arbeiten alle dampfbetriebenen Maschinen nur, wenn sie kontinuierlich mit Dampf versorgt werden. Ein typischer Schiffskessel des 19. Jahrhunderts nutzte das Flammrohrsystem, bei dem aus einer kohlebefeuerten Brennkammer Rauchgas in eine Reihe von Rohren in einem Wassertank geleitet wurde. Dieser schottische Kessel ließ sich einfach bauen und betreiben, doch er benötigte eine lange Vorlaufzeit und konnte keinen Dampf höherer Temperaturen und Druckwerte erzeugen, wie ihn die stärkeren Maschinen verlangten. Diese Nachteile entfielen durch die Einführung von Wasserrohrkesseln, bei denen das in Trommeln an den unteren Kesselseiten befindliche Wasser durch schmale Rohre, die durch den Verbrennungsprozess am Kesselboden erhitzt wurden, nach oben in eine zentrale Dampftrommel geleitet wurden. Durch weitere Rohre zirkulierend, entsteht überhitzter Hochdruckdampf von typischerweise rund 25 Atmosphären (at) und 340 °C (zur Zeit des Zweiten Weltkriegs). Bei höheren Temperaturen entstandene Korrosionsprobleme durch das zunächst verwendete Meerwasser führten zum Einsatz von Süßwasser aus Speisetanks. Dieses wurde zu Dampf erhitzt, der durch die Maschinen geleitet, zu Wasser kondensiert und zurückgeführt wurde. Theoretisch war dies ein geschlossener Kreislauf, doch für den Bedarfsfall wurden Destillierapparate zur Aufbereitung von zusätzlich benötigtem Süßwasser mitgeführt. Der Wirkungsgrad der Kessel erhöhte sich auch durch den Übergang von Kohle auf Heizöl.

Fast alle Schlachtschiffe besaßen ausschließlich Dampfantrieb, nur in Deutschland experimentierte man mit Dieselmotoren. Für das gegen Ende des Ersten Weltkriegs gebaute, doch nicht fertiggestellte Schlachtschiff *Sachsen* waren auf die Außenwellen arbeitende Dampfturbinen und ein auf die Mittelwelle arbeitender Dieselmotor mit 12 000 PS vorgesehen. Die in den 1930er-Jahren gebauten drei Panzerschiffe der Deutschland-Klasse hatten Dieselmotoren. Sie waren sparsam im Verbrauch, doch bei der für ein Schlachtschiff erforderlichen Leistung wären sie deutlich schwerer gewesen als ein entsprechender Dampfantrieb.

DER ERSTE WELTKRIEG

Die deutsche Hochseeflotte rüstet sich für den Krieg.

Der Erste Weltkrieg

Die Royal Navy befand sich bereits auf dem Weg zu ihren Einsatzhäfen, noch bevor das britische Ultimatum, Deutschland solle die belgische Neutralität wahren, am 4. August 1914 um Mitternacht abgelaufen war. Doch während sich die Grand Fleet in Scapa Flow auf den Orkney-Inseln versammelte, trugen sich im Mittelmeer kriegswichtige Ereignisse zu. Die von Admiral Sir Berkeley Milne kommandierte Mittelmeerflotte umfasste neben einem Geschwader aus Schlachtkreuzern mit 305-mm-Geschützen (*Inflexible, Indefatigable, Indomitable*) das 1st Cruiser Squadron aus den 23 kn erreichenden Panzerkreuzern *Defence, Black Prince, Duke of Edinburgh* und *Warrior* mit 234-mm- und 190-mm-Geschützen. Ihr potenzieller Gegner bestand aus insgesamt sechs mächtigen Dreadnoughts der italienischen und der österreichisch-ungarischen Marine. Unklar war der Status des Osmanischen Reichs, wo deutsche Offiziere als Ausbilder wirkten. Hinzu kam, dass Deutschland den Schlachtkreuzer *Goeben* und den Kleinen Kreuzer *Breslau* ins Mittelmeer entsandt hatte. Milne konnte von Frankreich, das damals nur eine

Links: *Admiral Sir Berkeley Milne, Oberkommandierender der Mittelmeerflotte der Royal Navy im August 1914*

Unten: *Der unter türkischer Flagge fahrende Schlachtkreuzer* Goeben *entkommt der Royal Navy nach Konstantinopel (Istanbul).*

moderne Dreadnought in Toulon besaß, wenig direkte Unterstützung erwarten.

Zum Zeitpunkt der Ermordung von Erzherzog Franz Ferdinand im Juni 1914 lagen die deutschen Schiffe in der österreichischen Hafenstadt Pola (Pula) zur Instandsetzung. Ihr Kommandeur, Konteradmiral Souchon, wollte vermeiden, bei Kriegsausbruch in der Adria festzusitzen und brach Mitte Juli auf. Ende des Monats erhielt Milne die Weisung, im Kriegsfall die von Nordafrika aus erfolgenden französischen Truppentransporte zu beschützen. Falls möglich, sollte er auch die deutschen Schiffe angreifen, jedoch eine „überlegene Streitmacht" meiden. Im Morgengrauen des 4. August – Frankreich und Deutschland befanden sich bereits im Krieg – erschienen die deutschen Schiffe vor der nordafrikanischen Küste und beschossen die algerischen Häfen Bône und Philippeville, bevor sie nach Konstantinopel aufbrachen. Um die Türkei zu erreichen, mussten Milnes Schiffe im sizilianischen Messina Kohle laden. Als die Deutschen Kurs auf die sizilianische Hafenstadt nahmen, wurden sie von den Schlachtkreuzern *Indomitable* und *Inflexible* entdeckt, die umkehrten, um sie zu beschatten. Da beide Nationen damals noch nicht im Krieg waren, konnten die britischen Schiffe das Feuer nicht eröffnen. Nach einer wilden Verfolgungsjagd konnte die *Goeben* schließlich entkommen. In der Sorge, die Deutschen könnten nochmals versuchen nach Westen zu schwenken, um die französischen Konvois anzugreifen, ließ Milne seine Schiffe westlich von Sizilien patrouillieren – zum Teil aufgrund der Nachricht, Italien werde neutral bleiben und nicht neben Österreich und Deutschland kämpfen. Ein neutrales Italien würde indes 10 km vor seiner Küste keine aktiven Kriegsschiffe erlauben. Anders als die Briten setzte Souchon seinen Weg nach Sizilien fort, wo er aus dem Vollen schöpfen konnte. Als er am Morgen des 6. August aufbrach, wurde er alsbald von dem Kreuzer HMS *Gloucester* entdeckt und nun beschattet.

Die britischen Schlachtkreuzer westlich von Sizilien waren zu weit entfernt um einzugreifen und mussten ohnehin zunächst zum Aufkohlen weiter nach Malta. So blieb nur das 1st Cruiser Squadron von Konteradmiral Troubridge vor Korfu, der nach anfänglicher Konfusion Kurs auf Kap Matapan nahm, wo er im Morgengrauen auf die deutschen Schiffe zu treffen

Aufgrund eines Signalfehlers hatten die britischen Schlachtkreuzer bei der Verfolgung der Goeben *und* Breslau *das Nachsehen.*

Der Kleine Kreuzer Breslau *war mit zwölf 105-mm-Geschützen bewaffnet und erreichte 28 kn.*

hoffte. In der Nacht ließ er sich jedoch von seinem Flaggkapitän überzeugen, dass die Order, keine überlegene Streitmacht anzugreifen in diesem Fall zutraf, sodass er schweren Herzens abdrehte. Aus anderem Holz geschnitzt war dagegen der Kapitän der *Gloucester*. Obwohl sein Schiff der *Goeben* deutlich unterlegen war, holte er die *Breslau* ein und griff an. Wie erwartet machte die *Goeben* kehrt, um das kleinere Schiff zu unterstützen. Die *Gloucester* musste den Angriff aufgrund mangelnder Kohlevorräte abbrechen, und die Deutschen zogen nochmals davon. Eine letzte Gelegenheit, die deutschen Schiffe zu stellen, ergab sich am 8. August, als diese auf der Ägäisinsel Denusa weitere Kohle bunkerten und erst am Morgen des 10. August weiterfahren würden. Inzwischen waren die britischen Schlachtkreuzer früh am 8. August in Malta aufgebrochen, doch sie wurden zunächst irrtümlich nach Norden geschickt, da man mit einer Bedrohung durch die österreichische Flotte rechnete. Als sich dies als falscher Alarm herausstellte, waren die Chancen, die *Goeben* und *Breslau* einzuholen, erneut verpufft, sodass beide Schiffe am Abend des 10. August in die stark befestigte enge Seepassage der Dardanellen einfuhren und wenige Stunden später Konstantinopel erreichten.

Diese Ereignisse waren überaus peinlich für die Royal Navy, der es durch eine Reihe von Fehlentscheidungen nicht gelungen war, die beiden deutschen Schiffe zu stoppen. Troubridge war heftiger Kritik ausgesetzt für seinen Entschluss, die *Goeben* nicht zu attackieren und landete in Portland vor dem Kriegsgericht. Wegen der Zweideutigkeit seiner Befehle und Anweisungen konnte man ihm jedoch keine Feigheit vor dem Feind nachweisen, wenngleich er später keine Seekommandos mehr erhielt.

Formell war das Osmanische Reich weiterhin neutral, doch als Großbritannien darauf beharrte, dass die deutschen Schiffe nur 24 Stunden in Konstantinopel bleiben durften, musste man feststellen, dass sie inzwischen übereignet worden waren und nun unter türkischer Flagge fuhren. Dennoch ordnete Winston Churchill als First Lord of the Admiralty die Formierung eines Geschwaders unter Vizeadmiral S. H. Carden an, das die Dardanellen blockieren und die *Goeben* und *Breslau* attackieren sollte, falls sie – auch unter türkischer Flagge – auszubrechen versuchten. Am 30. Oktober 1914 führte Souchon seine Schiffe zusammen mit dem türkischen Kreuzer *Hamideh* jedoch nach Norden ins Schwarze Meer, um die russischen Krimhäfen zu beschießen. Dies veranlasste Großbritannien und Russland postwendend, der Türkei den Krieg zu erklären, die nun Teil des von Deutschland angeführten Bündnisses wurde. Carden erhielt Order, die Außenbefestigungen der Dardanellenpassage zu beschießen, um die Wirkung moderner Geschütze gegen Landbefestigungen zu erproben. Am 3. November 1914 feuerten die Schlachtkreuzer *Indefatigable* und *Indomitable*, unterstützt von den vier 305-mm-Geschützen der französischen Vor-Dreadnoughts *Suffren* und *Vérité*, insgesamt 76 Granaten ab. Nachdem ein Glückstreffer eines der Landmagazine in die Luft gejagt hatte, zogen sich die Schiffe zurück. Die ganze Übung diente allenfalls dazu, die Türkei auf die Notwendigkeit hinzuweisen, ihre Küstenverteidigung zu verstärken und vermittelte den falschen Eindruck, dass Schlachtschiffe bei künftigen Beschießungen wieder erfolgreich sein könnten.

Enthusiastisch von Churchill unterstützt, wurde Carden angewiesen, Pläne zur Erzwingung einer Passage durch die Dardanellen mithilfe einer starken Flotte zu erarbeiten – mit dem Ziel, Konstantinopel einzunehmen und die türkische Flotte mitsamt der *Goeben* zu vernichten. Hierzu erhielt er einen schlagkräftigen Verband aus dem neuen Schlachtschiff HMS *Queen Elizabeth* mit 381-mm-Geschützen, dem Schlachtkreuzer *Inflexible* und nicht weniger als zwölf britischen und vier französischen Vor-Dreadnoughts. Trotz massiver Einwände seitens Admiral Fisher (als First Sea Lord) begann die Operation am 19. Februar 1915, doch wegen schlechten Wet-

Winston Churchill wurde 1911 zum First Lord of the Admiralty ernannt, trat jedoch nach dem katastrophalen Scheitern der Dardanellenkampagne zurück.

Oben: *Die HMS* Lord Nelson *war eines der Schlachtschiffe, die am 18. März 1915 versuchten, die Dardanellenbefestigungen auszuschalten.*

ters konnte Carden erst am 1. März die Zerstörung der Außenbefestigungen melden. Weiter im Innern der Meerenge stieß man indes auf erheblichen Widerstand auch durch mobile Artilleriebatterien, weshalb die Schiffe schließlich zum Rückzug gezwungen waren.

Carden wurde durch Konteradmiral John de Robeck ersetzt, den man anwies, weniger zaghaft zu sein und die Befestigungen und Batterien mit konzentrierter, überlegener Feuerkraft zu neutralisieren. Am 18. März fuhren die *Queen Elizabeth*, *Inflexible*, *Lord Nelson* und *Agamemnon* in die Dardanellen und nahmen die Befestigungen unter schweren Beschuss, während die Vor-Dreadnoughts *Majestic*, *Prince George*, *Swiftsure* und *Triumph* näher an die Küste heranrückten, um die mobilen Batterien zu attackieren. Die vier französischen Vor-Dreadnoughts unter Admiral Guépratte näherten sich bis auf 7300 m den Befestigungen, die sie fast vollständig ausschalten konnten; den Rest erledigten die hinzugeeilten sechs britischen Vor-Dreadnoughts. Doch nun war es mit dem Glück vorbei. Die französische *Bouvet* wurde durch eine schwere Granate getroffen, die ein Magazin explodieren und das Schiff mit allen 700 Besatzungsmitgliedern untergehen ließ.

Oben: *Die französische Vor-Dreadnought* Bouvet *ging unter, nachdem ein türkischer Granattreffer das Magazin hatte explodieren lassen.*

Nur gut zwei Stunden später lief der Schlachtkreuzer *Inflexible* auf eine Mine, was einen massiven Wassereinbruch verursachte und 29 Mann das Leben kostete. Wenige Minuten später ereilte die Vor-Dreadnought HMS *Irresistible* das gleiche Schicksal; sie musste aufgegeben werden, doch die gesamte Besatzung konnte geborgen werden. Während des von De Robeck angeordneten Rückzugs lief die Vor-Dreadnought HMS *Ocean* ebenfalls auf eine Mine und sank. Am Ende des Tages war der Versuch gescheitert – man hatte drei Schiffe verloren und drei weitere (darunter die *Inflexible*) waren stark beschädigt. Pläne für ein weiteres Seekommando wurden später zugunsten einer kombinierten Operation mit der Landung von über 80 000 Soldaten vor allem aus Australien und Neuseeland aufgegeben. Als diese am 25. April 1915 erfolgte, hatten die vorgewarnten Türken genügend Zeit zur Vorbereitung gehabt, und der Vorstoß geriet gleich zu Beginn ins Stocken. Trotz schwerer Verluste wurde in den kommenden Monaten kein wirklicher Fortschritt erzielt, und die alliierten Truppen wurden schließlich Ende des Jahres evakuiert. Drei der zahlreichen Schlachtschiffe, die weiterhin Feuerunterstützung leisteten, gingen im Mai 1915 verloren: die HMS *Goliath* durch Torpedotreffer eines türkischen Zerstörers und die *Triumph* und *Majestic* durch Torpedos des deutschen Unterseeboots U-21. Für die Geschichte der Schlachtschiffe ist festzuhalten, dass abgesehen von der französischen *Bouvet* alle in Gallipoli verlorenen Vor-Dreadnoughts aufgrund von Unterwasserschäden durch Minen oder Torpedos untergingen. Geschützfeuer aus den Küstenbatterien konnte den schwer gepanzerten Schiffen indes kaum etwas anhaben.

Zwischenzeitlich hatte der Schlachtkreuzer *Goeben* nur einen gescheiterten Vorstoß in die Dardanellen unternommen, um bis 1917 gelegentlich russische Schiffe im Schwarzen Meer zu bekämpfen. Im Januar 1918 unternahmen die nun von Vizeadmiral von Rebeur-Paschwitz kommandierten *Goeben* und *Breslau* einen kurzen Vorstoß in die Ägäis und versenkten zwei britische Monitore in der Kusu-Bucht. Dann gerieten sie in ein britisches Minenfeld. Die *Breslau* ging unter, nachdem sie nacheinander nicht weniger als fünf Minen zur Detonation gebracht hatte, während die *Goeben* auf drei Minen lief, sich zurückschleppte und am Eingang des Marmarameers auf Grund lief. Dort saß sie eine Woche fest, bis man sie nach Konstantinopel schleppte, wo der Krieg für das Schiff zu Ende war.

Die HMS Goliath *wurde Opfer eines von einem türkischen Zerstörer abgefeuerten Torpedos.*

Die erfolgreiche Flucht der *Goeben* und *Breslau* war nicht der erste frühe Rückschlag für die Royal Navy. Bei Kriegsausbruch Anfang August 1914 befand sich ein starkes deutsches Kreuzergeschwader unter Vizeadmiral Maximilian Graf von Spee auf östlichem Kurs im Pazifik. Vor der chilenischen Hafenstadt Coronel wurde es am späten Nachmittag des 1. November 1914 von einem britischen Verband unter Konteradmiral Sir Christopher Craddock abgefangen. Von Spee besaß die beiden Panzerkreuzer *Scharnhorst* und *Gneisenau* (11 600 t), beide mit acht 210-mm- und sechs 150-mm-Geschützen bewaffnet, die durch die drei Kleinen Kreuzer *Leipzig, Dresden* und *Nürnberg* (3200 t) mit zehn 105-mm-Geschützen unterstützt wurden. Auch das britische Geschwader umfasste zwei Panzerkreuzer: die *Good Hope* mit zwei 234-mm- und sechzehn 152-mm-Geschützen sowie die etwas kleinere, nur mit 152-mm-Geschützen bewaffnete *Monmouth*. Beide relativ alten Schiffe waren erst kurz zuvor mit schlecht trainierten Reservisten in Dienst gestellt worden. Begleitet wurden sie von der HMS *Glasgow*, einem schnellen, modernen Leichten Kreuzer mit zwei 152-mm- und zehn 102-mm-Geschützen sowie der *Otranto*, einem mit acht 120-mm-Geschützen bewaffneten, umgerüsteten Passagierschiff (12 000 t). Obwohl Craddock nach der Sichtung sofort den Kurs ändern ließ, um von Spee zu attackieren (vielleicht dachte er an Troubridges Schicksal?), wusste er, dass er den deutschen Schiffen nichts entgegenzusetzen hatte. Tatsächlich wurden die britischen Schiffe, die sich als markante Silhouette vor der untergehenden Sonne abzeichneten, zu einem leichten Ziel für die versierten Richtschützen der *Scharnhorst* und *Gneisenau*. Innerhalb einer Stunde war die *Good Hope* versenkt, und die *Nürnberg* bereitete der heftig brennenden *Monmouth* den Garaus. Nur die *Glasgow* und *Otranto* konnten entkommen, doch das änderte nichts an der verheerenden Niederlage für die Royal Navy. In London reagierten Fisher und Churchill, indem sie alle verfügbaren Schiffe vor der südamerikanischen Ostküste zusammenzogen, um den lebenswichtigen Handelsverkehr rund um den Rio de la Plata zu schützen, falls von Spee Kap Horn umrunden und in den Atlantik vorstoßen sollte. Die Grand Fleet in Scapa Flow erhielt gar die Order, die beiden Schlachtkreuzer *Invincible* und *Inflexible* in den südlichen Atlantik zu entsenden. Nach einem Halt in Plymouth zum Laden von Proviant starteten die beiden Schiffe am 11. November 1914 unter dem Kom-

Admiral von Spee mit einigen seiner Offiziere im chilenischen Valparaiso

Oben: *Die HMS* Inflexible *war einer von zwei Schlachtkreuzern, die rasch in den Südatlantik beordert wurden, um die Niederlage von Coronel zu rächen.*

Unten: *Vizeadmiral Sir Doveton Sturdee RN*

mando von Vizeadmiral Sir Doveton Sturdee. Trotz der dringlichen Lage ließ Sturdee nicht auf volle Fahrt gehen – um den Kohleverbrauch zu reduzieren – und schwenkte auf der Suche nach feindlichen Schiffen vom Kurs ab. So erreichte er die Falklandinseln erst am 7. Dezember, wo er sich den Kreuzern *Bristol, Glasgow, Carnarvon* und *Cornwall* und dem Hilfskreuzer *Macedonia* anschloss. Die Vor-Dreadnought *Canopus* befand sich als auf Grund gesetzte Abwehrbatterie im inneren Hafen von Port Stanley. Die Schlachtkreuzer fuhren in den inneren Hafen, wo das Aufkohlen noch im Gang war, als ein Ausguck auf dem Festland am Morgen des 8. Dezember um kurz vor acht den Rauch von sich aus Südost nähernden Schiffen meldete.

Sturdees Schiffen drohte Gefahr, denn es würde einige Zeit dauern, bis sie abfahrbereit waren, und wenn von Spee sich beeilte, konnte er die stark gehandicapten britischen Schiffe unter Beschuss nehmen. Um 8.45 Uhr hatte der Leichte Kreuzer *Kent* endlich genug Dampf, um den Hafen zu verlassen, doch die anderen Schiffen würden noch wenigstens eine Stunde

Oben: *Von Spees Schiffe auf der Flucht vor Sturdees starken Schlachtkreuzern*

benötigen. Sturdee gab der *Canopus* Feuer frei, sobald der Feind in Reichweite war – und sie schaffte es tatsächlich, die *Gneisenau* gleich mit der ersten Salve zu treffen. Auch wenn kein großer Schaden entstand, ließ von Spee seine Schiffe nach Osten schwenken, um der britischen Streitmacht zu entkommen – seiner Ansicht nach zwei Vor-Dreadnoughts, die er leicht abhängen konnte. Erst um 11 Uhr hatten Sturdees Schiffe endlich den Hafen verlassen und von Spee merkte, mit wem er es wirklich zu tun hatte. Sturdee agierte mit bewundernswerter Ruhe; er drosselte sogar das Tempo, damit einige seiner Kreuzer aufschließen konnten und befahl auf den Begleitschiffen Mittagspause, während die Jagd weiterging. Seine Schlachtkreuzer erreichten nun bis zu 26 kn und schlossen rasch auf, sodass um 12.47 Uhr der Befehl zum Angriff erfolgte.

Von Spee, der seine missliche Lage erkannte, ließ seine Kleinen Kreuzer einen Ausbruchsversuch unternehmen, während sich seine beiden Panzerkreuzer der vorrückenden *Invincible* und *Inflexible* entgegenstellten. Trotz der ungleich verteilten Feuerkraft verlief die Begegnung nicht einseitig, denn Rauch aus den britischen Schlachtkreuzern und ungünstige Winde behinderten die Trefferbeobachtung, weshalb Sturdee mehrmals den Kurs ändern ließ, um in die günstigere Lee-Position zu gelangen. Obwohl die Schlachtkreuzer mehrere Treffer erhielten, entstand kein größerer Schaden, und die britischen Geschütze zeigten allmählich Wirkung. Die *Scharnhorst* und *Gneisenau* mussten einiges einstecken, doch beide wehrten sich bis zum Ende, obwohl einige ihrer Geschütze ausgeschaltet waren. Die *Scharnhorst* versank mitsamt von Spee und einem Gros der Besatzung um 16.17 Uhr, fast dreieinhalb Stunden nach Kampfbeginn. Die *Gneisenau* kämpfte noch eine Stunde weiter und landete sogar einen Treffer auf der *Invincible*, doch um 17.50 Uhr stellten die britischen Schiffe das Feuer ein, da sie rasch unterging; insgesamt 190 Schiffbrüchige wurden geborgen.

Derweil unternahmen die britischen Kreuzer den Versuch, die fliehenden deutschen Kleinen Kreuzer einzuholen und zu zerstören. Die *Leipzig* wurde schließlich von der *Glasgow* und *Cornwall* gestellt und trotz tapferer Gegenwehr versenkt, nur 18 Mann überlebten. Nach einem Rückzugsgefecht konnte die *Kent* mit ihren 152-mm-Geschützen die *Nürnberg* zerstören, auf der nur zwölf Mann überlebten. Die *Dresden* konnte zunächst entkommen, fand jedoch am 14. März 1915 ihr Ende bei der Isla Más a Tierra vor der chilenischen Küste. Als herannahende britische Kriegsschiffe das Feuer eröffneten, ließ der Kapitän eine weiße Flagge hissen und die Besatzung an Land gehen – dann versenkte er das Schiff.

Vorrangiges Ziel der Royal Navy war die Zerstörung der Deutschen Hochseeflotte. Die Aufnahme zeigt eines ihrer Geschwader, das von dem Panzerschiff Preußen *angeführt wird.*

Oben: *Das Schlachtschiff HMS* Canada *war als* Reshadie *ursprünglich für das Osmanische Reich gebaut, doch bei Kriegsausbruch 1914 von der Royal Navy beschlagnahmt worden.*

Sturdee hatte die Vorteile der Schlachtkreuzer geschickt genutzt. Da ihm der Sieg in recht kurzer Zeit gelang, konnten seine Schiffe zur Grand Fleet zurückkehren, zumal sie am Hauptschauplatz des Seekriegs dringend benötigt wurden. Bis kurz vor Kriegsausbruch hatte die Royal Navy eine traditionelle Blockade Deutschlands geplant: Geschwader aus Kriegsschiffen sollten sich in Hafennähe bereithalten, um jeden Ausbruchsversuch zu vereiteln. Fisher begriff jedoch, dass eine solche Strategie wegen der modernen Flugzeuge und U-Boote nicht realisierbar war; deshalb sprach er sich für eine Fernblockade aus. Torpedoboote und Vor-Dreadnoughts bewachten den Ärmelkanal. Die aus den modernsten Dreadnoughts bestehende und durch Schlachtkreuzer, Kreuzergeschwader und Zerstörerflottillen unterstützte Grand Fleet wurde indes nach Scapa Flow vor der Nordküste Schottlands verlegt. Von hier aus konnte man an den Ausgängen der Nordsee patrouillieren, um zu verhindern, dass die deutsche Hochseeflotte oder einzelne Hilfskreuzer in den Atlantik durchbrachen und – was ebenso wichtig war – dass feindliche oder neutrale Handelsschiffe Deutschland mit wertvollen Nahrungsmitteln oder Kriegsmaterial erreichten.

Auf dem Papier war die Royal Navy mit 29 aktiven und 13 im Bau befindlichen Dreadnoughts und Schlachtkreuzern deutlich im Vorteil, denn Deutschland besaß nur 18 aktive und neun im Bau befindliche. Der Unterschied fällt noch größer aus, wenn man bedenkt, dass fünf der fast fertigen britischen Schiffe der neuen Queen-Elizabeth-Klasse mit 381-mm-Geschützen angehörten. Hinzu kamen drei

Unten: *Die ebenfalls 1914 konfiszierte, ursprünglich türkische HMS* Agincourt *war das einzige je gebaute Schlachtschiff mit einer Hauptbewaffnung in sieben Geschütztürmen.*

für ausländische Marinen auf britischen Werften im Bau befindliche Dreadnoughts, die kurz vor Kriegsausbruch beschlagnahmt wurden. Zwei von ihnen, die türkische *Reshadie* und die chilenische *Almirante Latorre*, ähnelten der Iron-Duke-Klasse der Royal Navy, wenngleich Erstere mit 356-mm- anstatt 343-mm-Geschützen ausgerüstet war, und wurden als HMS *Canada* und HMS *Erin* in Dienst gestellt. Die dritte, ursprünglich von Brasilien georderte, doch noch während des Baus von der Türkei aufgekaufte Dreadnought war die wenige Tage vor Kriegsbeginn am 2. August 1914 beschlagnahmte *Sultan Osman I.* Dieses Schiff reizte das Dreadnought-Konzept voll aus und war damals mit 204 m Länge und einer Verdrängung von 27 500 t das größte Schlachtschiff der Welt. Auffälligstes Merkmal war jedoch eine Hauptbewaffnung aus nicht weniger als 14 305-mm-Geschützen in sieben Zwillingstürmen auf der Mittellinie. Ihre Unterbringung erforderte einiges Geschick: Auf dem Vordeck stand ein Geschützpaar in überhöhter Aufstellung, zwei weitere befanden sich mittschiffs zwischen den Schornsteinen und nicht weniger als drei auf dem Achterdeck, je eines nach vorn und achtern gerichtet, und dazwischen ein Turm in überhöhter Aufstellung. Das Innenleben des als HMS *Agincourt* in Dienst gestellten Schiffs war ein schlechter Kompromiss zwischen dem Positionieren der Maschinenräume und der Notwendigkeit, die Magazine unter den Lafetten zu platzieren, wodurch der Bestreichungswinkel mehrerer Türme eingeschränkt wurde.

Trotz ihrer numerischen Überlegenheit sah sich die Grand Fleet aufgefordert, ihre Schiffe außerhalb britischer Hoheitsgewässer zu entfalten, während die deutsche Hochseeflotte in Wilhelmshaven konzentriert blieb. Damit war der Vorsprung nicht so groß, wie es Admiral Sir John Jellicoe gewünscht hätte. Hinzu kam, dass alles von Admiral von Ingenohl, dem Kommandeur der Hochseeflotte, abhing, der jedoch zögerte, eine nennenswerte Zahl von Schiffen loszuschicken. In beiden Flotten waren die Schlachtkreuzer als unabhängige Geschwader organisiert, die als Aufklärer operieren und die feindliche Flotte für die entscheidende Auseinandersetzung zu den eigenen Kampfgeschwadern lenken sollten. Beide Seiten besaßen

Oben: *Admiral Sir David Beatty, vor allem bekannt als schneidiger Kommandeur der Schlachtkreuzergeschwader*

Rechts: *Admiral Franz von Hipper, hoch dekorierter Kommandeur der deutschen Schlachtkreuzer*

Schlachtkreuzerkommandeure von hohem Ansehen, doch mit unterschiedlichem Führungsstil. Vizeadmiral Sir David Beatty, der typische spontane Marineoffizier, war in jeder Lage zum Angriff bereit, da er fest an seine hervorragenden Schiffe und Mannschaften glaubte. Auf deutscher Seite war Admiral Franz von Hipper vielleicht etwas nachdenklicher und vertraute auf den hohen Ausbildungsstand seiner Leute, wobei er auf das Präzisionsschießen besonderen Wert legte.

Da nichts auf ein baldiges Auftauchen der deutschen Schlachtflotte hindeutete, beschloss Reginald Tyrwhitt, Kommandeur der in Harwich stationierten Zerstörerflottillen, in die Offensive zu gehen und brach mit einigen Zerstörern und Leichten Kreuzern auf, um am frühen Morgen des 28. August in der Helgoländer Bucht 1914 leichte deutsche Verbände anzugreifen. So sollte zumindest ein Teil der Hochseeflotte aus der Reserve gelockt werden, die dann von einer Reihe wartender britischer U-Boote attackiert würde. Jellicoe entsandte zur Unterstützung Beattys Schlachtkreuzergeschwader und ein Geschwader aus Leichten Kreuzern.

Während einer ersten Begegnung zwischen Tyrwhitts Verband und den deutschen Kleinen Kreuzern und Torpedobooten wurde eines dieser Boote versenkt, doch dann gerieten die Briten unter Druck, da ein feindliches Geschwader aus Kleinen Kreuzern aus der Jademündung auftauchte. An diesem Punkt traf Beatty die mutige Entscheidung, seinen Schlachtkreuzer mitten ins Geschehen zu schicken, trotz der Gefahr durch Minen und U-Boote. Er wurde reich belohnt, denn zwei deutsche Kreuzer, die *Cöln* und *Ariadne*, wurden gesichtet und in brennende Wracks verwandelt, doch dann ging der Kontakt wegen schlechter werdender Sicht verloren. Beatty befahl allen britischen Verbänden, sich nach Westen zurückzuziehen. Dennoch war dies ein bedeutender Sieg. Insgesamt wurden drei deutsche Kreuzer und ein Torpedoboot versenkt – auf Kosten reparabler Schäden an einem britischen Kreuzer und drei Zerstörern. Die gesamte Operation wurde jedoch als extrem riskant gewertet und in dieser Form nicht wiederholt.

Ohne Wissen von Jellicoe und Beatty hatten die deutschen Admiräle damit zu kämpfen, dass Kaiser Wilhelm aus Sorge um seine Kriegsmarine den Einsatz der Schlachtflotte stark eingeschränkt hatte. Er billigte indes von Ingenohl genug Entscheidungsvermögen zu, Vorstöße durch von Hippers Schlachtkreuzer anzuordnen. Der erste ereignete sich am 3. November 1914, als Schiffe der 1. Aufklärungsgruppe die englische Küstenstadt Great Yarmouth beschossen. Von britischen Verbänden nicht abgefangen, verlor von Hipper den

Der deutsche Schlachtkreuzer Seydlitz *beim Abfeuern einer Breitseite*

Oben: *Im Gefecht auf der Doggerbank wurde einer der Türme achtern der* Seydlitz *von einer 343-mm-Granate getroffen. Das Schiff konnte nur durch rasches Handeln gerettet werden, was gravierende Konsequenzen nach sich zog.*

Unten: *Die schwach bewaffnete* Blücher *hatte den Geschützen der britischen Schlachtkreuzer auf der Doggerbank nichts entgegenzusetzen.*

Panzerkreuzer *Yorck* durch ein deutsches Minenfeld in der Jademündung. Aufgrund dieser Aktion verlegte Beatty seine Schlachtkreuzer südwärts nach Cromarty und ein Geschwader von Dreadnoughts der King-Edward-VII.-Klasse in Richtung Rosyth, um derartige Vorstöße künftig zu vereiteln.

Eine Gelegenheit ergab sich, als von Hippers Schlachtkreuzer am 15. Dezember nochmals vorstießen, um früh am nächsten Morgen die nordöstlichen Hafenstädte Scarborough, Whitby und Hartlepool zu beschießen. Hartlepool wurde besonders schwer getroffen. Obwohl die bereits zurückkehrenden deutschen Schiffe durch britische Kreuzer und sogar die HMS *Orion*, ein Schlachtschiff der 2nd Battle Squadron (BS) gesichtet wurden, entkam von Hipper durch eine Kombination aus britischen Nachrichtenfehlern, mangelnder Initiative einzelner Offiziere und dem Winterwetter.

Bald darauf unternahm von Hipper einen erneuten Versuch, obwohl sich Beatty inzwischen noch weiter südlich nach Rosyth verzogen hatte. Am 23. Januar 1915 verließ von Hipper die Jademündung mit den modernen Schlachtkreuzern *Seydlitz* (Flaggschiff), *Moltke* und *Derfflinger* sowie der älteren *Blücher* (15 600 t). Er beabsichtigte einen Überfall auf die britische Fischereiflotte und deren Begleitpatrouillen vor der Doggerbank in der Mitte der Nordsee. Doch

den Briten waren dank des berühmten „Room 40" die Funksprüche und Telegrafennachrichten des Gegners bekannt. Beatty konnte mit zwei Schlachtkreuzergeschwadern sowie Trywhitts Kreuzern und Zerstörern am frühen Morgen des 24. Januar den deutschen Verband abfangen. Von Hipper nahm Kurs auf die im Südosten liegende Jademündung und war zuversichtlich, seine Verfolger, die er für Schlachtschiffe hielt, abschütteln zu können. Inzwischen hatten Beattys durch das Flaggschiff *Lion* angeführte Schlachtkreuzer 27 kn erreicht, schlossen langsam auf und eröffneten aus der Ferne das Feuer. Eine der 343-mm-Granaten der *Lion* traf bald von Hippers Flaggschiff, durchschlug die Barbette des Turms achtern und entzündete in einer Kettenreaktion die Treibladungen der hinteren Türme. Die gesamte Geschütz- und Munitionsmannschaft kam dabei ums Leben; ein sich unkontrolliert ausbreitendes Feuer hätte innerhalb weniger Minuten das gesamte Magazin in die Luft gejagt und das Schiff zerstört, doch diese Katastrophe konnte durch sofortiges Fluten der Magazine verhindert werden. Dem Schiff ging es dennoch schlecht, da die Hälfte der Hauptbewaffnung ausgefallen und das Tempo reduziert war. Noch schlechter erging es dem letzten Schiff der Linie: der Panzerkreuzer *Blücher* wurde mehrmals von den 305-mm-Granaten der *Indomitable* und *New Zealand* getroffen und fiel mit nur 17 kn rasch zurück. Angesichts der schwer beschädigten *Seydlitz* und verfolgt von fünf britischen Schlachtkreuzern blieb von Hipper keine andere Wahl, als die *Blücher* ihrem Schicksal zu überlassen. In der Zwischenzeit erhielt Beattys Flaggschiff *Lion* einen Treffer, der die backbordseitigen Speisewassertanks beschädigte, was das Schiff zurückfallen ließ. Beatty versuchte nun, seine Flotte durch Flaggensignale zu kommandieren, doch diese wurden missverstanden. Anstatt alle feindlichen Schlachtkreuzer zu verfolgen und womöglich zu zerstören, konzentrierte man sich auf die unselige *Blücher*, die bald darauf unterging. Nun aber waren von Hippers andere Schiffe bereits außer Sichtweite.

Auch wenn die Briten als eindeutige Sieger aus dem Gefecht auf der Doggerbank hervorgingen, sollten die Deutschen die größten Lehren daraus ziehen. Der Beinaheverlust der *Seydlitz* veranlasste eine Prüfung der Methode, wie man Munition aus den Magazinen zu den Geschützen beförderte. Die einzelnen Schächte wurden mit Schotten ausgerüstet, die sich nach Passieren der Transportkörbe automatisch schlossen. Eingeführt wurden auch feuerfeste Behälter für die Treibladungen, und die Verbindungstüren

Oben: *Admiral Friedrich von Ingenohl, Kommandeur der Deutschen Hochseeflotte*

Die Besatzung der kenternden Blücher *kämpft um ihr Leben. Von den 888 Mann wurden nur 189 Überlebende durch britische Zerstörer geborgen.*

zwischen den Magazinen blieben im Gefecht verriegelt. Den Briten hingegen wurden eigene konstruktionsbedingte Probleme beim Umgang mit der Munition nicht bewusst – wie sie nur wenige Monate später leidvoll erfahren sollten.

Aufgrund der Doggerbank-Ereignisse wurde Admiral von Ingenohl durch Admiral von Pohl ersetzt. Neuer Kommandeur der Hochseeflotte wurde jedoch bereits im Januar 1916 der auf eine offensivere Haltung bedachte Admiral Reinhard Scheer. Im April 1916 veranlasste Scheer eine weitere Beschussaktion durch von Hippers Schlachtkreuzer, diesmal gegen die Hafenstadt Lowestoft; mehr als 200 Häuser wurden zerstört. Obwohl von Trywhitts Leichten Kreuzern abgefangen, kam von Hipper ungeschoren davon, denn die Verfolgung wurde von höchster Stelle abgeblasen, noch bevor man auf die Hochseeflotte unter Scheer getroffen wäre. Anfang Mai unterstützte Jellicoe mit der Grand Fleet einen Fliegerangriff auf Tondern, der jedoch die deutsche Schlachtflotte nicht hervorlocken konnte. Dafür unternahm Scheer Ende Mai den Versuch, die britischen Schlachtkreuzer in eine Falle zu locken. Am Abend des 30. Mai 1916 verließ er die Jademündung in nördlicher Richtung in der Absicht, westlich des Skagerrak, dem zwischen Jütland, Norwegen und Schweden gelegenen Teil der Nordsee, Handelsschiffe anzugreifen. Angeführt wurde die Flotte durch von Hippers Schlachtkreuzer der 1. Aufklärungsgruppe, die von vier Kleinen Kreuzern und 30 Torpedobooten begleitet wurden. Rund 100 km hinter ihnen befand sich Scheers Hochseeflotte, bestehend aus insgesamt 15 Dreadnoughts sowie fünf Vor-Dreadnoughts, plus sechs Kleine Kreuzer und 32 Torpedoboote.

Zwischenzeitlich hatte die britische Admiralität dank abgefangener Funksprüche erfahren, dass ein Teil der Hochseeflotte Vorbereitungen zum Auslaufen traf und schickte Jellicoe und Beatty los. Owohl man die Absichten der Deutschen nicht kannte, wollte es der Zufall, dass Jellicoe anordnete, Beatty möge sich mit ihm westlich des Skagerrak treffen, was der lange

Ein Teil der Hochseeflotte in Wilhelmshaven mit von Hippers Schlachtkreuzern im Vordergrund

erwarteten Entscheidungsschlacht den Weg bereitete. Beattys Flotte umfasste nicht weniger als fünf Schlachtkreuzer, 14 Leichte Kreuzer und 27 Zerstörer sowie den Seeflugzeugträger HMS *Engadine*. Hinzu kam das von Konteradmiral Evan-Thomas kommandierte 5th Battle Squadron (BS) mit vier schlagkräftigen Schlachtschiffen der Queen-Elizabeth-Klasse.

Als sich Beatty dem zugewiesenen Treffpunkt auf südöstlichem Kurs näherte, befand sich Jellicoe mit dem Rest der Grand Fleet auf Südkurs 105 km nördlich von ihm. Dieser bestand aus 24 Dreadnoughts in sechs Kolonnen aus vier Schiffen, wobei Jellicoes Flaggschiff HMS *Iron Duke* die dritte Kolonne von links anführte. Hinzu kamen drei Schlachtkreuzer der 3rd Battlecruiser Squadron (BCS), sieben Panzerkreuzer, zwölf Leichte Kreuzer und 49 Zerstörer. Am 31. Mai um 14.15 Uhr ließ Beatty seine Schlachtkreuzer nach Norden schwenken, um den Abstand zwischen den beiden britischen Verbänden zu verringern. Derweil scherte einer der Leichten Kreuzer, die *Galatea*, nach Osten aus, um ein Handelsschiff zu überprüfen, doch kurz darauf wurden deutsche Kriegsschiffe gesichtet: zwei Torpedoboote, die von Hipper zu dem gleichen Zweck entsandt hatte. Sobald Beatty dies erfuhr, ließ er nach Südsüdost wenden, doch aufgrund eines Signalfehlers wendete das 5th BS nicht sofort und befand sich schließlich rund 16 km hinter den Schlachtkreuzern. Interessant ist, dass die *Engadine* nun anhielt und

Der Schlachtkreuzer Moltke *musste in der Skagerrakschlacht vier schwere Granattreffer hinnehmen, die jedoch keine gravierenden Schäden anrichteten.*

ein Flugzeug losschickte, das einige feindliche Schiffe sichtete und dies per Funk meldete. Aus technischen Gründen war die *Engadine* jedoch nicht in der Lage, diese Nachricht an Beatty oder Jellicoe weiterzuleiten, was den späteren Schlachtverlauf zweifellos nachhaltig beeinflusst hätte.

Unterdessen hatten die gegnerischen Schlachtkreuzerverbände einander gesichtet und Beatty realisierte, dass er von Hippers Schiffen den Rückweg abschneiden konnte. Durch Kursänderung in östliche Richtung konnte das 5th BS seine Position verbessern, während von Hipper nach Südost schwenkte, sodass sich die Distanz beider Kreuzerflotten rasch verringerte. Zu

diesem Zeitpunkt war keinem von beiden klar, dass die gesamte gegnerische Schlachtflotte ebenfalls unterwegs war. Von Hippers Zeppeline konnten wegen der starken Winde keine Aufklärungsflüge unternehmen, und Jellicoe nahm aufgrund nachrichtendienstlicher Informationen an, dass nur ein Teil der Hochseeflotte vorgestoßen sei und Scheers Flaggschiff sich weiterhin in der Jademündung befand. Beattys mit voller Fahrt vorausdampfende, imposante Flotte wurde vom Flaggschiff *Lion* angeführt, gefolgt von der *Princess Royal, Queen Mary, Tiger, New Zealand* und *Indefatigable*. Flaggschiff der deutschen Schlachtlinie war die *Lützow*, gefolgt von der *Derfflinger, Seydlitz, Moltke* und *Von der Tann*; sie eröffneten das Feuer, als sich die Entfernung auf 13 700 m verringert hatte. Nachdem man sich auf 11 000 m genähert hatte, mussten beide Seiten Treffer hinnehmen; Beatty und von Hipper änderten nahezu gleichzeitig den Kurs, um Abstand zu gewinnen. Um 16 Uhr durchschlug eine Granate das Dach des Mittschiffturms der *Lion*, explodierte und setzte die Korditttreibladungen in Brand. Major F. Harvey RMLI ließ geistesgegenwärtig die Schotten der Munitionskammern schließen und rettete so das Schiff, kam dabei jedoch ums Leben, wofür er posthum mit dem

„Irgendwas stimmt heute nicht mit unseren verdammten Schiffen!“ Rauchwolken zeugen von der Zerstörung der HMS Queen Mary.

Victoria Cross ausgezeichnet wurde. Doch nur vier Minuten später traf die *Von der Tann* ähnlich folgenreich den vorderen Turm der *Indefatigable*, nur dass es hier niemanden gab, der die Schotten dicht machte. Nach wenigen Sekunden zerriss eine gewaltige Explosion das große Schiff, das sofort unterging. Die beiden einzigen Überlebenden wurden später von einem deutschen Torpedoboot aufgenommen.

Als mit wachsender Distanz immer weniger Schüsse fielen, kam schließlich die 5th BS in Aktion und eröffnete aus 17 300 m das Feuer. Fast sofort landete die *Barham* Treffer auf der *Von der Tann*, und dank dieser aktiven Verstärkung kehrte Beatty zurück zu von Hipper. Während sich die *Lion* und *Lützow* bekriegten, feuerte die *Queen Mary* mit acht Geschützen rasche und präzise Breitseiten auf die *Derfflinger*, doch

Oben: *Selbst unter schwerem Beschuss gelang es dem Kleinen Kreuzer* Wiesbaden *(der später unterging), das britische Schlachtschiff* Marlborough *mit einem Torpedo zu treffen.*

diese zahlte, wenngleich getroffen, mit gleicher Münze zurück, bis die *Queen Mary* um 16.26 Uhr plötzlich in Flammen aufging und durch mehrere Explosionen zerstört wurde. Nur 17 Schiffbrüchige konnten nach dem Untergang gerettet werden. Mit typisch englischem Understatement kommentierte Beatty: „Irgendwas stimmt heute nicht mit unseren verdammten Schiffen!" Die nun freigegebenen Zerstörer lieferten sich eine spannungsreiche Mêlée. Jede Seite konnte zwei feindliche Zerstörer versenken, und ein Torpedo traf die *Seydlitz*. Derweil kam eine dramatische Meldung von der *Southampton*, einem der Aufklärungskreuzer vor Beatty: „Schlachtschiffe auf Südost." Dies war Scheers Hochseeflotte.

Beatty ordnete sogleich eine Kursänderung auf Nordnordwest an, um hinter Jellicoes vorrückende Grand Fleet zu gelangen, doch aufgrund neuerlicher Signalprobleme reagierte das 5th BS nicht sofort. Die Folge war, dass Evan-Thomas' Schiffe beim Wenden in Reichweite von Scheers Führungsschiffen kamen und weiterhin von von Hippers Schlachtkreuzern attackiert wurden, bis sie davonziehen konnten. Beatty schwenkte nach Nordost und kam so erneut in Kontakt mit von Hippers Schlachtkreuzern, was gleichzeitig dazu beitrug, die vorrückende Grand Fleet vor deutschen Aufklärern zu verbergen. Von Hipper bemerkte unterdessen, dass sich weitere Schiffe aus Nordost näherten – die Schlachtkreuzer *Invincible, Inflexible* und *Indomitable*; sie waren als Vorhut der Grand Fleet entsandt und auf den deutschen Kreuzerschirm gestoßen – und hatten die *Wiesbaden* schwer beschädigt, die später sank. Darauf reagierte von Hipper und setzte sich vor Scheers vorrückende Schlachtflotte.

Hier traf er auf das britische 1st Cruiser Squadron, das der Grand Fleet ebenfalls vorausfuhr. Die deutschen Schlachtkreuzer und Dreadnoughts eröffneten einen wahren Feuerhagel gegen die Panzerkreuzer; drei von ihnen *(Defence, Warrior* und *Black Prince)* wurden schwer beschädigt und gingen unter. Die nachfolgenden Schlachtschiffe des 5th BS drehten ab, um Abstand zu gewinnen, gerieten jedoch eine Zeit lang unter massiven Beschuss der Hochseeflotte. In dieser Situation verklemmte sich das Ruder der *Warspite*, die zunächst einen vollen Kreis beschrieb und dabei mehrmals getroffen wurde, bis sie sich absetzen konnte.

Derweil zeigte sich Jellicoe frustriert über die Flut widersprüchlicher Meldungen, die es ihm erschwerte, die genaue Position der feindlichen Schiffe zu ermitteln. Um seine Feuerkraft zu bündeln, musste er seine Dreadnoughts aus der Marschkolonnenformation auf Schlachtlinie bringen. Die Frage war nur, ob dies durch einen Schwenk nach Backbord oder Steuerbord erfolgen sollte. Beatty, der sich nun ebenfalls vor die vorrückende Grand Fleet gesetzt hatte, signalisierte Jellicoe schließlich: „Feindliche Schlachtflotte auf Südsüdwest gesichtet." Dies beantwortete Jellicoes Frage, und so ließ er die Backbord-Kolonne schwenken. Das bedeutete, dass alle anderen Kolonnen zuerst um 90 Grad nach Backbord und – sobald sie auf eine Linie hinter der Backbord-Kolonne fielen – um 90 Grad nach Steuerbord zu schwenken hatten. Von Hipper hielt derweil Kurs Nordost, wobei Dunst und Rauch

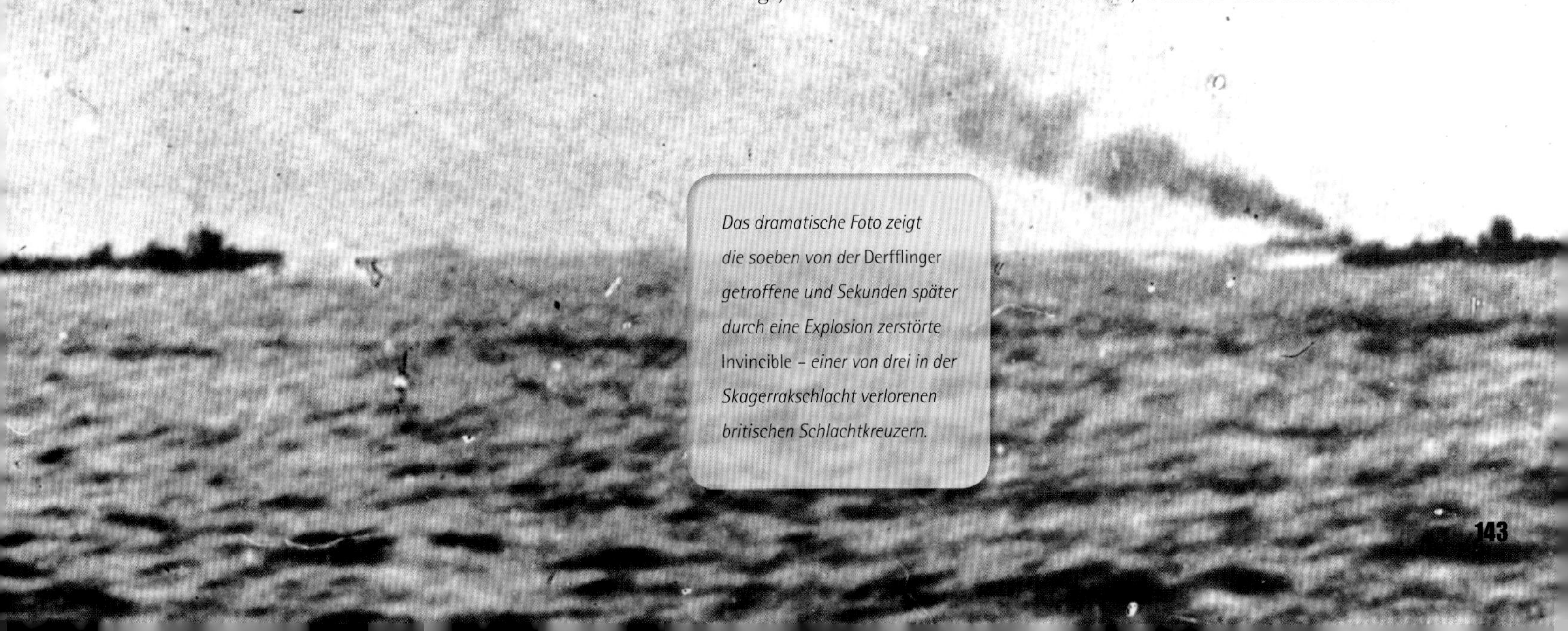

Das dramatische Foto zeigt die soeben von der Derfflinger getroffene und Sekunden später durch eine Explosion zerstörte Invincible – einer von drei in der Skagerrakschlacht verlorenen britischen Schlachtkreuzern.

die Sicht behinderten. Die missliche Lage ging ihm erst auf, nachdem er sich der britischen Schlachtlinie auf fast 8200 m genähert hatte. Die Mündungsfeuer zahlloser Geschütze zuckten am Horizont, wohin er auch blickte. Auch Scheers Führungsschiffe gerieten unter schweren Beschuss, und es war gar nicht mehr daran zu denken, die angeschlagenen britischen Kreuzer fertig zu machen, als diese eine wohl eingeübte Gefechtskehrtwendung vollzogen. Dennoch wurden die *Lützow* und *Derfflinger* schwer beschädigt; auch drei deutsche Dreadnoughts wurden getroffen. Von Hipper gelang indes ein weiterer Erfolg, denn die *Derfflinger* traf mit beinahe der letzten Granate den Q-Turm der *Invincible* – mit der unvermeidbaren Folge, dass Stichflammen die Munitionskammer erreichten. Die Explosion zerriss das Schiff in zwei Teile, und nur sechs Mann überlebten den Untergang. Dennoch hielt Jellicoe nun das Heft in der Hand. Mit Ausnahme der

Oben: *Übungsschießen auf einem deutschen Schlachtkreuzer*

Links: *Die* Derfflinger *erhielt in Skagerrak sieben schwere Treffer, die auch beide Türme achtern mattsetzten.*

Moltke waren alle von Hipper verbliebenen Schlachtkreuzer stark beschädigt, und der deutschen Flotte war der Heimweg verstellt. Aufgrund schlechter Sichtverhältnisse bemerkte Jellicoe nicht sofort, dass Scheer abgeschwenkt war, sodass er weiter auf Kurs Südsüdost blieb, während die Deutschen nach Westen abzogen. Mit einer weiteren Kehrtwendung hoffte Scheer, hinter die britische Linie und im Schutz der einbrechenden Dunkelheit nach Hause gelangen zu können – eine trügerische Hoffnung, denn seine Flotte, angeführt von den Schlachtkreuzern, die bereits einiges hatten einstecken müssen, traf geradewegs auf die feindliche Linie. Eine weitere Gefechtskehrtwendung folgte, doch da war die *Lützow* bereits stark beschädigt und ging unter. Da auch einige Dreadnoughts wie die *König*, *Großer Kurfürst* und *Markgraf* schwere Schäden davontrugen, befahl Scheer seinen Schlachtkreuzern zu versuchen, die britischen Dreadnoughts zu rammen. Unterstützt wurde der mutige Angang durch Zerstörer, die hinter einer Wand aus Rauch Torpedos abfeuerten. Als die Order kurz darauf widerrufen wurde, hatten die *Derfflinger*, *Seydlitz* und *Von der Tann* bereits schwere Schäden davongetragen. Dennoch konnte die Hochseeflotte ihre Wende unbehindert vollenden – und, wichtiger noch, Jellicoe sah sich veranlasst, den Torpedos nach Südost auszuweichen.

Dies war zugleich das Ende der Schlacht, denn in der hereinbrechenden Finsternis hatten die Hauptverbände den Kontakt verloren. Später gab es noch einige kurze Sichtungen, Scharmützel mit Beattys Schlachtkreuzern und einzelne energische Zerstöreraktionen wie etwa den erfolgreichen Torpedoangriff von Zer-

Unten: *Das Linienschiff* Pommern *wurde in einer Nachtaktion durch britische Zerstörer versenkt. Es gab keine Überlebenden.*

störern der 12. Flottille auf das deutsche Linienschiff *Pommern*, das mit allen Mann unterging. Während der Nacht nahm Scheer hinter den britischen Linien Kurs auf die verminte Helgoländer Bucht. Im Morgengrauen des 1. Juni 1916 war die Grand Fleet weitgehend intakt und bereit zum Gefecht, während die Hochseeflotte vor Anker lag, sich die Wunden leckte und fürs Erste genug hatte.

Bis heute hält eine schier endlose Kontroverse darüber an, wer den Sieg dieser Seeschlacht für sich beanspruchen darf. In Deutschland sprach man rasch von einem großen Sieg, wofür bei einem direkten Vergleich der verlorenen Schiffe ja auch einiges sprach:

Die in der Skagerrakschlacht durch Artilleriefeuer und einen Torpedotreffer schrecklich zugerichtete Seydlitz erreichte aus eigener Kraft die Jademündung. Die Reparatur in Wilhelmshaven dauerte gut zwei Monate.

Während die Briten drei große Schlachtkreuzer, drei große Panzerkreuzer und acht Zerstörer verloren hatten, kamen der deutschen Flotte ein Großer Kreuzer, vier Kleine Kreuzer, ein Linienschiff und fünf Torpedoboote abhanden. Da die britische Admiralität mit einer Bekanntmachung zögerte, griff die britische Presse zunächst auf deutsche Quellen zurück; daher klang der später beanspruchte britische Sieg unglaubhaft. Tatsächlich wurden Beattys Schlachtkreuzer bei ihrer Rückkehr nach Rosyth ausgebuht. Mit der Zeit wurde indes deutlich, dass England einen strategischen Sieg erzielt hatte, denn die Hochseeflotte forderte die Grand Fleet nicht noch einmal ernsthaft heraus.

Der Kriegseintritt der Vereinigten Staaten im April 1917 brachte ein Schlachtschiffgeschwader der US Navy (als 6th Battle Squadron der Grand Fleet) nach Scapa Flow.

Rasch schlossen neue Schiffe die entstandenen Lücken; dennoch stritten sich Marineoffiziere, Strategen und Beobachter noch jahrelang mithilfe diverser Szenarios über die abschließende Bewertung. Im Allgemeinen hatte man an Jellicoe allenfalls auszusetzen, dass er sich den angreifenden Zerstörern hätte nähern sollen, um den Kontakt nicht zu verlieren (statt sich zu entfernen). In von Hipper und Scheer hatte er würdige Gegner, denen es gelang, nicht in die von Jellicoe so geschickt gelegte Falle zu tappen.

Oben: *Der neue, ebenso wie das Schwesterschiff* Renown *mit 381-mm-Geschützen ausgestattete Schlachtkreuzer HMS* Repulse *in voller Fahrt*

Auch zum Zeitpunkt der Skagerrakschlacht setzte die Royal Navy den Bau weiterer Schlachtkreuzer fort. Zwei von ihnen, die *Renown* und *Repulse*, wurden im September 1916 in die Grand Fleet integriert. Ursprünglich als Schlachtschiffe der R-Klasse vorgesehen, nahm man angesichts der Erfolge der *Invincible* und *Inflexible* im November 1914 vor den Falklands einige Veränderungen vor: Der Rumpf wurde um 50 m verlängert und die Bewaffnung von acht auf sechs 381-mm-Geschütze in drei Zwillingstürmen (zwei vorn und einer achtern) reduziert. Den gewonnenen Raum nutzte man für den Einbau von Dampfturbinen auf vier Wellen. Die Gesamtleistung war mit 120 000 WPS dreimal so hoch wie bei der R-Klasse. Auf ihrer Probefahrt erreichte die *Renown*

Die HMS Courageous *war für einen Schlachtkreuzer nur sehr leicht gepanzert. Man beachte den Doppeldecker auf der Startplattform über dem vorderen Geschützturm.*

Die umgebaute HMS Furious *mit einem Flugdeck vorn und einem einzelnen 457-mm-Geschütz achtern*

32,68 kn und wurde so zum schnellsten britischen Schlachtkreuzer. Die Sekundärbewaffnung zur Abwehr von Torpedobooten umfasste insgesamt 17 102-mm-QF in fünf Drillings- und zwei Einzellafetten. Mit den Drillingslafetten erreichte man nicht die erwünschte Schussfrequenz, zumal dafür jeweils 32 Mann erforderlich waren. Wie bei den früheren Schlachtkreuzern gab es einen minimalen Panzerschutz mit 15 cm am Gürtel und 18 cm an den Türmen und Barbetten. Aufgrund der katastrophalen Erfahrungen von Skagerrak wurden im letzten Moment die Panzerung um weitere 500 t rund um die Magazine verstärkt.

Während die *Renown* und *Repulse* fertiggestellt wurden, erfolgte die Kiellegung des ersten von vier noch größeren Schlachtkreuzern der Admiral-Klasse. Als Antwort auf die geplante deutsche Mackensen-Klasse sollten diese mit einer Länge von 243 m und einer Verdrängung von 36 000 t die größten je gebauten Großkampfschiffe werden. Geplant waren acht 381-mm-Geschütze in vier Zwillingstürmen und eine Geschwindigkeit von 33 kn. Die Sekundärbewaffnung sollte aus 16 neuartigen 140-mm-Kanonen bestehen, die schneller feuerten als die üblichen 152-mm-Geschütze. Die genauere Analyse der Erfahrungen von Skagerrak führte indes zu dem Beschluss, die Panzerstärke generell um 50 % zu erhöhen, wodurch die Verdrängung um rund 5000 t auf 41 200 t anstieg und die Höchstgeschwindigkeit auf 31 kn fiel. Auf Kiel gelegt wurde allerdings nur das Führungsschiff, die erst 1920 fertiggestellte HMS *Hood*. In der Zwischenkriegszeit war sie das größte Kriegsschiff überhaupt und der ganze Stolz der Royal Navy.

Während die HMS *Hood* nach den damaligen Vorstellungen entsprechend adäquat gepanzert war, ging ihr eine Klasse von Schlachtkreuzern voraus, die für ein großes Kriegsschiff nur sehr dürftig geschützt waren: die drei Schiffe der Courageous-Klasse, die entsprechend als große Leichte Kreuzer eingestuft wurden. Ausgedacht hatte sie Admiral Fisher; ermuntert durch Winston Churchill, arbeitete er an einem Plan, über die Ostsee in Norddeutschland einzufallen. Hierzu benötigte man Kriegsschiffe mit geringem Tiefgang, die 1915 geordert wurden. Auf der Liste standen drei große Kreuzer mit vier 381-mm-Geschützen in Zwillingstürmen vorn und achtern sowie 18 102-mm-QF in Drillingslafetten. Bei einem Tiefgang von nur 6,70 m war die Verdrängung auf rund 19 000 t begrenzt, was einen nennenswerten Panzerschutz ausschloss. Wenngleich Türme und Barbetten durch einen 17,5 cm starken Panzer geschützt waren, betrug die Gürtelpanzerung nur 7,5 cm und die Panzerdecke meist nur rund 2,5 cm. Zwei Schiffe, die *Courageous* und *Glorious*, wurden wie entworfen gebaut und im Januar 1917 in Dienst gestellt. Eine interessantere Karriere wartete auf das dritte Schiff, die HMS *Furious*. An Stelle der 381-mm-Zwillingstürme plante man zwei einzelne 457-mm-Geschütze – die schwerste jemals auf einem britischen Kriegsschiff montierte Artillerie, wenngleich nur der Turm achtern tatsächlich aufgestellt wurde. Auf dem Vorschiff errichtete man an der Stelle des vorderen Turms ein Startdeck über einem Hangar. Nach Indienststellung Mitte 1917 fanden Flugversuche statt, bei denen Squadron Commander Edwin Dunning als erster Pilot auf einem fahrenden Schiff landen konn-

Noch vor Kriegsende erhielt die HMS Furious *ein hinteres Flugdeck mit Hangar anstelle des 457-mm-Geschützes.*

te. Doch seine Technik, die Aufbauten im ganz engen Bogen zu umfliegen, war überaus gefährlich, sodass er bei seinem zweiten Versuch ums Leben kam. Im März 1918 entfernte man daher auch achtern den Turm und ersetzte ihn durch ein Landedeck. Da auch dies unbefriedigend blieb, wurde das Schiff schließlich ab 1922 zum echten Flugzeugträger umgebaut. Dies geschah nach dem Krieg auch mit der *Courageous* und *Glorious*, die aufgrund besserer Planung mehr Flugzeuge unterbringen konnten.

Selbstversenkung des Schlachtschiffs Bayern *(Scapa Flow, 21. Juni 1919)*

Nach Skagerrak gab es zwischen den Flotten keine weiteren größeren Kampfhandlungen, abgesehen von gelegentlichen Ausfällen durch Teile der Hochseeflotte. Am 17. November 1917 etwa beauftragte Scheer einige seiner Schlachtschiffe mit der Ferndeckung von Minensuchoperationen, die durch ein Geschwader aus Kleinen Kreuzern unterstützt wurden. Die Briten hatten davon erfahren und entsandten einen Verband von Schlachtkreuzern, darunter auch die neuen Schiffe *Renown* und *Repulse* sowie die *Courageous* und *Glorious*, unterstützt durch Admiral Maddens 1st BS mit acht Dreadnoughts. Der deutsche Verband löste sich auf, nachdem die britischen Schlachtkreuzer gesichtet worden waren; deren Jagd wurde jedoch abgeblasen, als man sich deutschen Minenfeldern näherte. Admiral Phillimore auf der *Repulse* ignorierte die Order und blieb auf östlichem Kurs. Als er die deutschen Dreadnoughts sichtete, eröffnete er das Feuer. Durch eine

Kehrtwende hoffte er, den Feind zu Maddens wartenden Schlachtschiffen zu führen, doch die deutschen Schiffe wollten den Schutz durch ihre eigenen Minenfelder nicht aufgeben, obwohl Verstärkung – darunter der neue Schlachtkreuzer *Hindenburg* – nicht weit war. Des weiteren unternahm Scheer im April 1918 mit der Hochseeflotte einen Vorstoß entlang der norwegischen Küste, musste jedoch zurückkehren, nachdem der Schlachtkreuzer *Moltke* eine schwere Havarie erlitten hatte. Als die britische Admiralität davon erfuhr, war es bereits zu spät. Als Scheer Ende Oktober 1918 zu einer letzten verzweifelten Schlacht aufrief, stieß er vielfach auf taube Ohren – eine späte Einsicht in den wahren Ausgang von Skagerrak. Die nächste Sichtung der gesamten Deutschen Hochseeflotte ereignete sich am 21. November 1918, als diese gemäß Anweisung der Waffenstillstandskommission nach Scapa Flow unterwegs war, um dort unter dem wachsamen Auge der Royal Navy interniert zu werden. Unmittelbar vor Unterzeichnung des Versailler Vertrags, der die Übergabe der deutschen Schiffe vorsah, sollte die gesamte Flotte von 74 Schiffen am 21. Juni 1919 auf Weisung von Konteradmiral Ludwig von Reuter von den eigenen Besatzungen versenkt werden. Da man frühzeitig Vorkehrungen getroffen hatte, ist diese Aktion auch fast vollständig geglückt. Durch Eingreifen der Briten entgingen lediglich ein Schlachtschiff *(Baden)*, drei Kleine Kreuzer, ein Minenkreuzer und 14 Torpedoboote der Selbstversenkung.

Damit schloss sich der Kreis. Auf die Stärke ihrer Schlachtflotte bauend, hatte die Royal Navy die deutsche Herausforderung gemeistert und sich auf den Weltmeeren behauptet. Doch bereits in wenigen Jahren sollte sich das Blatt wenden und die Vorrangstellung des Schlachtschiffs wie auch der Royal Navy ernsthaft in Frage gestellt werden.

Unrühmliches Ende des nach Selbstversenkung in Scapa Flow auf Grund liegenden Schlachtkreuzers Hindenburg

Admiräle des Ersten Weltkriegs

Admiral J. Fisher in seinen Privaträumen auf der HMS Renown

Admiral of the Fleet John „Jackie" Fisher RN (1841–1920)
John Fisher schuf als bedeutender Reformator jene Navy, die Deutschland im Ersten Weltkrieg entgegentrat. Fisher gilt vielen als die nach Nelson zweitwichtigste Gestalt in der Geschichte der Royal Navy.

Bereits früh auf Artillerie und Torpedos spezialisiert, war Fisher von 1886 bis 1890 Director of Naval Ordnance. Als Third Sea Lord (1892–1897) führte er die Zerstörer ein. Nach seiner Zeit als Kommandeur der Mittelmeerflotte (1899–1902) reformierte er als Second Sea Lord die Auswahl und Ausbildung der Offiziere grundlegend. Als First Sea Lord ließ er ab 1904 mehr als 150 veraltete Schiffe ausmustern und beeinflusste die Schaffung der Dreadnought-Klasse und der neuen Schlachtkreuzer maßgeblich. Fisher schuf die Home Fleet, veranlasste die Umstellung von Kohle- auf Ölfeuerung und förderte die Einführung von U-Booten. Nach seiner Pensionierung 1910 wurde er 1914 mit 73 Jahren als First Sea Lord zurückberufen, trat jedoch 1915 aus Protest gegen den Dardanellenfeldzug zurück.

Admiral of the Fleet John Jellicoe RN (1859–1935)
John Jellicoe wurde zu Beginn des Ersten Weltkriegs zum Befehlshaber der Grand Fleet und 1916 zum First Sea Lord ernannt. Beliebt und auf das Wohlergehen seiner Männer bedacht, war Jellicoe ein passionierter, sehr versierter Offizier (Director of Naval Ordnance 1905–1907), der eng mit Fisher zusammenarbeitete und 1893 den Untergang der *Victoria* überlebte.

Als Befehlshaber der Grand Fleet in der Skagerrakschlacht (Mai 1916) wurde er zunächst dafür kritisiert, dass ihm der entscheidende Sieg nicht gelungen war, doch spätere Analysen bestätigten, dass er insgesamt richtig und in Übereinstimmung mit seiner strategischen Aufgabe gehandelt hatte, die deutsche Flotte im Zaum zu halten.

Im November 1916 zum First Sea Lord ernannt, wurde er Ende 1917 wegen Erschöpfung und seines angeblichen Pessimismusses bezüglich der britischen Aussichten, den langen Krieg zu gewinnen, abgelöst.

Unten: *Ein seltener Anblick: die Admiräle Jellicoe* **(rechts)** *und Beatty* **(links)** *zusammen auf einem Foto; beide trugen die Gesamtverantwortung für das Vorgehen gegen die Deutsche Hochseeflotte.*

Admiral Beatty an Bord der HMS Queen Elizabeth

Admiral of the Fleet David Beatty RN (1871–1936)
David Beatty wurde 1910 im Alter von 38 Jahren zum jüngsten Admiral der Royal Navy seit Horatio Nelson. Als Kommandeur der Schlachtkreuzer in der Skagerrakschlacht tat er den berühmten Ausspruch „Irgendwas stimmt heute nicht mit unseren verdammten Schiffen!“, als zwei seiner Schiffe explodierten und innerhalb von 20 Minuten untergingen.

Zuvor hatten Beattys Schlachtkreuzer bei Helgoland (1914) und auf der Doggerbank (1915) kleinere Siege errungen. Beattys Forschheit und Aggressivität standen im Gegensatz zu Jellicoes eher nüchterner Einstellung, über den Krieg hinaus zum Streit über Jellicoes Vorgehen führte. Als Beatty Kommandeur der Grand Fleet setzte er jedoch ab November 1916 Jellicoes umsichtige Strategie fort.

Beatty nahm 1918 die Kapitulation der Deutschen Hochseeflotte entgegen, die er so inszenierte, dass sie für die Deutschen demütigend ausfiel. Nach dem Krieg amtierte er als First Sea Lord (1919–1927).

Admiral of the Fleet
Frederick Doveton Sturdee RN (1859–1925)
Frederick Sturdee bleibt als Sieger der Falklandschlacht vom Dezember 1914 in Erinnerung, doch er kommandierte auch das 4th BS in der Skagerrakschlacht.

Ende 1914 geriet Sturdee als Vizeadmiral und Stabschef der Admiralität in Konflikt mit seinem Vorgesetzten, John Fisher. Nach der britischen Niederlage bei Coronel nutzte Fisher die Gelegenheit, Sturdee loszuwerden und entsandte ihn in den Südatlantik.

Sturdees Schlachtkreuzer und Kreuzer waren schwerer, schneller und zahlreicher als die seines Gegners Maximilian von Spee. Vier der fünf deutschen Kreuzer wurden versenkt – ohne Verluste auf britischer Seite.

Rechts: *Admiral Reinhard Scheer*

Dieser strahlende Sieg steigerte Sturdees Ansehen enorm. Später kritisierte Sturdee Jellicoes Vorgehen in Skagerrak, und Beatty wurde anstelle des eigentlich erwarteten Sturdee neuer Kommandeur der Grand Fleet. Erst nach dem Krieg (1921) wurde Sturdee zum Admiral of the Fleet befördert.

Großadmiral Alfred von Tirpitz (1849–1930)
Alfred von Tirpitz gilt als Begründer der Deutschen Hochseeflotte. Als Staatsmann und Admiral betrachtete er eine starke Flotte als unabdingbar für eine Großmacht.

Als Konteradmiral wurde von Tirpitz 1897 zum Staatssekretär des Reichsmarineamts ernannt. Seine Ansichten über den Bau einer Schlachtflotte, die groß genug war, um die Briten herauszufordern, waren damals bereits weithin bekannt. In enger Zusammenarbeit mit Wilhelm II. nutzte er sein politisches Talent für die Schaffung einer effizienten Hochseeflotte, die dennoch um rund 40 % kleiner war als die britische Grand Fleet. Da er begriff, dass die britische Überwasserflotte stets überlegen bleiben würde, unterstützte er trotz der Risiken den grenzenlosen U-Boot-Krieg. Wegen der für U-Boote fortbestehenden Einschränkungen trat er 1916 in den Ruhestand.

Admiral Reinhard Scheer (1863–1928)
Reinhard Scheer kommandierte die Hochseeflotte in der Skagerrakschlacht und wurde im August 1918 zum Stabschef der Seekriegsleitung befördert.

Bevor er im Januar 1916 Chef der Hochseeflotte wurde, hatte er dort bereits als Stabschef des Flottenkommandos und Geschwaderkommandeur gedient. Seine Leistung in der Skagerrakschlacht wird im Allgemeinen als gut bewertet.

Auch Scheer setzte sich stark für den unbeschränkten U-Boot-Krieg ein und war einer seiner Chefstrategen. Zusammen mit Fanz von Hipper plante Scheer einen letzten, vermutlich selbstmörderischen Angriff auf die britische Flotte im Oktober 1918, der indes durch den Kieler Matrosenaufstand vereitelt wurde. Scheer trat im Dezember 1918 in den Ruhestand.

Admiral Franz von Hipper (1863–1932)
Ab 1913 Befehlshaber der Aufklärungsstreitkräfte der Hochseeflotte, führte von Hipper die deutschen Schlachtkreuzer in die Skagerrakschlacht. Unter den vier wichtigsten beteiligten Admirälen (Jellicoe, Beatty, Scheer und von Hipper) gilt er gemeinhin als der erfolgreichste.

Bereits zuvor hatte von Hipper mit seinen Schlachtkreuzern Vorstöße gegen die britische Küste unternommen (Scarborough 1914, Doggerbank 1915). Wegen der zivilen Opfer bezeichnete ihn die britische Presse als „Baby-Killer". Im Skagerrak konnte von Hipper drei britische Schlachtkreuzer versenken (*Indefatigable, Queen Mary* und *Inflexible*). Sein mutiger Vorstoß gegen die Grand Fleet erlaubte den Deutschen den Rückzug. Im August 1918 löste von Hipper Reinhard Scheer als Chef der Hochseeflotte ab, die er nur wenige Monate später auf ihre letzte Reise in die Internierung bei Scapa Flow führen musste.

Im Innern eines Geschützturms

Umladeraum unterhalb des vorderen 305-mm-Turms der Vor-Dreadnought USS New Hampshire *(BB25). Hier wurden die aus den Magazinen kommenden Granaten und Treibladungen über stichflammensichere Luken in die oberen Munitionsaufzüge umgeladen.*

Ein Schlachtschiff muss bestimmungsgemäß mit schweren Geschützen ausgerüstet sein. Diese wurden in stark gepanzerten Türmen untergebracht, deren Grundzüge mit der Einführung der Dreadnought-Klasse etabliert wurden.

Das Turmgehäuse beherbergt die Geschütze, die dort geladen, ausgerichtet, abgefeuert und gesäubert werden. Direkt darunter und sich mit diesem drehend befindet sich der Umladeraum (manchmal auch mehrere), der meist ganz oder teilweise unterhalb des Decks liegt. Hier wird die per Aufzug aus den Magazinen kommende Munition auf andere Aufzüge umgeladen, die Granaten und Treibladungen weiter hinauf zu den Geschützen befördern. Unterhalb des Turmgehäuses liegt auch der Platz des Richtschützen und darunter ein zentraler Schacht mit den ins Schiffsinnere hinabreichenden Munitionsaufzügen. Auch dieser Schacht dreht sich mit dem Turmgehäuse. Dieses sitzt auf dem Turmdrehkranz, der den Turmsockel (Barbette) oben umfasst. Das Turmgehäuse ist stark gepanzert – wie auch die Barbette bis hinab zum Hauptpanzerdeck, das sich meist deutlich unterhalb des Oberdecks befindet. Somit bietet die Barbette den notwendigen Panzerschutz für die Umladeräume, Aufzugschächte und das Turmdrehwerk.

Projektile und Treibladungen werden aus Sicherheitsgründen seit den frühesten Turmschiffen stets separat gelagert. Aus dem gleichen Grund sind alle zwischen Magazinen und Geschütz befindlichen Luken so konstruiert, dass eine Stichflamme bei einer zufälligen

Eine 406-mm-Granate wird in den Verschluss geschoben.

Explosion oder einem Artillerietreffer niemals einen Weg vom Turm hinab in die Magazine finden kann. Die Beförderung derart großer und schwerer Munition, wie sie auf Schlachtschiffen zum Einsatz kam, benötigte zahlreiche mechanische Hilfsmittel, doch auf jeder Ebene auch helfende Hände. Die Turmbesatzung einer britischen Dreadnought umfasste rund 35 Mann, die der letzten Schlachtschiffe der US Navy (Iowa-Klasse) sogar 47 Mann. Die Arbeit war hart, wie die Navy Times 1999 über das Leben an Bord der Iowa berichtete:

„Ein Kumpel und selbst ein Stahlkocher am offenen Hochofen arbeitete unter besseren Bedingungen als eine Geschützmannschaft. (...) Dort war es heiß, schmutzig, gefährlich und eng. Auf den ölbeschmierten Turmdecks rutschte man leicht aus. Und wehe, wenn eine Granate umfiel! Ein falscher Schritt, und man landete womöglich in dem Schacht, wo man durch bewegliche Teile zerquetscht werden konnte. (...) Reibung und statische Aufladung gaben ständig Grund zur Sorge. Für eine Explosion reichte ein einzelner Funke."

Die Bedienungsbeschreibung der 356-mm-Geschütze an Bord der USS *Texas* von 1912, die in beiden Weltkriegen eingesetzt wurde, las sich ungefähr so: Tief im Schiffsinnern (unterhalb der Barbette sowie vor und hinter dem Hauptschacht) befanden sich separate Magazine für die Projektile und Treibladungen. Die 544–680 kg schweren 356-mm-Projektile wurden auf dem Kopf stehend gelagert und mit am oberen Ende befestigten Ringen in eine Überkopfschiene eingehakt. Nun wurden sie per Hand von den Magazinen in den unteren Umladeraum geschoben, in dessen Mitte sich der Zentralschacht mit den Aufzügen befand. Die Projektile wurden anschließend auf den elektrischen Kettenzug umgeladen, der sie zum oberen Umladeraum beförderte. Hier konnten bis zu 30 Granaten gelagert werden, um wiederum per Überkopfschiene zum oberen Projektilaufzug zu gelangen. Oben angekommen, wurden die Projektile von den Ladeschützen durch eine Öffnung hinten im Aufzug in den Übergabekorb gekippt, von wo aus sie in den Ladekorb geschoben wurden, der mit dem Verschluss eine Linie bildete. Elektrische Ansetzer schoben die Projektile in den Verschluss.

Unterdessen wurden 47 kg schwere Kartuschbeutel über eine stichflammensichere Drehluke manuell vom Pulvermagazin zum unteren Umladeraum befördert. Von hier aus gelangten sie mit einem eigenen Aufzug zur Pulverplattform, wo sie mit handbetriebenen Aufzügen in einen der beiden Pulverumladeräume (je einer unterhalb des Verschlusses) befördert wurden. Durch stichflammensichere Luken gelangten sie schließlich zu den Ladeschützen, die sie auf den Ladekorb hoben, der von Hand mit einer 3 m langen Holzstange hinter dem Projektil in den Verschluss gerammt wurde.

Der Geschützführer (ein Mann pro Geschütz) verriegelte nun den Verschluss und steckte eine Zündpatrone in das Verschlussstück. Das Geschütz wurde von den Richtschützen ausgerichtet – meist anhand

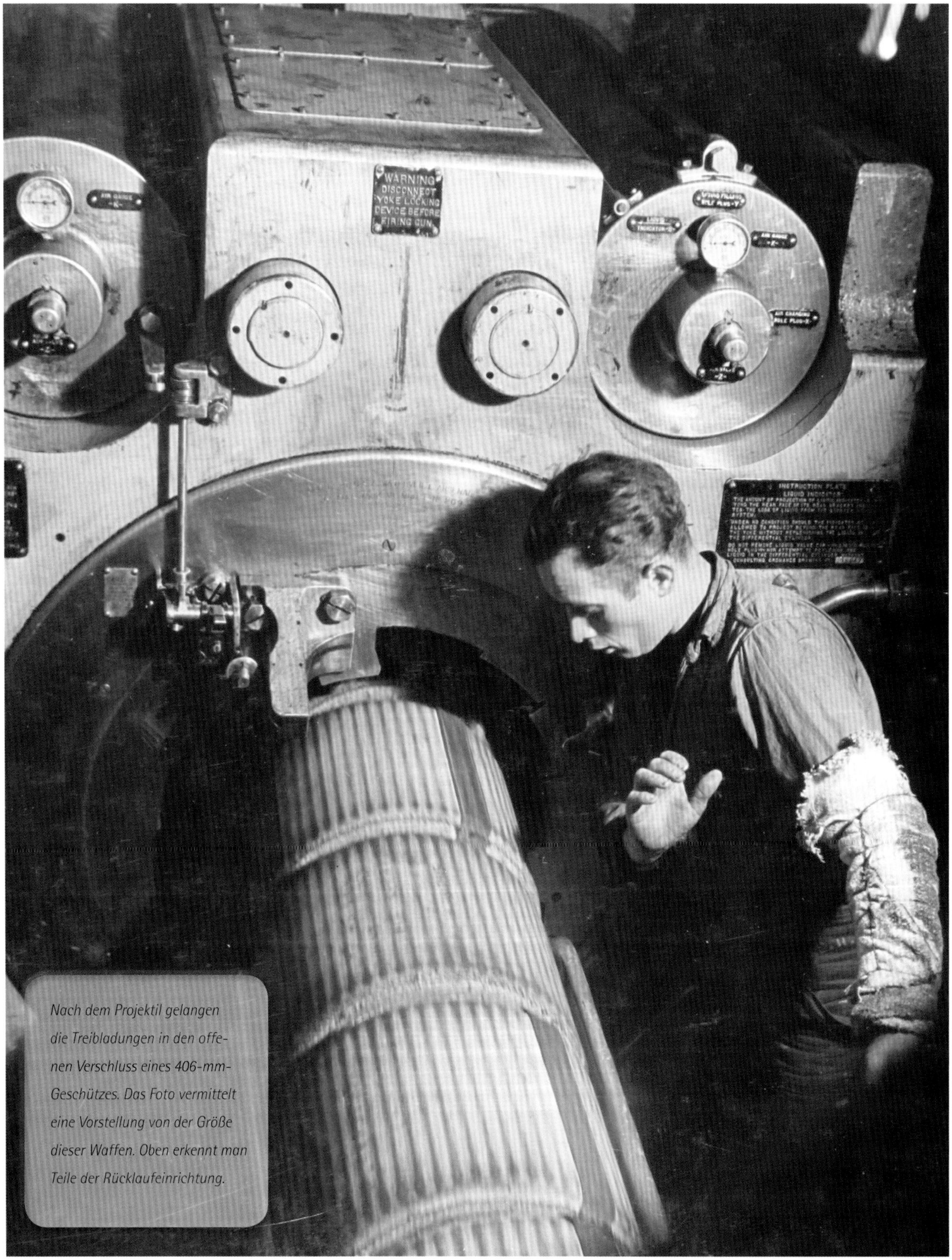

Nach dem Projektil gelangen die Treibladungen in den offenen Verschluss eines 406-mm-Geschützes. Das Foto vermittelt eine Vorstellung von der Größe dieser Waffen. Oben erkennt man Teile der Rücklaufeinrichtung.

der von der Feuerleitstelle oben auf dem Mast empfangenen Daten. Das Richten konnte mithilfe von Sichtgeräten, aber auch direkt erfolgen. Nun brachte sich die Turmmannschaft in Sicherheit und meldete ihre Feuerbereitschaft per Leuchtanzeige. Eine Warnglocke ertönte, und die Geschütze wurden von einer zentralen Leitstelle aus elektrisch abgefeuert. Der Rückstoß der gewaltigen Geschütze betrug mehr als 1 m.

Der Gesamtablauf wurde durch Offiziere in Kabinen hinten im Turmgehäuse kontrolliert. Nach dem Feuern wurde der Richtschütze angewiesen, das Rohr in Nullstellung zu bringen, damit der Verschluss eine Linie mit den Ladekörben bildete. Nun entriegelte der Geschützführer den Verschluss und blies die Kammern mit Druckluft aus, um etwaige glimmende Pulverreste durch die Mündung auszutreiben. Dann konnte ein weiterer Ladezyklus erfolgen. Die Feuerrate war von zahlreichen Faktoren wie Ermüdung, Seegang und Ausbildungsniveau abhängig, lag jedoch durchschnittlich bei einem Schuss alle 90 Sekunden. Bei Stromausfall behalf man sich mit Kettenzügen, was die Feuergeschwindigkeit jedoch verringerte. Die Türme der *Texas* waren sehr arbeitsintensiv: 45 Mann arbeiteten in den Magazinen und dem unteren Umladeraum, weitere 25 Mann bildeten die Turmcrew, was 70 Mann pro Turm ergab. Bei fünf Türmen waren einschließlich Feuerleitung mehr als 400 Mann mit den Geschützen beschäftigt – fast ein Drittel der Gesamtbesatzung.

Überwachung des Geschützturms in einem dahinterliegenden Kontrollraum. Der Mann im Hintergrund visiert das Ziel durch ein Periskop an. Die Geschütze konnten bei Ausfall des zentralen Feuerleitsystems von dieser Position aus auch direkt abgefeuert werden.

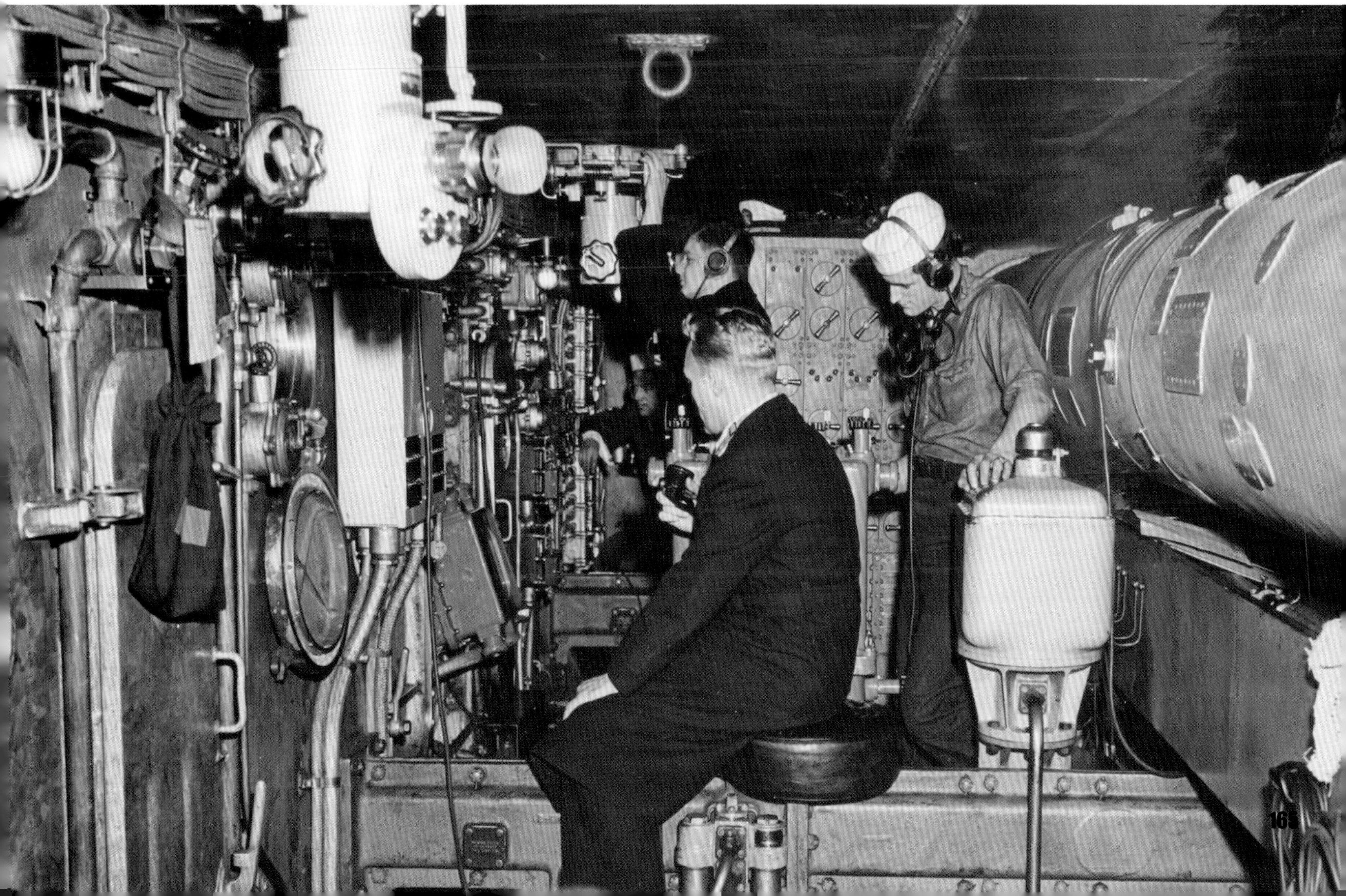

ZWISCHEN DEN KRIEGEN:
DIE VERTRAGS-SCHLACHTSCHIFFE

Die USS California *wurde im Oktober 1921 fertiggestellt, noch bevor der Washingtoner Flottenvertrag den Bau von Schlachtschiffen einschränkte.*

Zwischen den Kriegen: Die Vertragsschlachtschiffe

Die Vertragsschlachtschiffe

Obwohl die Waffen seit November 1918 schwiegen, legten die siegreichen Nationen ihre Pläne für den Bau weiterer Schlachtschiffe nicht sogleich auf Eis. Vor allem die Vereinigten Staaten preschten mit dem Bau von vier Schiffen der neuen Maryland-Klasse voraus, die bereits im Dezember 1916 bestellt worden waren, wenngleich man Ende 1918 allein das Typschiff auf Kiel gelegt hatte. Die Kiellegung der *Colorado* und *Washington* fand 1919 statt, und 1920 folgte die *West Virginia*. Die über 32 000 t verdrängenden Schiffe waren schwer gepanzert und basierten auf der Tennessee-Klasse (die selbst erst 1921 fertig wurde), besaßen jedoch acht 406-mm-Geschütze als Hauptbewaffnung. Zusammen mit der Maryland-Klasse wurden sechs Schlachtschiffe der noch größeren South-Dakota-Klasse und sechs Schlachtkreuzer der Lexington-Klasse bewilligt. Die Schlachtschiffe waren wahre Ungeheuer – mit einer Standardverdrängung von über 42 000 t

Bei der US Navy befanden sich 1920 vier mit 406-mm-Geschützen bewaffnete Schlachtschiffe der Maryland-Klasse im Bau.

Für die Schlachtschiffe der South-Dakota-Klasse waren zunächst nicht weniger als zwölf 406-mm-Geschütze vorgesehen.

und zwölf 406-mm-Geschützen in vier Drillingstürmen. Es gab sogar experimentelle Entwürfe für Schiffe mit bis zu 80 000 t und 35 kn, bewaffnet mit nicht weniger als 15 457-mm-Geschützen. Doch es überwogen praktische Überlegungen wie die Größenbeschränkung für den Panamakanal. So kam die South-Dakota-Klasse letztlich nur auf 23 kn, immer noch 2 kn schneller als die bisherigen US-Schiffe. Fünf der sechs Schiffe *(South Dakota, Indiana, Montana, North Carolina, Iowa)* wurden 1920 auf Kiel gelegt, nur die *Massachusetts* folgte im April 1921.

Auch die Schlachtkreuzer durchliefen mehrere Entwurfsphasen, und ihr Bau wurde verschoben, um die Lektionen von Skagerrak umzusetzen. Dies führte unweigerlich zu einem erheblich verstärkten Panzerschutz, der dazu beitrug, dass die Verdrängung von rund 35 000 t auf 43 500 t stieg. Aus den ursprünglich vorgesehenen zehn 356-mm-Geschützen wurden acht 406-mm-Geschütze in vier Zwillingstürmen. Der Erstentwurf zeichnete sich durch die Besonderheit von nicht weniger als sieben Schornsteinen für insgesamt 24 Kessel und vier Turbinen aus – mit 40 000-kW-Generatoren und zwei 16 500-kW-Elektromotoren auf jeder Welle. Die Schornsteine waren 1–2–1–2–1 angeordnet, sodass von der Seite nur fünf von ihnen sichtbar waren. Letztlich entschied man sich aber doch für die konventionelle Lösung mit zwei Schornsteinen. Vier Schiffe *(Constellation, Saratoga, Constitution, United States)* wurden 1920 auf Kiel gelegt, 1921 folgten die *Lexington* und *Ranger*.

Hauptanlass für diese Aktivitäten der Vereinigten Staaten war das Schiffbauprogramm in Japan. Dort hatte man 1916 das „8 zu 8 Programm" für den Bau von jeweils acht Schlachtschiffen und Schlachtkreuzern verabschiedet. Die beiden ersten Schlachtschiffe *(Nagato* und *Mutsu)* befanden sich im November 1918 bereits im Bau. Der ähnlich dimensionierten Maryland-Klasse vorausgehend, sollten sie als erste auf Kiel liegende Schlachtschiffe 406-mm-Geschütze erhalten. Zwei weitere Schiffe *(Tosa, Kaga)* wurden 1920 auf Kiel gelegt;

ihre geplante Verdrängung lag bei knapp 40 000 t, und der verlängerte Schiffskörper trug achtern ein weiteres 406-mm-Zwillingsgeschütz. Man rechnete mit einer Geschwindigkeit von 26,5 kn – etwas mehr als die Nagato-Klasse–, was in jedem Fall schnell war und nur von der britischen Queen-Elizabeth-Klasse erreicht wurde, die indes nur mit 381-mm-Geschützen bewaffnet war.

Obwohl die 406-mm-Granate mit 1020 kg nicht viel schwerer war als die 381-mm-Granate (880 kg), besaß das japanische Geschütz eine Reichweite von 38,4 km – gut 9100 m mehr als die britischer Geschütze – und bot somit deutliche taktische Vorteile. Ebenfalls 1920 wurden die ersten beiden Schlachtkreuzer *(Akagi, Amagi)* auf Kiel gelegt; zwei weitere *(Atago, Takao)* folgten 1921 und zugleich durften weitere vier bestellt werden. Auch sie sollten mit zehn 406-mm-Geschützen ausgerüstet werden und erreichten 30 kn – bei einer Verdrängung von 41 200 t.

Den Abschluss des Programms bildete die für 1922 geplante Kiellegung von vier weiteren japanischen Schlachtschiffen, die einstweilen als Nummer 13 bis 16 bezeichnet wurden. Mit 47 400 t und acht enormen 457-mm-Geschützen wären dies die größten und schlagkräftigsten Schlachtschiffe jener Zeit gewesen, womit der Wettlauf um die schwersten Geschütze in eine neue Phase eingetreten wäre.

Japan hatte 1918 bereits mit dem Bau von zwei Schlachtschiffen der Nagato-Klasse begonnen und plante nicht weniger als 14 weitere Großkampfschiffe.

Angesichts der Konkurrenz aus Amerika und Japan musste die Royal Navy ebenfalls aktiv werden, um ihre maritime Vormachtstellung nicht zu verlieren. Ende 1918 befand sich nur noch ein großes Kriegsschiff im Bau, der 1916 auf Kiel gelegte Schlachtkreuzer *Hood* (41 000 t). Die Aufträge für den Bau von drei Schwesterschiffen hatte man 1917 annulliert, als klar wurde, dass der Bau deutscher Schlachtkreuzer praktisch zum Erliegen gekommen war. Wenngleich die Royal Navy mit der *Renown* und *Repulse* zwei weitere moderne Schlachtkreuzer sowie fünf schnelle Schlachtschiffe der Queen-Elizabeth-Klasse besaß, konnte es doch keines von ihnen mit den neuen amerikanischen und japanischen Schiffen aufnehmen; deshalb wurde Ende 1921 mit dem Bau von vier neuen Schlachtkreuzern begonnen. Vorgesehene Namen waren *Invincible* und *Inflexible* (zum Gedenken an die Verluste von Skagerrak) sowie *Indomitable* und *Indefatigable*. Hierbei handelte es sich um einen kompletten Neuentwurf (Kodename G3), in den zahlreiche Erkenntnisse aus Skagerrak einflossen. Die Hauptbewaffnung aus neun 406-mm-Geschützen befand sich in drei Drillingstürmen (zwei vorn und einer mittschiffs gleich hinter dem Brückenturm). Auf diese Weise konnte die zentrale Zitadelle mit den Geschützen und Magazinen mit dem größtmöglichen Panzerschutz versehen werden. Dahinter lagen, ebenfalls gut geschützt, die von zwei eng beieinanderstehenden Schornsteinen überragten Maschinenräume. In der Tat war der Panzerschutz bei diesen „Schlachtkreuzern" mindestens ebenso gut wie bei den damaligen Schlachtschiffen; mit Blick auf die zunehmende Gefahr aus der Luft schützte ein 20 cm dickes Panzerdeck die Magazine und Maschinenräume. Die Sekundärbewaffnung bestand aus 16 152-mm-Geschützen in acht Zwillingstürmen, vier rund um den Brückenturm und vier achtern. Der letzte G3-Entwurf

Der im März 1920 in Dienst gestellte Schlachtkreuzer HMS Hood *war das einzige von vier ähnlichen Schiffen, das tatsächlich fertiggestellt wurde.*

Die HMS Renown *war ebenso wie ihr Schwesterschiff HMS* Repulse *mit sechs 381-mm-Geschützen bewaffnet; beide liefen 1916 vom Stapel.*

rechnete mit einer Verdrängung von über 48 000 t, 160 000 WPS der Getriebeturbinen und bis zu 32 kn. Ebenfalls geplant waren vier Schlachtschiffe (N3 oder St.-Andrew-Klasse), die auf den G3-Schlachtkreuzern basierten, doch mit kleineren Maschinen nur 23 kn erreichten. So konnte die Hauptbewaffnung auf neun 457-mm-Geschütze in Drillingslafetten gesteigert werden. Die Verdrängung blieb weitgehend unverändert, obwohl der Gürtelpanzer um 2,5 cm auf 38 cm verstärkt wurde. Mit dem Bau dieser gewaltigen Schiffe sollte 1922 begonnen werden, doch sie kamen nie über die Entwurfsphase hinaus.

So zeichnete sich 1921 ab, dass sich die maritimen Großmächte ein immenses, sehr kostspieliges Wettrüsten lieferten, das außer Kontrolle zu geraten drohte. Großbritannien blickte auf einen langen, in jeder Hinsicht verlustreichen Krieg zurück und zögerte mit der Finanzierung dieser großen Kriegsschiffe. Die schmerzliche, noch frische Erinnerung an das Kriegsleid förderte – ebenso unweigerlich wie verständlich – den Pazifismus. So auch in Nordamerika, doch die US Navy drängte nun auf Gleichzug mit der Royal Navy, zumal man sich industriell gut aufgestellt sah, die notwendigen Schiffe zu bauen. Zugleich tendierten die USA zu einem ausgeprägten Isolationismus, nachdem sie den Versailler Vertrag abgelehnt hatten und dem neu gegründeten Völkerbund nicht beigetreten waren. Dennoch schreckten auch sie vor den Kosten ihres geplanten Schiffbauprogramms zurück.

Als Harding 1920 die Nachfolge von Präsident Wilson antrat, war die neue Regierung darauf erpicht, Frieden und Abrüstung glaubwürdig zu vertreten. Harding schlug vor, auf einer Konferenz in Washington D.C. eine Einigung über Beschränkungen des Baus von Kriegsschiffen zu erzielen und sich allgemein mit dem Machtgleichgewicht im Pazifik und Fernen Osten zu befassen. Neben den Vereinigten Staaten sollten auch Großbritannien, Japan, Frankreich und Italien zu Wort kommen. Indes beharrte die US Navy darauf, ihr Schiffbauprogramm erst dann zurückzufahren, nachdem man mit der Royal Navy gleichgezogen hätte. Als Vorschlag für eine allgemeine Abrüstung taugte dies aber nur bedingt, deshalb war ein innovativerer Ansatz gefragt.

Eröffnet wurde die Konferenz durch US-Außenminister Charles Hughes mit einigen unerwarteten Vorschlägen, von denen die folgenden für die Zukunft der Großkampschiffe besonders relevant waren:
1) Sofortige Einstellung sämtlicher geplanter oder verabschiedeter Bauprogramme für Großkampfschiffe;
2) Reduzierung vorhandener Großkampschiffstärken durch Abwracken zahlreicher älterer Schiffe;
3) Nach Umsetzung obiger Vorschläge Aufrechterhaltung des hergestellten Kräfteverhältnisses;
4) Bemessung der maritimen Stärke nach der Gesamttonnage der Großkampfschiffe (nicht an deren Zahl), mit proportionaler Tonnage anderer Kriegsschifftypen (wie Kreuzer oder Zerstörer).

Derart weitreichende Vorschläge waren in der Tat eine Überraschung. Nach einigem Zögern wurden sie von den Delegierten prinzipiell begrüßt, obwohl über die Details und praktische Umsetzung viel diskutiert und verhandelt wurde. Im Einzelnen wurde vorgeschlagen, die Standardverdrängung von Großkampfschiffen auf 35 000 t zu begrenzen, wenigstens in den kommenden zehn Jahren keine neuen Großkampfschiffe zu bauen und nur solche Schiffe zu ersetzen, die mindestens 20 Jahre alt waren. Die US Navy bot an, 15 in Planung oder Bau befindliche Schiffe sowie 15 ältere Vor-Dreadnoughts abzuwracken. Großbritannien und Japan sollten ähnlich verfahren. So würde Großbritannien über 22 Großkampfschiffe (Gesamttonnage 604 000 t), die Vereinigten Staaten über 18 (501 000 t) und Japan über zehn (300 000 t) verfügen. Im Zuge des Ausmusterns oder Ersetzens älterer Schiffe sollte Großbritannien ebenso wie die Vereinigten Staaten

Die 1908 vom Stapel gelaufene USS South Carolina *war eines von mehreren Schlachtschiffen, die aufgrund des Washingtoner Flottenvertrags abgewrackt wurden.*

Die Lorraine *(Bretagne-Klasse) war eine von nur sieben Dreadnoughts, die Frankreich vor dem Ende des Ersten Weltkriegs gebaut hatte.*

auf insgesamt 500 000 t kommen, was zwischen Großbritannien, den Vereinigten Staaten und Japan ein Kräfteverhältnis von 5:5:3 bedeuten würde. Frankreich und Italien landeten demnach bei einem Kräfte-Index von 1,75 – was die Franzosen heftig protestieren ließ, die sich nun zumindest auf den Meeren in die dritte Klasse verbannt sahen. In der Tat hatte Frankreich während des Ersten Weltkriegs aufgrund massiver Rüstungsproduktion für das kämpfende Heer nur wenige Dreadnought-Schlachtschiffe gebaut. Italien protestierte nicht – hier war man zufrieden, im Mittelmeer gleich stark zu sein wie Frankreich.

Nach langwierigen Verhandlungen wurden diese Vorschläge schließlich doch verabschiedet. Da Japan zwei Schiffe der Nagato-Klasse mit 406-mm-Geschützen und die Amerikaner drei von vier ähnlich bewaffneten Schiffen der Maryland-Klasse fertigstellen durften, war Großbritannien besorgt, keine vergleichbaren Schiffe zu besitzen. Daher bekam Großbritannien trotz des Baustopps die Erlaubnis, zwei neue, ebenfalls mit 406-mm-Geschützen bewaffnete Schlachtschiffe auf Kiel zu legen. Nicht unerwähnt bleiben soll: Man vereinbarte, nur solche Schiffe bei der Gesamttonnage zu berücksichtigen, die mehr als 10 000 t verdrängten oder Geschütze von mehr als 203 mm besaßen – mit der Folge, dass zahlreiche Schwere Kreuzer mit 203-mm-Geschützen gebaut wurden, doch das ist eine andere Geschichte.

Der im Februar 1922 unterzeichnete Washingtoner Flottenvertrag bedeutete das sofortige Aus für sämtliche Bauvorhaben, so auch für die britischen Projekte G3 und N3, die amerikanische South-Dakota- und Lexington-Klasse sowie die japanische Tosa-, Akagi- und Projekt-13-Klasse. Interessanterweise überlebten einige dieser Schiffe in anderer Gestalt, denn der Vertrag sah keine Beschränkungen hinsichtlich der Zahl und Größe der Flugzeugträger vor. Großbritannien konvertierte die drei Schlachtkeuzer *Furious, Courageous*

und *Glorious*, und die US Navy die *Lexington* und *Saratoga*. Japan plante den Umbau der *Amagi* und *Akagi*, doch Erstere wurde 1923 bei einem Erdbeben schwer beschädigt, weshalb man auf den Rumpf des Schlachtschiffs *Kaga* zurückgriff.

In der Rückschau brachten die Vereinbarungen nicht allen Vorteile. Zwar blieben allen Hauptakteuren die Kosten für ein umfassendes Schiffbauprogramm erspart, doch der größte Nutznießer war die US Navy, die nun auf einen Schlag die lang ersehnte Gleichstellung mit der Royal Navy erreicht hatte. Japan sah sich in seiner maritimen Expansion eingeschränkt und hatte dies genutzt, um Zugeständnisse bezüglich einiger beanspruchter Stützpunkte und Gebiete zu erwirken. Auf britischer Seite war man erleichtert über die wegfallenden Kosten, wenngleich man sich beeilte, die beiden erlaubten Schlachtschiffe mit 406-mm-Geschützen auf Kiel zu legen. Kompromisse waren unvermeidlich, denn hier galt es erstmals, das Limit von 35 000 t einzuhalten. Die Schlachtschiffe der neuen Nelson-Klasse waren im Grunde verkleinerte Ausführungen der G3-Schlachtkreuzer. Bestehen blieb die Hauptbewaffnung

Die HMS Nelson *lief am 2. September 1925 vom Stapel. Es war das erste nach den Vorgaben des Washingtoner Flottenvertrags gebaute Schlachtschiff.*

Die Nelson-Klasse besaß ein markantes Profil, da die neun 406-mm-Geschütze auf dem Vordeck konzentriert waren, um den notwendigen Panzerschutz zu reduzieren.

mit neun 406-mm-Geschützen in drei Drillingstürmen, die nun jedoch alle vor dem Brückenturm platziert wurden. So konnte der Bereich des maximalen Panzerschutzes verkleinert und das Gewichtslimit eingehalten werden. Die Panzerung betrug 28–35 cm an den Seiten, 38 cm an den Barbetten, 40 cm an den Turmfronten und 23 cm an den Turmdecken sowie 34 cm am Kommandoturm, mit einer 16,5 cm starken Panzerdecke über den Magazinen und Maschinenräumen. Da die gesamte Hauptbewaffnung vorn platziert war, rückte der große Brückenturm weit nach hinten, in dem sämtliche Einrichtungen für die Schiffsführung und den Waffeneinsatz konzentriert waren. Dieses Arrangement erwies sich als sehr praktisch und wurde in Abwandlungen bei späteren britischen Schlachtschiffen aufgegriffen. Um die Brückenpositionen möglichst rauchfrei zu halten, rückten die Schornsteine weit nach hinten. Hierzu mussten die Kessel nach hinten verlegt und die Turbinen mittschiffs installiert werden. Ebenfalls achtern befand sich die Sekundärbewaffnung aus zwölf 152-mm-Geschützen in sechs Zwillingstürmen. Die Schiffe der Nelson-Klasse waren die einzigen britischen Kriegsschiffe mit 622-mm-Unterwasser-Torpedorohren. Alle Schlachtschiffe des Ersten Weltkriegs konnten Torpedos abfeuern, doch die 533-mm-Standard-Torpedorohre wurden nur selten eingesetzt. Bis zum Beginn des Zweiten Weltkriegs waren die Schlachtschiffe der meisten Marinen nicht mehr mit Torpedos bewaffnet – auch in der Nelson-Klasse wurden sie bis 1939 ausgebaut.

Die *Nelson* und ihr Schwesterschiff *Rodney* wurden im Dezember 1922 auf Kiel gelegt und 1927 in Dienst gestellt. In puncto Hauptbewaffnung waren sie die schlagkräftigsten britischen Schlachtschiffe aller Zeiten, doch das Gewicht der 406-mm-Geschütze und der adäquate Panzerschutz forderten ihren Tribut: Die Schiffe erreichten lediglich 23 kn, weniger als die japanische Nagato-Klasse und sogar die ältere britische Queen-Elizabeth-Klasse.

Bedingt durch den zehnjährigen Baustopp konnten bis 1931 keine weiteren Schlachtschiffe auf Kiel gelegt werden. Im Rahmen des Londoner Vertrags

Trotz einer nominellen Verdrängung von nur 10 000 t war die Deutschland-Klasse mit sechs 280-mm-Geschützen in zwei Drillingstürmen gut bewaffnet.

von 1930 verständigten sich die Vereinigten Staaten, Großbritannien und Japan darauf, diese Frist bis 1937 zu verlängern. Für Frankreich und Italien galt diese Vereinbarung nicht – und erst recht nicht für Deutschland, das den Washingtoner Flottenvertrag nicht unterzeichnet hatte, doch an den Versailler Vertrag von 1919 gebunden war. Größe und Zusammensetzung der aktiven Restflotte waren demnach auf nur sechs Vor-Dreadnoughts, sechs Kleine Kreuzer, zwölf Zerstörer und zwölf Torpedoboote beschränkt. Dass keine U-Boote oder Flugzeuge gestattet waren, beweist, welche Gefahr man bereits damals in diesen Waffen erblickte. Deutschland durfte jedoch die älteren Vor-Dreadnoughts nach zehn Jahren ersetzen und legte daher 1929 das erste von drei neuartigen Panzerschiffen auf Kiel. Auf dem Papier wurde das geforderte 10 000-t-Limit und die Bewaffnung mit 280-mm-Geschützen eingehalten, was den älteren zu ersetzenden Schiffen entsprach. Als das Schiff unter dem Namen *Deutschland* 1933 in Dienst gestellt wurde, war sofort klar, dass hier eine geniale Konstruktion gelungen war, die sich zwar an die vertraglichen Vorgaben hielt, doch einen völlig neuen Typ von Kriegsschiff darstellte, der von der Presse sofort als „Westentaschen-Schlachtschiff" bezeichnet wurde. Abgesehen von sechs 280-mm-Geschützen in zwei Drillingstürmen besaß das Schiff eine starke Sekundärbewaffnung mit 150-mm- und 88-mm-Geschützen sowie 533-mm-Torpedorohre und transportierte zwei Bordflugzeuge. Der für ein Großkampfschiff leichte Panzerschutz sparte Gewicht, und die Dieselmotoren erlaubten eine Geschwindigkeit von 26 kn. Wichtiger noch war eine resultierende

Reichweite von 16 000 km, ein deutlicher Hinweis auf die vorgesehene Hauptaufgabe als Hilfskreuzer („Handelsstörer") auf den Weltmeeren. Solchen Schiffen hatte man damals fast nichts entgegenzusetzen, denn ihre Waffen waren jedem schnellen Kreuzer überlegen, und sie konnten praktisch jedes andere Großkampfschiff abhängen.

Bei den beiden anderen Schiffen handelte es sich um die *Admiral Scheer* und *Admiral Graf Spee* (Kiellegung 1931/32). Die von diesen einzigartigen Kriegsschiffen ausgehende Bedrohung veranlasste Frankreich, 1932 und 1934 zwei 26 000-t-Schiffe auf Kiel zu legen (*Dunkerque* und *Strasbourg*). Frankreich hatte den Londoner Vertrag nicht unterzeichnet und konnte diese Schiffe bauen, die ansonsten die einzelnen Vorgaben einhielten. Bei einer Standardverdrängung von 26 500 t waren diese Schiffe mit acht 330-mm-Geschützen in zwei Vierlingstürmen vorne bewaffnet, was insgesamt an die ältere britische Nelson-Klasse erinnerte, doch ausgewogener wirkte. Wenngleich oft als Schlachtkreuzer bezeichnet, machten diese Schiffe in puncto Panzerschutz kaum Abstriche und waren

Die Teilansicht der Admiral Graf Spee *vermittelt einen Blick auf die Sekundärbewaffnung mit einzelnen 150-mm- und doppelten 105-mm-Geschützen.*

Oben: *Bei der französischen Dunkerque-Klasse war die Hauptbewaffnung aus acht 330-mm-Geschützen in zwei vorn platzierten Vierlingstürmen konzentriert.*

mit gut 29 kn die ersten Vertreter eines neuen Typs schneller Schlachtschiffe. Zudem waren sie die ersten Schlachtschiffe mit 16 130-mm-Mehrzweckgeschützen für die Bekämpfung von Seezielen sowie Flugzeugen in großen Höhen.

Mit der *Richelieu* und *Jean Bart* legte Frankreich 1935 und 1936 zwei etwas größere, der Dunkerque-Klasse verwandte Schlachtschiffe auf Kiel, die jedoch das 35 000-t-Limit des Washingtoner Flottenvertrags voll ausschöpften und mit 380-mm-Geschützen ebenfalls in Vierlingstürmen vor der Brücke bewaffnet waren. Als Sekundärbewaffnung hatte man zunächst 15 152-mm-Mehrzweckgeschütze in fünf Drillingslafetten geplant, die bei einer Rohrerhöhung von 90 Grad als Flak eingesetzt werden sollten. Ladeprobleme führten dazu, dass die Elevation auf 75 Grad und die Flak auf 3x3 reduziert und diese durch zwölf 100-mm-Geschütze in sechs Zwillingslafetten ergänzt wurde. Wie bei der Dunkerque-Klasse befand sich achtern ein Katapult und Hangar für bis zu drei Flugboote vom Typ Loire 130. Geplant waren zwei weitere Schiffe, ein Drittes *(Clémenceau)* wurde im Januar 1939 auch tatsächlich auf Kiel gelegt; das Vierte *(Gascogne)* wurde gar nicht erst begonnen, denn dies hätte ein ausgewogeneres Neuarrangement der Hauptbewaffnung (zwei Vierlingstürme vorn und achtern) bedeutet. Tatsächlich waren bei Kriegsausbruch 1939 weder die *Richelieu* noch die *Jean Bart* in Dienst gestellt, vor denen gleichwohl eine bewegte Zukunft lag. Die *Clémenceau* wurde niemals fertiggestellt.

Die Platzierung der Hauptbewaffnung vor dem Brückenturm wurde auch bei den beiden Schlachtschiffen der Richelieu-Klasse aufgegriffen.

Der Bau der Richelieu-Klasse wurde durch Italiens Entscheidung beeinflusst, neue Schlachtschiffe auf Kiel zu legen. Wie Frankreich hatte auch Italien unter Mussolini die Bestimmungen des Londoner Vertrags von 1930 nicht akzeptiert. Die beiden 1934 auf Kiel gelegten und mit neun 380-mm-Geschützen bewaffneten Schlachtschiffe der Vittorio-Veneto-Klasse hielten das 35 000-t-Limit nominell zwar ein, doch die Einsatzverdrängung betrug über 40 000 t. Zwei weitere Schiffe *(Roma, Impero)* wurden 1938 auf Kiel gelegt, doch die *Impero* wurde nicht fertiggestellt. Die französischen wie die italienischen Schiffe waren für eine Geschwindigkeit von 30 kn ausgelegt, was inzwischen als Standard für Großkampfschiffe galt. Die Hauptbewaffnung der italienischen Schiffe bestand aus neun 380-mm-Geschützen in drei Drillingstürmen (zwei vorn und einer achtern). Wie die französischen Schiffe besaß auch die Vittorio-Veneto-Klasse eine gemischte Sekundärbewaffnung aus zwölf 152-mm- und zwölf 90-mm-Geschützen, Erstere in sechs Zwillingslafetten, Letztere jedoch – eher ungewöhnlich – in an den Breitseiten in gleichmäßigen Abständen platzierten Einzellafetten. Der Gürtelpanzer war bis zu 35 cm stark, Barbetten und Turmfronten waren ähnlich geschützt. Als Torpedoschutz kam unterhalb der Wasserlinie das neue, nach seinem Erfinder benannte Pugliese-System zum Einsatz: Zwischen den beiden Wandungen der unteren, gewölbten Rumpfpartie erstreckten sich zwei konzentrische Zylinder über die gesamte Länge der gepanzerten Zitadelle. Der äußere Zylinder war mit Heizöl gefüllt, während der Innere leer war und die Detonationsstöße aufnehmen sollte, damit diese nicht zu den Panzerlängsschotten gelangten. Während im September 1939 noch keines der Schiffe fertig war, wurden aber die *Littorio* und *Vittorio Veneto* kurz vor Italiens Kriegseintritt im Juni 1940 in Dienst gestellt, die *Roma* jedoch erst Mitte 1942.

Die Vittorio Veneto *und ihre Schwestern waren schnelle und mit neun 380-mm-Geschützen auch gut bewaffnete Schiffe.*

Die Scharnhorst **(oben)** *und ihr Schwesterschiff* Gneisenau *zählten zu den erfolgreichsten deutschen Großkampfschiffen.*

Derweil war Deutschland nicht untätig geblieben. Nach der erfolgreichen Einführung des Westentaschenschlachtschiffs wurden zwei weitere fertiggestellt, doch der Bau eines vierten wurde zugunsten zweier neuartiger Schlachtkreuzer aufgegeben: Die 1935 auf Kiel gelegten *Scharnhorst* und *Gneisenau* waren mit einer angegebenen Verdrängung von 26 000 t viel größer als die Deutschland-Klasse und mit neun 283-mm-Geschützen in drei Drillingstürmen bewaffnet. Neben einer starken Mittelartillerie und Flak gab es Platz für nicht weniger als vier Flugzeuge. Hinsichtlich Größe und Konzept bestand eine starke Ähnlichkeit mit der französischen Dunkerque-Klasse, wenngleich (wie bei vielen Kriegsschiffen der Achsenmächte) die reale Standardverdrängung weit größer war als angegeben und sich in diesem Fall auf rund 32 000 t belief. Die *Bismarck* und *Tirpitz* wurden bereits 1936 auf Kiel gelegt, jedoch erst im August 1940 bzw. Februar 1941 in Dienst gestellt. Mit ihren acht 380-mm-Geschützen und einer angegebenen Verdrängung von 35 000 t entsprachen sie offenbar dem Washingtoner Flottenvertrag und auch dem Deutsch-britischen Flottenabkommen von 1935. Wie man heute weiß, waren sie jedoch erheblich größer, und die Einsatzverdrängung betrug über 50 000 t. Die Sekundärbewaffnung bestand aus zwölf 150-mm-Geschützen in Zwillingstürmen und einer für die damalige Zeit schweren Flak mit 16 105-mm-Steilfeuergeschützen, unterstützt durch ein ausgeklügeltes Feuerleitsystem. Die imposanten Schiffe sollten den Alliierten im Zweiten Weltkrieg erhebliche

Probleme bereiten, doch ihr der Bayern-Klasse des Ersten Weltkriegs entlehntes Grundkonzept besaß einige Schwachpunkte – vor allem den, dass die Kabel für das Feuerleitsystem nicht unter dem Panzerdeck lagen. Auch war die gemischte Sekundärbewaffnung nicht so effizient wie die von den Alliierten favorisierte Mehrzweckbatterie, insbesondere hinsichtlich der Feuerkraft als Flak.

Anfang 1937 waren somit zwei der künftigen Achsenmächte eifrig mit dem Bau neuer, schlagkräftiger Großkampfschiffe beschäftigt. Japan nahm interessanterweise nicht an dem Wettrüsten teil, obwohl es vertraglich nicht gebunden war, Neubauten bis 1937 zu verschieben. Dafür ging die dritte Achsenmacht noch im gleichen Jahr so richtig zur Sache, indem zwei monströse 64 000-t-Schlachtschiffe mit neun 460-mm-Geschützen in drei Drillingstürmen plus zwölf 155-mm- und zwölf 127-mm-D.P.-Geschütze auf Kiel gelegt wurden. Im Zweiten Weltkrieg kamen rund 100 leichte Flugabwehrgeschütze hinzu, während die *Yamato* schließlich nicht weniger als 24 127-mm-Geschütze besaß. Aufgrund der Insellage und Abschottung Japans erfuhren die Alliierten Einzelheiten erst nach Kriegsausbruch.

Stapellauf der Tirpitz *am 1. April 1939*

9月20日
844
1號艦

Die Vertragsschlachtschiffe

Rekordhalter: Die beiden Schlachtschiffe der Yamato-Klasse waren, gemessen an ihrer Verdrängung, fast doppelt so groß wie die damaligen britischen oder amerikanischen Schlachtschiffe.

Großbritannien und die Vereinigten Staaten konnten all diese Aktivitäten nicht ignorieren und begannen mit der Kiellegung neuer Schlachtschiffe, sobald es ihnen laut Londoner Vertrag von 1930 erlaubt war. Großbritannien hatte es besonders eilig – man begann bereits am 2. Januar 1937 offiziell mit dem Bau von zwei Schiffen der King-George-V-Klasse. Ende des Jahres waren bereits fünf Schiffe auf Kiel gelegt. Vorbereitungen waren indes schon früher getroffen worden, etwa durch die Herstellung der alles entscheidenden Großgeschütze und ihrer Lafetten – buchstäblich keine leichte Aufgabe, denn die Vierlingslafette für ein 356-mm-Geschütz kam auf 1550 t, und selbst eine Zwillingslafette erreichte knapp 900 t. Die Fertigung der Geschütze und Lafetten war der komplizierteste Aspekt des Schlachtschiffbaus, deshalb musste die Bestellung lange vor Kiellegung erfolgen. Man hatte sich für das 356-mm-Geschütz entschieden, weil die britische Regierung auf der Londoner Konferenz von 1935 versucht hatte, 356 mm als Maximalkaliber für Schlachtschiffe durchzusetzen. Dies wurde unter folgender Bedingung akzeptiert: Falls Japan den Vertrag nicht bis zum 1. April 1937 ratifizierte (was nicht geschah), würde man zur bisherigen Obergrenze von 406 mm zurückkehren. Inzwischen hatte Großbritannien bereits mit dem Bau der Schiffe und Geschütze begonnen, um für diesen Fall gerüstet zu sein, der nun tatsächlich immer wahrscheinlicher wurde. In den folgenden Jahren bemühten sich Großbritannien und andere europäische Nationen nach Kräften, einen Krieg mit Deutschland zu vermeiden, das sich nun aktiv wiederbewaffnete. Ein Grund war der verständliche Wunsch, eine Neuauflage des blutigen Ersten Weltkriegs zu vermeiden. Tatsache war aber auch, dass die Streitkräfte noch nicht wirklich vorbereitet waren. Wie man heute weiß, galt dies für Deutschland ebenso.

Bei den überhöhten 356-mm-Geschützen der King-George-V-Klasse konnten durch Umstellung von Vierlings- auf Zwillingslafetten mehr als 600 t Gewicht eingespart werden.

Bei den fünf Schiffen der King-George-V-Klasse wurde das 35 000-t-Limit streng eingehalten, weshalb die Hauptbewaffnung nur aus zehn 356-mm-Geschützen in zwei Vierlingstürmen und einem Zwillingsturm bestand – anstelle der ursprünglich geplanten zwölf Geschütze in drei Türmen. Im Gegensatz zur bisherigen Praxis und zu den französischen, italienischen und deutschen Schiffen gab es nun keine separaten Batterien mit Flach- bzw. Steilfeuergeschützen gegen See- bzw. Flugziele, sondern 16 133-mm-Mehrzweck- oder D.P.-Geschütze, unterstützt durch vier QF-Zweipfünder (Achtfach-„Pom-Poms"). Dies war grundsätzlich richtig gedacht, doch der von der Royal Navy gewählte Vickers-Zweipfünder war nicht sonderlich effizient und dem schwedischen Bofors 40-mm-Geschütz deutlich unterlegen – das daher bei den Alliierten schließlich weite Verbreitung fand.

Die relativ leichte Hauptbewaffnung wurde heftig kritisiert. Um dem zu begegnen, lautete die offizielle Verlautbarung, das neue 356-mm-Geschütz habe eine größere Reichweite als die damaligen 380-mm- und 406-mm-Geschütze. Das stimmte indes nicht, denn das britische Geschütz besaß eine nutzbare maximale Reichweite von rund 33 000 m, gegenüber den 35 500 m der 380-mm-Geschütze der *Bismarck* und den 38 400 m der 406-mm-Geschütze der japanischen Nagato-Klasse. Dafür waren die Schiffe gut geschützt, denn der massive Panzerschutz machte gut ein Drittel der Gesamtverdrängung aus. Ein Panzerschott schützte Maschinen und Magazine vor Torpedos. Durch Längsschotten entstanden drei hintereinanderliegende Abteilungen (die mittlere war mit Heizöl oder Meerwasser gefüllt), die die Explosion eines 450-kg-Torpedos absorbieren sollten.

Trotz des frühzeitigen Baubeginns war kein Schiff der King-George-V-Klasse bei Kriegsausbruch im September 1939 fertig. Die *King George V* wurde Ende 1940 in Dienst gestellt, gefolgt von der *Prince of Wales* im März und der *Duke of York* im November 1941. Die letzten beiden Schiffe *(Anson, Howe)* wurden im Sommer 1942 in Dienst gestellt. Ursprünglich sollten sie nach „Jellicoe" und „Beatty" benannt werden, doch

Zustand der HMS Anson *nach Fertigstellung im Juni 1942*

Die im November 1941 in Dienst gestellte Duke of York *wurde als jenes Schiff berühmt, das die* Scharnhorst *versenkte.*

Die US Navy hielt bei der North-Carolina- und nachfolgenden Klassen am 406-mm-Geschütz fest.

der Zwist über die Skagerrakschlacht war noch immer nicht beigelegt, daher entschied man sich für weniger umstrittene Admiräle.

In den 1930er-Jahren waren die Vereinigten Staaten fest entschlossen, sich aus einem potenziellen Krieg in Europa herauszuhalten. Sorgen bereitete jedoch der japanische Expansionismus. Zudem war man bestrebt, mit den technischen Entwicklungen anderer Nationen Schritt zu halten. So wurde im Oktober 1937 mit den Arbeiten an der *North Carolina*, im Juni 1938 mit denen an der *Washington* begonnen. Der leicht verzögerte Start erlaubte, das 406-mm-Geschütz noch in der Entwurfsphase dieser schnellen Schlachtschiffe mit 35 000 t zu berücksichtigen. Obwohl die US Navy aus Gewichtsgründen zunächst das 356-mm-Geschütz favorisiert hatte, führte das Schweigen Japans über jegliche Details seiner neuen Schiffe zu der Annahme, diese seien mindestens mit 406-mm-Geschützen ausgerüstet, und da galt es mitzuhalten. Das standardmäßige, zuverlässige und effiziente Mark V1 406-mm-Geschütz feuerte eine 1125-kg-Granate 33 740 m weit. Wie die Briten entschieden sich auch die Amerikaner für eine universelle Sekundärbewaffnung mit Einheitskaliber, in diesem Fall für nicht weniger als 20 der ausgezeichneten, schnellen und zuverlässigen 127 mm L/38 D.P. Diese Waffe fand in der US Navy auf allen neuen Kreuzern (Zwillingslafette) wie in den Zerstörerflottillen (Einzel- oder Zwillingslafette) Verbreitung. Dagegen verfügten die britischen Schlachtschiffe über so unterschiedliche Kaliber wie 102 mm, 114 mm oder 133 mm, während die Zerstörer allmählich von 120-mm-Flachfeuer- zu 114-mm-Mehrzweckgeschützen übergingen.

Auch hier wurde dem Unterwasserschutz große Aufmerksamkeit geschenkt. Der Rumpf erhielt einen Wulst unterhalb der Wasserlinie, mehrere Torpedoschotten und einen dreifachen Boden. In der Praxis schien sich dies zu bewähren, denn die *North Carolina* hielt im September 1942 einem japanischen U-Boot-Torpedo stand. Der Panzerschutz war insgesamt so großzügig bemessen, dass er fast 40 % der Gesamtverdrängung ausmachte. Die Maschinenräume waren so platziert, dass sich der Punkt der Maximalbreite weit nach hinten verlagerte. Die auf vier Wellen arbeitenden Dampfturbinen erreichten 121 000 PS. Mit 28 kn erzielten die Schiffe die geringste Geschwindigkeit aller Vertragsschlachtschiffe.

Verglichen mit den anderen Kriegsteilnehmern verfügten die Vereinigten Staaten über gewaltige indus-

Für die North-Carolina-Klasse (hier die USS Washington*) galten die gleichen vertraglichen Beschränkungen wie für die britische King-George-V-Klasse, doch Erstere war mit ihren neun 406-mm-Geschützen schwerer bewaffnet.*

trielle Ressourcen. Im Zweiten Weltkrieg konnten sie daher auch die meisten Schlachtschiffe bauen. Nach Kiellegung der *North Carolina* (1937) und *Washington* (1938) wurden 1939 vier Schiffe der South-Dakota-Klasse bewilligt. Drei von ihnen (*South Dakota, Indiana, Massachusetts*) wurden noch im gleichen Jahr auf Kiel gelegt, die *Alabama* Anfang 1940. Das Design dieser Schiffe beruhte auf dem der *North Carolina*, doch die Umgruppierung der Maschinen resultierte in einer um fast 18 m verringerten Gesamtlänge. Am deutlichsten wurde dies durch den Einzelschornstein (statt des Schornsteinpaars) und die mittschiffs konzentrierten Aufbauten mit der Sekundärbewaffnung. (Die *South Dakota* hatte nur 16 der 20 vorgesehenen 127-mm-Geschütze). Jedes der vier Schiffe wurde in weniger als 36 Monaten fertig, was die Effizienz der US-Werften beweist – und alle waren bis August 1942 in Dienst gestellt. In London hatte man 1935 einen zweiten Vertrag ausgehandelt, doch bereits 1937 bauten alle Nationen neue Schlachtschiffe, wobei Japan sämtliche Einschränkungen abgelehnt hatte. Deutschland war wegen der Auflagen von Versailles bei den einzelnen Verhandlungen nicht vertreten, hatte jedoch 1935 ein separates Abkommen mit Großbritannien getroffen, das die Größe der deutschen Kriegsmarine auf 35 % der Royal Navy begrenzte. Faktisch war dies eine Bestätigung der Tatsache, dass die Alliierten nicht gewillt schienen, einer deutschen Wiederbewaffnung aktiv zu begegnen. Mit Ausnahme Japans einigten sich die ursprünglichen Teilnehmer der Londoner Verhandlungen schließlich 1938 darauf, das Limit für Großkampfschiffe auf 45 000 t anzuheben und 406-mm-Geschütze zu erlauben – trotz früherer britischer Bemühungen, 356 mm als Maximum durchzusetzen. So konnten Großbritannien und die Vereinigten Staaten neue, größere Schlachtschiffe mit

406-mm-Geschützen planen, die im nächsten Kapitel beschrieben werden. Wenngleich sich alle Seiten bei der Planung und Konstruktion neuer Schlachtschiffe Mühe gaben, wären wohl nie ausreichend viele gebaut worden, während gleichzeitig in den 1930er-Jahren ein weiterer Weltkrieg immer wahrscheinlicher wurde. Die meisten Marinen schufen daher Modernisierungsprogramme für ihre älteren Schlachtschiffe. Eines der einfallsreichsten Projekte war die Modernisierung der italienischen Conte-di-Cavour- und Caio-Duilio-Klasse. Alle älteren italienischen Schlachtschiffe waren bis 1933 abgewrackt, diese vier Schiffe wurden jedoch zwischen 1933 und 1940 umfassend umgebaut und modernisiert. Bei den beiden Schiffen der Cavour-Klasse wurden die Aufbauten und der zentrale 305-mm-Zwillingsturm komplett entfernt, der Rumpf um 10 m verlängert und neue, stärkere Belluzzo-Turbinen auf zwei statt vier Wellen installiert. Die verbleibenden zehn 305-mm-Geschütze wurden auf das neue Kaliber 320 mm aufgebohrt. Hinzu kam eine neue Sekundärbewaffnung mit zwölf 120-mm-D.P.-Geschützen in sechs Zwillingstürmen und acht 100-mm-Flugabwehrkanonen, ebenfalls in Zwillingslafetten. Die Kombination aus stärkeren Motoren und längerem Rumpf steigerte die Geschwindigkeit auf 28 kn – das war vergleichbar mit einem neu entwickelten Schlachtschiff und eine beeindruckende Verbesserung gegenüber den ursprünglichen 22 kn.

Die USS South Dakota *(BB57), Typschiff der aus vier Schiffen bestehenden Klasse mit der gleichen Hauptbewaffnung wie die North-Carolina-Klasse. Der kürzere Rumpf machte indes kompaktere Aufbauten und einen Einzelschornstein erforderlich.*

Die Modernisierung der Cavour- und Duilio-Klasse führte zu erheblich verbesserten Schlachtschiffen.

Wichtigste Veränderung bei den beiden Schiffen der Duilio-Klasse war der Einbau einer stärkeren Sekundärbewaffnung mit zwölf 135-mm-D.P.-Geschützen in vier Drillingstürmen neben den Brückenaufbauten und 10 x 90-mm-Flak auf Höhe der beiden Schornsteine. Ungewöhnlich für die damaligen Schlachtschiffe war, dass keines dieser modernisierten Schiffe ein Flugzeug transportieren konnte – wohl in der Annahme, der Luftraum über dem überschaubaren Mittelmeer werde stets vom Festland aus gesichert.

Bei der französischen Courbet- und Bretagne-Klasse bestanden die weit geringfügigeren Veränderungen vor allem aus dem Einbau besserer Maschinen, der Umstellung auf Heizöl, der Steigerung des Höhenrichtwinkels der großen Geschütze sowie der Verbesserung der Flak durch Hinzufügen einiger 76-mm-Geschütze. In den 1920er-Jahren wurden die Pfahlmasten durch robuste Dreibeingebilde für die Aufnahme der neuen Feuerleitsysteme ersetzt. Stärker verändert wurde nur die *Lorraine*: Zwischen1932 und 1935 wurde der 340-mm-Mittschiffturm durch einen Hangar (für vier Flugzeuge) mit Dachkatapult ersetzt.

Japan nahm in der Zwischenkriegszeit an sämtlichen Schlachtschiffen erhebliche Veränderungen vor. Die ältesten waren die vier Schlachtkreuzer der Kongo-Klasse; einen von ihnen, die *Hiei*, nutzte man gemäß Washingtoner Flottenvertrag als teilabgerüstetes Schulschiff. Nach einer Reihe von Umbauten und Modernisierungen wurden diese Schiffe Mitte der 1930er-Jahre jedoch als schnelle Schlachtschiffe eingestuft. Der Panzerschutz wurde verbessert und Torpedowulste hinzugefügt – anfangs auf Kosten der Geschwindigkeit, doch die ursprünglichen 27 kn konnten durch leichtere, stärkere Maschinen auf 30 kn gesteigert werden. Dank vergrößerter Rohrerhöhung lag die Reichweite der schweren Geschütze nun bei 35 000 m. Auch die Flak wurde verstärkt. An den Transport von Bordflugzeugen wurde ebenfalls gedacht, wenngleich diese zunächst per Kran bewegt werden mussten.

Die restlichen sechs Schifffe der Fuso-, Ise- und Nagato-Klasse wurden zwischen den Kriegen allesamt modernisiert, vor allem durch Einbau verbesserter Maschinen, sodass die bisherigen Zwillingsschornsteine in allen Fällen durch einen breiten Einzelschornstein mittschiffs ersetzt wurden. Die Pfahl- und Dreibeinmasten wurden durch pagodenartige vordere Aufbauten für die diversen Feuerleit- und Ortungssysteme eines schwer bewaffneten Schlachtschiffs ersetzt. Diese auffällig hohen Gebilde wurden zum Erkennungsmerkmal aller japanischen Schlachtschiffe. Wie bei der Kongo-Klasse wurde der Höhenrichtwinkel der schweren Geschütze vergrößert, und Flugzeugeinrichtungen wurden installiert. Alle späteren Schiffe erhielten ein Flugzeugkatapult.

Als der Krieg näherrückte, war die Zahl der Großkampfschiffe der Royal Navy auf zwölf Schlachtschiffe (5 x Queen-Elizabeth-, 5 x R- und 2 x Nelson-Klasse) und drei Schlachtkreuzer *(Hood, Renown* und *Repulse)* geschrumpft. Die ältere *Iron Duke* wurde zum Schul-, die *Centurion* zum Zielschiff. Als schnellste Schlachtschiffe durchliefen die Queen Elizabeths mehrere Modernisierungsphasen. Mitte der 1920er-Jahre wurde bei allen fünf Schiffen der vordere Schornstein mit dem achtern zusammengelegt und Torpedowulste hinzugefügt, die die Geschwindigkeit um 1 kn reduzierten. Die *Barham* erhielt ab 1930 zusätzliche 102-mm-Flak sowie zwei der neuen Pom-Pom-Lafetten auf Plattformen im hinteren Bereich der Schornsteinverkleidung. Installiert wurde ein seitlich mit abgespreizten Stützbeinen ausgestatteter Großmast mit einem Feuerleitsystem, das in ähnlicher Form auch auf dem vorderen Masttopp platziert wurde. Hinzu kam ein Katapult auf dem X-Turm.

Die nächste Modernisierung betraf die *Malaya* (1934–1936); auch hier wurde die Flak verbessert, diesmal durch acht 102-mm-Geschütze in vier Zwillingslafetten sowie 40-mm-Pom-Poms seitlich des Schornsteins. In puncto Bordflugzeuge hielt ein System Einzug, das auf späteren britischen Großkampfschiffen zum Standard werden sollte: ein quer über das gesamte Oberdeck verlegtes Flugdeck mit einem kurz hinter dem Schornstein endenden Hangar (dessen Dach sich als günstiger Platz für die leichte Flak erwies). Hinzu kamen zwei schwere Kräne zum Heben der Flugzeuge und Beiboote.

Oben: *Diverse Modernisierungsmaßnahmen verwandelten die als Schlachtkreuzer der Kongo-Klasse gebaute* Haruna *in ein gut gepanzertes, schnelles Schlachtschiff.*

Das französische Schlachtschiff Lorraine *(1935); der große Dreibeinmast wurde 1921 hinzugefügt, während der auf dem Foto in Schiffsmitte sichtbare Geschützturm 1938 durch einen Hangar plus Katapult ersetzt wurde.*

Nun war die *Warspite* an der Reihe: Sie erhielt zwischen 1934 und 1937 eine völlig neue Mittschiffsektion. Neue, leichtere und dabei leistungsfähigere Maschinen erlaubten trotz des wulstigen Rumpfs wieder die ursprünglichen 25 kn. Auf dem Vorschiff entstand eine völlig neue, der Nelson-Klasse nachempfundene Brückenstruktur für die modernen Feuerleitsysteme. Auch wurde die bei der *Malaya* eingeführte Bordflugzeuganlage installiert. Wie bei den anderen Schiffen blieb es bei der Sekundärbewaffnung mit 152-mm-Geschützen in

Dieses Foto der HMS Warspite (1938) bietet einen Blick auf den neuen Brückenturm, der sich auf allen modernisierten Großkampschiffen der Royal Navy wiederfindet.

Kasemattenlafetten, jedoch wurden die vorderen sowie die Geschütze achtern entfernt, sodass vier auf jeder Breitseite übrig blieben.

Als Letzte wurden 1937 die *Queen Elizabeth* und *Valiant* in Angriff genommen, deren Umbauten erst nach Kriegsausbruch abgeschlossen, dafür aber moderner ausfielen. Im Grunde waren es die gleichen Arbeiten wie an der *Warspite*, außer dass man die gesamte Sekundärbewaffnung aus 152-mm- und 102-mm-Geschützen entfernte und durch eine Batterie aus nicht weniger als 20 114-mm-D.P.-Geschützen in zehn versenkten Zwillingstürmen ersetzte. Diese waren so angeordnet, dass sich die Bestreichungswinkel überlappten; zudem besaß jede Gruppe aus zwei oder drei Geschützen einen eigenen Artillerieleitstand für Steilfeuer. Unterstützt durch 32 40-mm-Pom-Poms war dies die damals wohl wirkungsvollste Flak überhaupt.

Aufgrund knapper Geldmittel und der Vorzugsbehandlung der neuen King-George-V-Klasse erhielt die langsamere R-Klasse nur eine elementare Moder-

Links: *Zwischen den Kriegen war die US Navy sehr darum bemüht, ihre Schlachtschiffe mit Bordflugzeugen auszustatten. Das Foto zeigt eine Vought O2U Corsair auf einem Katapult an Bord der USS* West Virginia *(BB48), das auf dem Dach des X-Turms montiert ist.*

nisierung. Zwischen den Kriegen wurde sie mit Torpedowulsten ausgestattet und die Flak durch 102-mm-Geschütze und zahlreiche 40-mm-Pom-Poms verstärkt. Manche der Schiffe erhielten ein Katapult, das bis September 1939 jedoch nur noch auf der *Resolution* und *Royal Oak* vorhanden war.

Unter den Schlachtkreuzern wurde die *Renown* nach dem Vorbild der *Queen Elizabeth* etwa durch Einbau der neuen 114-mm-D.P.-Geschütze modernisiert, doch es fehlte an Zeit und Geld, um die *Repulse* im gleichen Umfang zu überholen; immerhin erhielt sie ein zentrales Katapult plus Hangar. Die veraltete Flak wurde teilweise durch Steilfeuergeschütze ersetzt, die sich aber für ein Schiff dieser Größe als beklagenswert schwach erweisen sollte. Die HMS *Hood*, der ganze Stolz der Royal Navy, wurde noch stiefmütterlicher behandelt – und die für 1939 geplante Vollmodernisierung wurde durch den Kriegsausbruch gänzlich hinfällig. So blieb es zunächst bei der Aufstockung von acht 102-mm-Geschützen in Zwillingslafetten und 24 40-mm-Pom-Poms.

Im Jahr 1939 hatte die US Navy 17 Schlachtschiffe in Dienst (die *Utah* fungierte als Schulschiff), sechs weitere befanden sich im Bau. Zwischen den Kriegen wurden die älteren Schiffe kontinuierlich modernisiert – am augenfälligsten durch Austausch der markanten

Luftaufnahme der HMS Queen Elizabeth *nach der 1941 abgeschlossenen Modernisierung; in der Schiffsmitte gut zu erkennen sind die zehn 114-mm-Zwillingsgeschütze und die Katapultschiene.*

Gittermasten gegen Dreibein- oder Pfahlmasten. Die neusten Schiffe der Tennessee- und Maryland-Klasse blieben bis zum Kriegseintritt der Vereinigten Staaten 1941 ansonsten weitgehend unverändert. Bei den meisten übrigen Schlachtschiffen wurden neue Maschinen installiert, Torpedowulste angebracht und die leichte Flak ergänzt. In der Mehrzahl der Fälle verlegte man die flach feuernde 127-mm-Mittelartillerie um ein Deck noch oben, um ihre Effizienz bei hohem Seegang zu verbessern. Die US Navy war sehr darauf bedacht, dass ihre

Schlachtschiffe bis zu vier Bordflugzeuge transportieren konnten – die indes im Freien standen, mit Katapulten am Heck oder auf dem X-Turm. Jedoch erfuhr keines der Schiffe eine solch umfassende Modernisierung wie die italienische Cavour- oder die britische Queen-Elizabeth-Klasse. Neben den unvermeidlichen Kosten lag dies auch daran, dass die US Navy begonnen hatte, im Flugzeugträger das Großkampfschiff der Zukunft zu sehen; daher wurde dafür 1940 ein umfassendes Bauprogramm gestartet.

Zu Beginn des Zweiten Weltkriegs 1939 galt das Schlachtschiff weiterhin als Rückgrat jeder Kriegsmarine, doch es gab deutliche Hinweise, dass es schon bald Konkurrenz erhalten würde. Man hatte bereits das U-Boot als Gefahr für den Handlungsspielraum der Überwasserflotten erkannt. Eine noch unbekannte Größe war indes die Effizienz von Luftangriffen. In der Zwischenkriegszeit hatte man sich sehr bemüht, durch Einbau diverser neuer Flugabwehrgeschütze mit speziellen Feuerleitsystemen dafür zu sorgen, dass sich die Schlachtschiffe besser gegen Angriffe aus der Luft verteidigen konnten. Die meisten und vor allem die neueren Schiffe besaßen einen umfassenden Deckpanzer, der solchen Attacken, wie man sie 1939 für wahrscheinlich hielt, standhalten sollte. In der Marine wurde mehrheitlich davon ausgegangen, die Bedrohung aus der Luft sei kontrollierbar und das Schlachtschiff weiterhin siegentscheidend. Die Befürworter der Marineluftstreitkräfte mussten ihre Argumente erst noch untermauern – und sollten dazu alsbald Gelegenheit erhalten.

Die USS North Carolina *(BB55) auf dem Weg in den Kriegseinsatz*

Eine neue Bestimmung: Umbau zum Flugzeugträger

Der Washingtoner Flottenvertrag von 1922 verdammte Dutzende älterer Schlachtschiffe auf den Schrotthaufen und brachte den Bau vieler neuer, größerer Schiffe zum Erliegen. Zudem wurde für Flugzeugträger eine Verdrängung von höchstens 33 000 t festgelegt. So konnten einige der neuen Schiffe, speziell die schnellen Schlachtkreuzer, umgebaut und für diese neue Aufgabe bereitgestellt werden.

Die Royal Navy hatte damit bereits während des Ersten Weltkriegs begonnen und den Schlachtkreuzer *Furious* für den Transport von Flugzeugen umgerüstet. Zunächst war 1917, noch während der Fertigstellung, das vordere 457-mm-Geschütz durch einen großen Hangar auf dem Vordeck ersetzt worden. Darüber errichtete man nun ein Startdeck; eine Landeeinrichtung gab es damals jedoch noch nicht. Dennoch gelang es Squadron Commander Edwin Dunning vom Royal Naval Air Service (RNAS), mit einer Sopwith Pup abzuheben und durch enges Umfliegen der Aufbauten auch tatsächlich wieder an Bord zu landen. Dieses Manöver war extrem gefährlich, und Dunning kam dann auch bei seinem zweiten Versuch ums Leben. Daher wurde achtern das Geschütz durch einen weiteren Hangar mit Landedeck ersetzt – was wegen der durch Aufbauten und Schornstein bewirkten Turbulenzen zu Landeschwierigkeiten für die Flugzeuge führte. Deshalb wurde das Schiff zwischen 1922 und 1925 zu einem Flugzeugträger mit vollwertigem, freien Flugdeck über einem Hangar für 33 Flugzeuge umge-

Oben: *Der umgebaute Schlachtkreuzer HMS* Furious *mit Startdecks vorn und achtern (Zustand 1918)*

Unten: *Die HMS* Furious *nach vollständigem Umbau zum Flugzeugträger (Zustand 1927)*

Die HMS Eagle *entstand aus dem Rumpf der ehemals chilenischen* Almirante Cochrane. *Mit deutlichen Schlachtschiffkonturen wurde die* Eagle *im Februar 1924 in Dienst gestellt.*

baut. Die *Furious* spielte eine aktive Rolle im Zweiten Weltkrieg, bevor sie im September 1944 der Reserveflotte zugeteilt und 1948 abgewrackt wurde.

Im Anschluss an die Unterzeichnung des Washingtoner Vertrags erfolgte zwischen 1924 und 1930 der Umbau der Schwesterschiffe *Courageous* und *Glorious* zu Flugzeugträgern. Diese konnten 48 Flugzeuge aufnehmen und erhielten auf der Steuerbordseite des Flugdecks die typischen inselförmigen Aufbauten. Beide Schiffe bildeten bei Kriegsausbruch 1939 das Rückgrat des Fleet Air Arm, doch die *Courageous* ging fast sofort durch einen U-Boot-Torpedo verloren und die *Glorious* wurde unter fragwürdigen Umständen im Juni 1940 vor Norwegen durch Geschützfeuer deutscher Schlachtkreuzer versenkt. Die Royal Navy besaß noch einen weiteren Träger, da man 1918 das noch unfertige chilenische Schlachtschiff *Almirante Cochrane* erworben und umgebaut hatte, das mit 24 kn jedoch langsamer war als die Schlachtkreuzerumbauten. Als HMS *Eagle* 1924 in Dienst gestellt, war dies der einzige Träger mit zwei Schornsteinen (bis zur aktuellen Invincible-Klasse der Royal Navy). Das Schiff beendete seinen aktiven Dienst, als es im August 1942 im Rahmen der Operation Pedestal (Versorgung des belagerten Malta) durch vier Torpedos von U-73 getroffen wurde.

Im Ersten Weltkrieg hatte die US Navy noch wenig Erfahrung mit schiffsgestützten Flugeinsätzen, war jedoch bestrebt, eigene Flugzeugträger zu besitzen. Als Schlachtkreuzerrümpfe standen nur die sechs noch im Bau befindlichen Schiffe der Lexington-Klasse zur Verfügung. Nach Unterzeichnung des Vertrags wählte man die beiden am weitesten fortgeschrittenen Schiffe *(Lexington* und *Saratoga)* für den Umbau aus, die anderen wurden abgewrackt. Nach ihrer Fertigstellung 1927 waren diese beiden Schiffe die größten Flugzeugträger der Welt, bis sie gegen Ende des Zweiten Weltkriegs

von der Midway-Klasse überholt wurden. Mit 34 kn waren sie auch die Schnellsten und konnten bis 80 Flugzeuge transportieren – fast doppelt so viele wie die britischen Umbauten. Mit diesen Trägern konnte die US Navy Flugzeuge und Taktiken einsetzen, die sich im Zweiten Weltkrieg als sehr effektiv erweisen sollten, wenngleich nur die *Saratoga* den Krieg überdauerte, während die *Lexington* am 8. Mai 1942 während der Schlacht im Korallenmeer unterging.

Japan war von den Bemühungen der Royal Navy beeindruckt. Infolge des Washingtoner Vertrags besaß die asiatische Großmacht ebenfalls überzählige, halb fertige Schlachtkreuzer, und zwar die 1920 auf Kiel gelegten Schiffe *Akagi* und *Amagi* (41 000 t). Als die Umbauten 1922 begannen, wurde die Yokosuka-Werft von einem heftigen Erdbeben erschüttert, das die *Amagi* in ein irreparables Wrack verwandelte. Als Ersatz wählte man das Schlachtschiff *Kaga*, dessen Bau bereits am weitesten fortgeschritten war. Der Umbau umfasste in beiden Fällen einen zweistöckigen Hangar für bis zu 60 Flugzeuge und darüber ein Flugdeck, das sich anfangs nicht über die gesamte Schiffslänge erstreckte, sodass vor den Hangardecks untere Startdecks platziert werden konnten. Bis Kriegsausbruch wurde das Flugdeck verlängert; außerdem konnte die *Akagi* nun 90 und die *Kaga* 72 Flugzeuge aufnehmen. Aufbauten gab es ursprünglich bei keinem der beiden Schiffe. Bei der *Akagi* gelangten die Abgase über einen nach unten gerichteten Austritt auf Steuerbordseite nach außen, während die *Kaga* an den Seiten unterhalb des Flugdecks Röhren mit Austrittsöffnungen am Heck besaß. Schließlich wurde die *Akagi* mit einer kleinen Brücke auf der Backbordseite des Flugdecks ausgestattet (was in dieser Position bis heute einzigartig ist), während die *Kaga* 1934 die übliche steuerbordseitige Insel erhielt. Beide Schiffe nahmen im Rahmen von Admiral Nagumos Einsatzgruppe am Angriff auf Pearl Harbor teil, wurden jedoch sechs Monate später (im Juni 1942) in der Schlacht um Midway versenkt.

Trotz seiner relativ kleinen Flotte war auch Frankreich entschlossen mitzuhalten. Man besaß fünf Schlachtschiffe der Normandie-Klasse, die vor Ausbruch des Ersten Weltkriegs auf Kiel gelegt, jedoch nie fertiggestellt worden waren. Die Wahl fiel auf die *Béarn*, deren Umbau durch den der HMS *Eagle* beeinflusst und 1927 abgeschlossen war. Beide Schiffe waren ähnlich groß, doch mit seiner ungewöhnlichen Kombination von Dampfturbinen und Kolbenmaschinen erreichte das französische Schiff nur 21 kn – zu wenig für die Arbeit innerhalb der Flotte, weshalb es bei Kriegsausbruch vornehmlich zum Transport von Flugzeugen diente. Die von 1940 bis 1944 auf Martinique internierte *Béarn* wurde 1948 ausgemustert, doch erst 1967 abgewrackt.

Die Akagi war einer von zwei Schlachtkreuzern, die von der Kaiserlich Japanischen Kriegsmarine zum Flugzeugträger umgebaut wurden. Während der Schlacht um Midway wurde sie am 4. Juni 1942 versenkt.

Flugabwehrgeschütze

Auch wenn im Ersten Weltkrieg keine größeren Kriegsschiffe durch Luftangriffe versenkt wurden, hatte das offensichtliche Potenzial von Flugzeugen erhebliche Anstrengungen zur Folge, die Flugabwehr auf den Schiffen zu verbessern. Bereits 1918 waren einige Schlachtschiffe mit 76-mm- oder 102-mm-Schnellfeuergeschützen in speziellen, für Steilfeuer taugliche Lafetten ausgerüstet. Diese ergänzten vorhandene Geschütze ähnlicher Kaliber, die jedoch nur zur Abwehr von Torpedobooten geeignet waren. Logische Folge war die Entwicklung von Mehrzweck- oder D.P.(Dual Purpose)-Lafetten, die indes erst Ende der 1930er-Jahre angesichts des drohenden Krieges in Schwung kam.

Instandhaltung eines 133-mm-Mehrzweckgeschützes an Bord des Schlachtschiffs HMS King George V; *ein Teil der Geschütztürme eines britischen Schlachtschiffs wurde traditionell durch Mitglieder der Royal Marine bedient.*

Anfangs favorisierte die Royal Navy das 102-mm-Geschütz in Einzellafetten mit einem Höhenrichtwinkel von 85 Grad, das in den 1930er-Jahren auf vielen Großkampfschiffen jedoch durch die auch während des Zweiten Weltkriegs viel verwendete Mark-XIX-Zwillingslafette ersetzt wurde. Nur die beiden Schlachtschiffe der Nelson-Klasse hatten 120-mm-Geschütze in einzelnen Flak-Lafetten erhalten, wobei man an den 152-mm-Geschützen für Seeziele festhielt. Die zunächst für Flugzeugträger vorgesehene, 1935 eingeführte 114-mm-D.P.-Zwillingslafette wurde auch auf den vor 1940 modernisierten Schiffen eingesetzt. Die *Queen Elizabeth, Valiant* und *Renown* erhielten zehn Zwillingslafetten, welche die Kombination aus 152-mm- und 102-mm-Geschützen auf den Schlachtschiffen und die unhandlichen 102-mm-Drillingslafetten auf den Schlachtkreuzern ersetzten. Die neuen, 1937 auf Kiel gelegten Schlachtschiffe der King-George-V-Klasse gingen noch einen Schritt weiter, indem sie ein neues 133-mm-D.P.-Geschütz einführten (8 Zwillingsgeschütze). Bei maximaler Rohrerhöhung konnten Ziele bis 13 000 m Höhe attackiert werden, bei einer Feuerrate von rund acht Schuss pro Minute.

Diese mittelkalibrigen Geschütze besaßen einen beträchtlichen Aktionsradius, dessen Nutzung jedoch ein adäquates Feuerleitsystem voraussetzte. Bei Schlachtschiffen fasste man folglich je zwei oder drei Geschützlafetten für eine gemeinsame Feuerleitung zusammen, was sich angesichts der dreidimensionalen Bewegung eines Flugzeugs ungleich schwieriger gestaltete als bei einem zweidimensionalen Seeziel. Vor allem musste dafür gesorgt werden, dass die Granate in der eingestellten Höhe erst dicht vor dem Ziel explodierte. Statt ein einzelnes Ziel zu verfolgen, bediente man sich des Sperrfeuers einer Flak-Gruppe, deren Granaten so eingestellt waren, dass sie auf dem Pfad des herannahenden Flugzeugs explodierten. Die Präzision der Feuerleitsysteme wurde durch telemetrisches Radar erheblich verbessert.

Kurze Erholungspause an der Mark-2-40-mm-Flak in Vierlingslafetten, wie sie ab 1942 auf zahlreichen US-Schlachtschiffen zum Einsatz kam

Während sich die Royal Navy für eine Flak unterschiedlicher Kaliber entschied, hatte sich die US Navy bei allen seit 1937 gebauten Schlachtschiffen auf das 127-mm-L/38-D.P.-Geschütz festgelegt, das später auch auf den meisten älteren Schlachtschiffen nachgerüstet wurde. Auch wenn es nominell nur eine Höhe von 11 000 m erreichte, lag diese doch deutlich über dem, womit bei Gegenangriffen zu rechnen war. Bei einer Feuerrate von rund 20 Schuss pro Minute war dies ein zuverlässiges, in der gesamten US Navy weit verbreitetes Geschütz mit entsprechend sehr guter logistischer Unterstützung. Der in den 1930er-Jahren von der US Navy entwickelte, von sieben Personen bediente Feuerleitstand Mark 37 gilt als bestes Flakleitsystem des Zweiten Weltkriegs und wurde schließlich auch von der Royal Navy eingesetzt.

Ähnliche Entwicklungen gab es auch bei den Achsenmächten, allerdings weitgehend unter Beibehaltung separater Batterien für See- und Flugziele. Für seine Flak favorisierte Japan das Kaliber 120 mm,

Deutschland 105 mm und Italien 100 mm. Die mittelkalibrigen Geschützsysteme sollten vornehmlich gegen feindliche Bomber im Horizontalflug eingesetzt werden; gegen schnelle Kampfflieger, Sturzkampfbomber und niedrig fliegende Torpedobomber waren sie weit weniger effizient. Hierzu waren Schnellfeuerwaffen kleinerer Kaliber vonnöten. In diesem Fall dachte die Royal Navy voraus und arbeitete bereits in den 1920er-Jahren an einer Flak-Lafette für nicht weniger als acht Vickers-Zweipfünder alias „Pom-Poms". Erstmals 1928 an Bord des Schlachtkreuzers Tiger erprobt, wurden in den 1930er-Jahren nach und nach alle Schlachtschiffe und Schlachtkreuzer damit ausgerüstet. Jedes einzelne Geschütz feuerte pro Minute rund 100 Schuss ab, sodass eine achtläufige Mark-VI-Lafette („Chicago-Klavier") ein gewaltiges Sperrfeuer entfalten konnte,

Links: *20-mm-Oerlikon in Einzellafette; manche Schlachtschiffe der US Navy besaßen mehr als 60 dieser Flugabwehrgeschütze.*

Unten: *Diese Aufnahme an Bord der USS* Iowa *zeigt die Vielfalt der vorhandenen Flak: 127-mm-L/38-Zwilling, Mark-2-40-mm-Vierling und diverse einzelne 20-mm-Geschütze.*

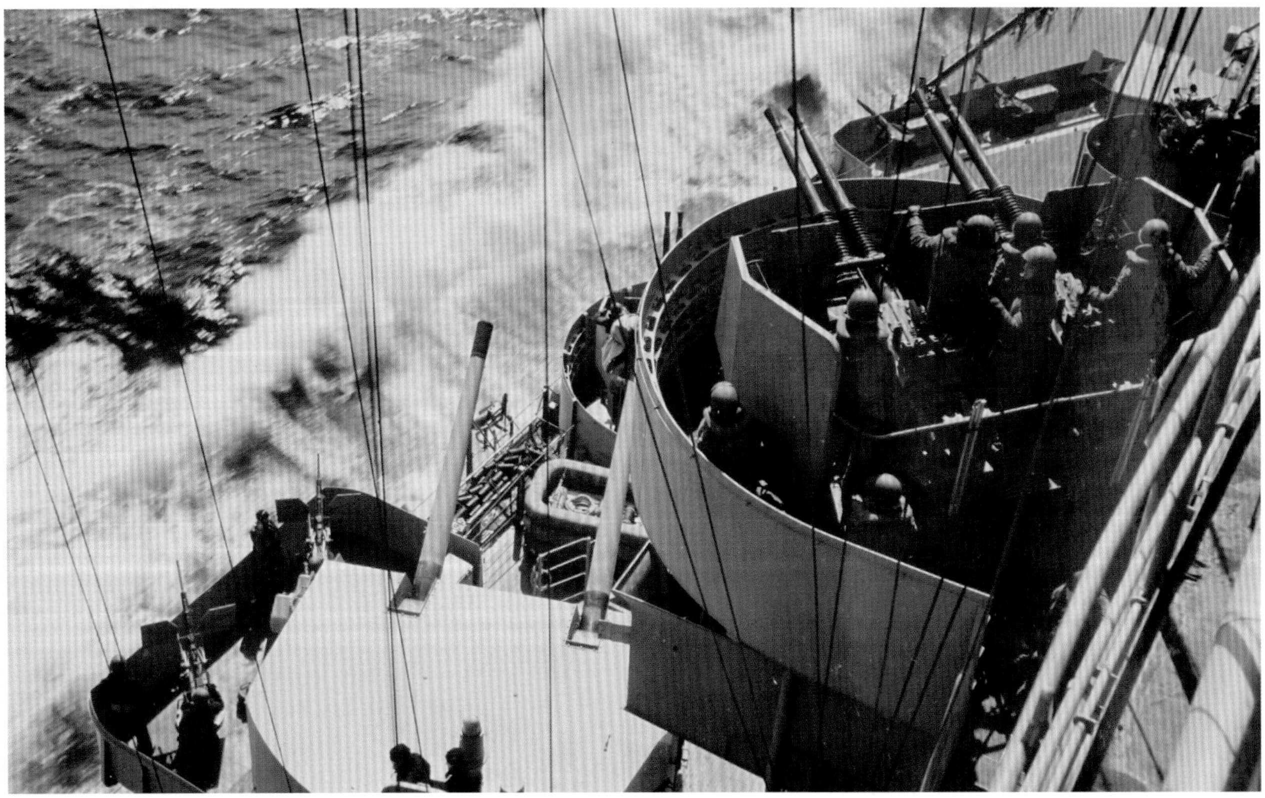

vor allem als in den späteren Kriegsjahren ein eigenes Radarsystem zur Verfügung stand.

Der Zweipfünder litt jedoch unter einer vergleichsweise geringen Mündungsgeschwindigkeit; deshalb lag die Gefechtsreichweite meist bei maximal 4500 m. Zu Beginn des Zweiten Weltkriegs wurde indes mit dem schwedischen Bofors-40-mm-Geschütz eine weitaus bessere Lösung verfügbar. Die Royal Navy erkannte rasch den Nutzen der ursprünglichen Heereswaffe, die bei einer Reichweite von knapp 9100 m ebenso zuverlässig wie wartungsfreundlich war, doch den Zweipfünder nicht ganz verdrängte, obwohl sie in großer Zahl produziert wurde.

Die US Navy hatte zunächst eine 28-mm-Flak entwickelt und in Vierlingslafetten bis 1941 vielfach eingesetzt, die man jedoch wegen mangelnder Effizienz rasch gegen schwedische 40-mm-Bofors austauschte, wie sie von der Royal Navy bereits verwendet wurden. Auch die Schweizer Oerlikon-20-mm-Flak (480 Schuss pro Minute!) kam in großer Zahl bei den Alliierten zum Einsatz. So besaß etwa das Schlachtschiff USS *New Jersey* bei seiner Fertigstellung neben 64 x 40 mm nicht weniger als 60 x 20 mm – nicht nur für damalige Verhältnisse eine gewaltige Flakbatterie.

Die Kamikazeattacken in der Spätphase des Pazifikkriegs erhöhten die Notwendigkeit präzisen Flakfeuers. In diesem Fall musste das Ziel unbedingt zerstört werden, denn eine bloße Beschädigung konnte das Kommando nicht zwingend vereiteln. Den Schlüssel zum Erfolg brachte der Annäherungszünder, der dafür sorgte, dass die Granate explodierte, wenn sie sich in einem voreingestellten Abstand zum Ziel befand. Das Funktionsprinzip war relativ einfach, doch der Durchbruch wurde erst erzielt, nachdem man einen Mechanismus entwickelt hatte, der das Abfeuern überstand.

Japanische 37-mm-Zwillingsflak mit Gasmasken tragender Geschützmannschaft während einer Vorkriegsdemonstration.

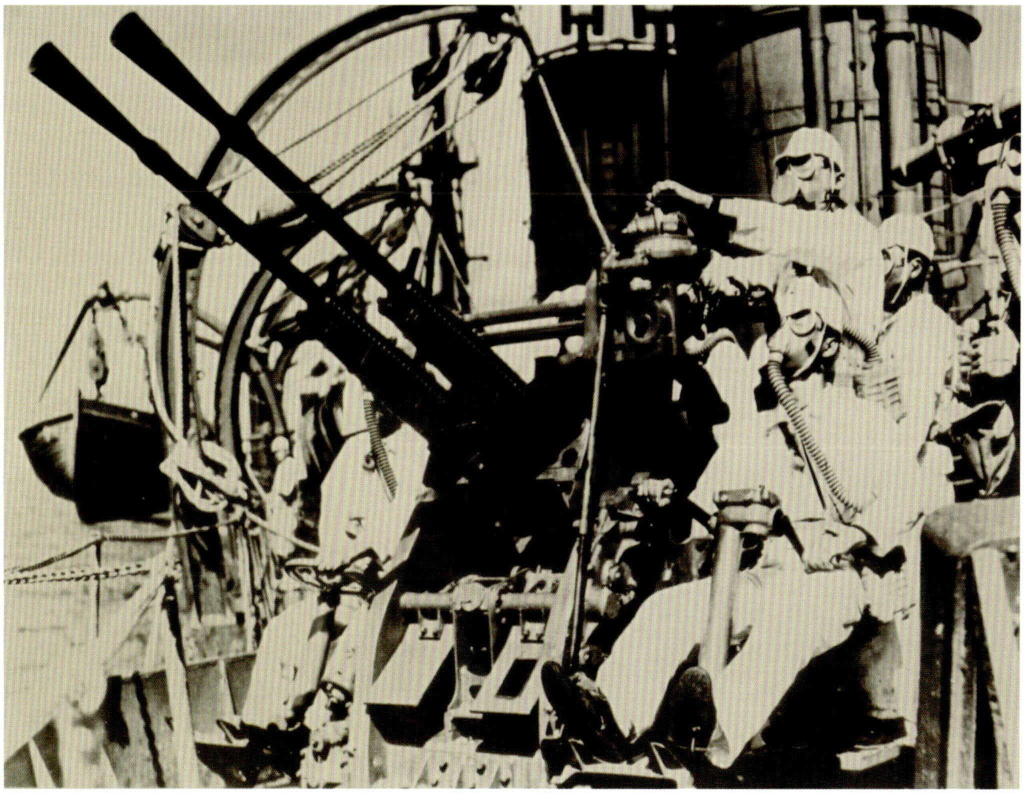

DER ZWEITE WELTKRIEG

DER LETZTE AUFTRITT DES SCHLACHTSCHIFFS

Pearl Harbor (Hawaii) im Jahr 1938, fast genau so, wie es japanische Bomber drei Jahre später vorfinden sollten – selbst die Schlachtschiffe im Vordergrund lagen an jenem verhängnisvollen Tag ebenfalls vor Ford Island.

Der Zweite Weltkrieg

Bei Kriegsausbruch in Folge der deutschen Invasion Polens am 1. September 1939 unterschied sich die maritime Lage deutlich von der des Jahres 1914. Der Royal Navy stand weder eine große deutsche Überwasserflotte gegenüber, noch würde sich ein großes Gefecht wie die Schlacht am Skagerrak ereignen. Es hätte vielleicht anders ausgesehen, wenn Admiral Raeder Zeit gehabt hätte, von Hitler gebilligte Pläne umzusetzen, wonach bis 1945 zehn Schlachtschiffe und Schlachtkreuzer, elf Schwere Kreuzer (einschließlich der drei Panzerschiffe), fünf Kleine Kreuzer, 50 Zerstörer und mehr als 200 U-Boote fertig sein sollten.

Hierzu hätten auch sechs Exemplare einer neuen Klasse von Superschlachtschiffen gezählt (Typ H); die ersten beiden wurden im Sommer 1939 tatsächlich auf Kiel gelegt, die Arbeiten aber bereits im Oktober eingestellt. Sie wirkte wie eine vergrößerte *Bismarck*, ihre Hauptbewaffnung wurde jedoch auf 406 mm gesteigert – bei einer nominellen Verdrängung von mehr als 56 000 t, allerdings mit Dieselaggregaten für eine Reichweite von mehr als 24 000 km. Tatsächlich zog es Hitler in den Krieg, lange bevor diese großspurigen Pläne verwirklicht werden konnten. Und selbst wenn er gewartet hätte, hätte das Tempo der britischen Aufrüstung die Überlegenheit der Royal Navy gewahrt (vielleicht mit Ausnahme der U-Boote).

Bei der Royal Navy befanden sich bereits die Schlachtschiffe der King-George-V-Klasse im Bau und im Sommer 1939 wurden vier Schiffe der neuen Lion-Klasse auf Kiel gelegt. Bei allen Ähnlichkeiten mit den früheren Schiffen nutzte man nun die Gelegenheit, neun 406-mm-Geschütze einzubauen. Die 133-mm-Sekundärbewaffnung wurde beibehalten, doch die Verdrängung stieg, nicht zuletzt durch die schwerer gepanzerten Türme, auf 42 500 t.

All diese Arbeiten wurden 1940 eingestellt, da man nicht damit rechnete, sie vor Ende der Kampfhandlungen abschließen zu können. Einer der Gründe war die zur Fertigung der Geschütze und Lafetten benötigte Zeit. Dann gab es den Vorschlag, ein Schlachtschiff innerhalb einer vertretbaren Frist fertigzustellen, indem die 380-mm-Geschütze verwendet werden sollten, die man auf den Schlachtkreuzern *Courageous* und *Glorious* demontiert hatte, als diese zu Flugzeugträgern umgebaut wurden. Mit Unterstützung durch Premierminister Churchill wurde die HMS *Vanguard* im März 1941 auf Kiel gelegt, wenngleich sie erst nach Kriegsende fertig werden sollte. Sie war eine nochmalige Vergrößerung der Lion-Klasse und brachte anstelle der drei 406-mm-Drillingstürme vier 380-mm-Zwillingstürme unter. Mit einer Verdrängung von 44 500 t sollte sie das letzte und größte jemals für die ruhmreiche Royal Navy gebaute Schlachtschiff werden.

Oben: *Die HMS* Howe *war das fünfte und zuletzt fertiggestellte Schiff der King-George-V-Klasse mit den modernsten Schlachtschiffen der Royal Navy im Zweiten Weltkrieg.*

Die ersten Kriegsopfer gab es indes durch deutsche U-Boote, als U-47 unter dem Kommando von Günther Prien die schwache U-Boot-Abwehr von Scapa Flow überwand und am 14. Oktober 1939 die HMS *Royal Oak*, ein britisches Schlachtschiff der R-Klasse, versenkte. Daher verlegte man die Großkampfschiffe der Home Fleet nach Loch Ewe an der schottischen Westküste. Hier aber wurde die HMS *Nelson* durch eine Mine schwer beschädigt und fiel für ein Jahr aus.

Die Bismarck *und* Tirpitz *(unten abgebildet) waren als Startpunkt eines sehr ambitionierten deutschen Schiffbauprogramms vorgesehen.*

Oben: *Die HMS* Royal Oak *lag in Scapa Flow und wurde in der Nacht vom 14. Oktober 1939 durch Torpedos des von Kapitänleutnant Günther Prien kommandierten U-Boots U-47 versenkt.*

In dieser Phase steuerte Großbritannien das Ziel an, Deutschland abzuschotten, indem man den Ärmelkanal besetzte. Patrouillen und Minenfelder sollten außerdem verhindern, dass deutsche Schiffe über die Nordsee in den Atlantik vorstießen. Doch die deutsche Kriegsmarine hatte bereits vor Kriegsausbruch einige Schiffe wie das Panzerschiff *Admiral Graf Spee* auf Kaperfahrt entsandt. Fern von europäischen Gewässern waren diese Schiffe eine starke Bedrohung und banden in den frühen Kriegsphasen eine erhebliche Zahl britischer und französischer Kriegsschiffe. Früchte trugen die britischen Bemühungen erst Mitte Dezember, als die Kreuzer *Exeter, Ajax* und *Achilles* die *Graf Spee* vor der La-Plata-Mündung an der Südküste Uruguays abfingen.

Auf dem Papier besaß die mit 280-mm-Geschützen bewaffnete *Graf Spee* deutliche Vorteile gegenüber den allerdings schnelleren Kreuzern mit ihren 203-mm- und 152-mm-Geschützen. Die britischen Schiffe unter Commodore Henry Harwood setzten dem größeren deutschen Schiff energisch zu und erzielten zahlreiche

Nach Wilhelmshaven zurückgekehrt, bereitete man der U-47 einen heldenhaften Empfang. Prien wurde mit dem Ritterkreuz ausgezeichnet.

Das Panzerschiff Admiral Graf Spee *flüchtete sich vor den überlegenen britischen Kreuzern ins neutrale Montevideo und wurde später von der eigenen Besatzung versenkt.*

Oben: *Ein Swordfish auf der* Warspite *wird nach einem Einsatz wieder an Bord gehievt. Beim zweiten Angriff in der Schlacht um Narvik konnte eines der Bordflugzeuge ein U-Boot versenken.*

Die Scharnhorst *und ihr Schwesterschiff* Gneisenau *(unten abgebildet) sicherten die deutsche Invasion in Norwegen (April 1940).*

Treffer, die jedoch kaum größere Schäden anrichteten. Dagegen wurde die *Exeter* so übel zugerichtet, dass sie sich zurückziehen musste, während es auf der *Ajax* und *Achilles* auch Tote gab. Dennoch entschied sich Kapitän Langsdorff auf der *Graf Spee* gegen die Fortsetzung des Kampfs und wegen der notwendigen Reparaturen für die Sicherheit des neutralen Hafens von Montevideo (Uruguay). Nach zahlreichen diplomatischen Aktivitäten musste die *Graf Spee* am 17. Dezember 1939 wieder in See stechen, doch Langsdorff entschied sich, sein Schiff zu versenken, da er fälschlicherweise annahm, dass er außerhalb der neutralen Gewässer von einer überlegenen Streitmacht erwartet werde. Drei Tage später beging er Selbstmord. Das Ergebnis war ein heftiger Dämpfer für die Deutschen und ein starker Impuls für die Moral der Alliierten.

Die erste nennenswerte Aktion des Jahres 1940 ereignete sich am 9. April, als deutsche Truppen Norwegen besetzten. Praktisch die gesamten Ressourcen der Kriegsmarine waren eingebunden. Obwohl der Schwere Kreuzer *Blücher* den von einer Küstenbatterie abgefeuerten Torpedos zum Opfer fiel, kamen die deutschen Truppen ihren Zielen rasch näher. Doch größere britische Verbände waren auch vor Ort. Am Nachmittag des 9. April konnte der von einer Zerstörerflottille begleitete Schlachtkreuzer HMS *Renown* die Schlachtkreuzer *Scharnhorst* und *Gneisenau* abfangen, die Invasionstruppen auf dem Weg nach Trondheim und Narvik schützten.

Die deutschen Schiffe drehten nach Norden ab und erzielten zwei Treffer auf der *Renown*, die keine größeren Schäden anrichteten. Die *Renown* traf die *Gneisenau* mit drei 380-mm-Granaten, von denen eine das Feuerleitgerät der schweren Geschütze mattsetzte. Trotz zahlenmäßiger Unterlegenheit hatte die *Renown* dank höherer Feuerkraft gute Chancen, die Oberhand zu gewinnen, weshalb die deutschen Schiffe Fahrt aufnahmen und sich, unterstützt durch die wetterbedingt schlechte Sicht, nach Norden entfernten. Dies war eine der wenigen Kampfhandlungen zwischen britischen und deutschen Großkampfschiffen – doch andere sollten dramatischer verlaufen.

Unterdessen hatte eine deutsche Zerstörerflottille Truppen nach Narvik gebracht, musste dort aber auf ein Tankschiff warten. Fünf britische Zerstörer drangen am 10. April in den Fjord ein und versenkten neben einigen Transportschiffen zwei der deutschen Zerstörer, wenngleich die HMS *Hardy* und *Hunter* später ebenfalls versenkt und die anderen Schiffe beschädigt wurden. Doch die übrigen deutschen Zerstörer steckten in der Falle. Drei Tage später drang ein britischer Verband unter Vizeadmiral William Whitworth auf dem Flaggschiff HMS *Warspite* nochmals in den Fjord ein und erledigte die verbliebenen acht Zerstörer. Die *Warspite* überstand zwei U-Boot-Attacken, und ihr Swordfish-Bordflugzeug bombardierte und versenkte die U-64.

An weiteren Norwegen-Operationen war fast die gesamte Home Fleet beteiligt, darunter die Schlachtschiffe *Rodney*, *Warspite* und *Valiant* sowie der Schlachtkreuzer *Renown*. Erstmals wurden nun auch in größerem

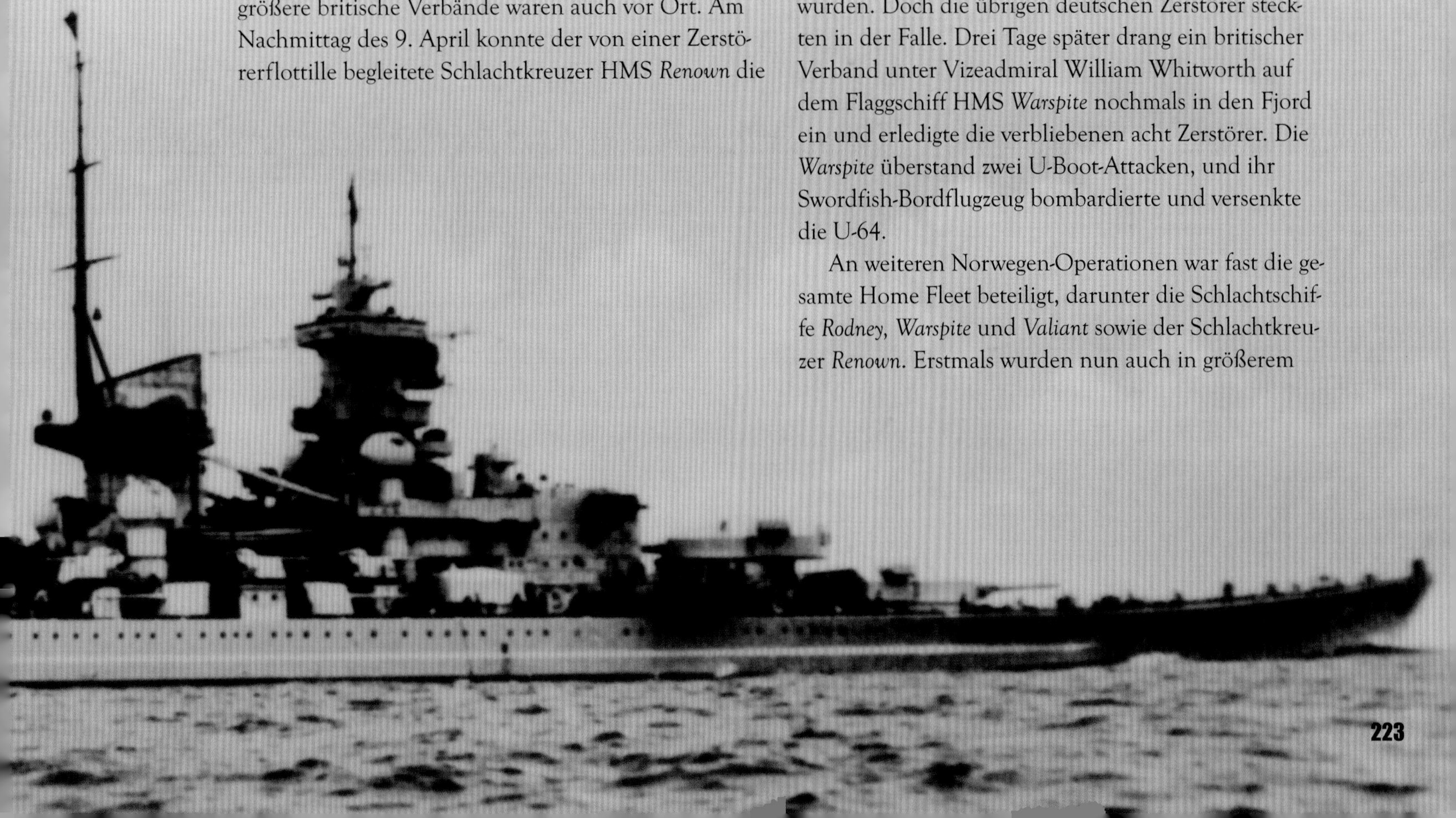

Umfang Flugzeugträger eingesetzt, denn es zeichnete sich ab, dass Kriegsschiffe bei feindlichen Luftangriffen nicht ohne Unterstützung operieren konnten. Ohne Geleitschutz auf dem Rückweg nach Scapa Flow wurde die *Glorious* (ein umgebauter Schlachtkreuzer) am 8. Juni von der *Scharnhorst* und *Gneisenau* versenkt – ein großer Erfolg für Deutschland. Inzwischen zogen britische Truppen aus Norwegen ab, denn am 10. Mai 1940 war Deutschland über Belgien in Frankreich einmarschiert, und Ende des Monats wurden das Britische Expeditionskorps und Teile der französischen Armee in Dünkirchen evakuiert. Nachdem deutsche Truppen Paris erobert hatten, wurde am 25. Juni ein Waffenstillstand vereinbart. Auf leichte Beute bei seinen geschlagenen französischen Rivalen erpicht, hatte Mussolini am 10. Juni Italien als Achsenmacht in den Krieg geführt.

Während die Deutschen nach Westen vorrückten, sollten die Schlachtschiffe *Richelieu* und *Jean Bart* zu französischen Kolonialhäfen aufbrechen. Die nahezu fertige *Richelieu* konnte am 18. Juni Brest verlassen und traf fünf Tage darauf in Dakar (Senegal) ein. Für das Schwesterschiff *Jean Bart* war es ein Wettlauf mit der Zeit, um sie in St. Nazaire noch rechtzeitig fertigzustellen. Als sie endlich in den frühen Morgenstunden des 19. Juni startete, wurde sie von einer deutschen Fliegerbombe getroffen, die das Vordeck beschädigte. Dennoch schaffte sie es aufs offene Meer und traf am 22. Juni in Casablanca ein. Zu diesem Zeitpunkt war nur der vordere Artillerieturm installiert; kurz vor dem Ablegen hatte man rasch noch einige 90-mm-Flugabwehrgeschütze eingebaut.

Die Ereignisse in Frankreich lenkten den Blick auf das Mittelmeer. Italien besaß bereits eine starke Flotte mit sechs schnellen Schlachtschiffen, und falls nur die geringste Chance bestand, dass Deutschland die von der Vichy-Regierung kontrollierten Schiffe übernahm, war es mit dem maritimen Machtgleichgewicht vorbei. Vizeadmiral James Somerville kommandierte die Force H in Gibraltar mit dem Flugzeugträger *Ark Royal*, dem Schlachtkreuzer *Hood* und den Schlachtschiffen *Resolution* und *Valiant*. Auf Churchills direkte Order hin sollte er versuchen, die französischen Schiffe in den algerischen Häfen Oran und Mers-el-Kébir für die Sache der Alliierten zu gewinnen. Man unter-

Untergang des Schlachtschiffs Bretagne *nach Bombardierung durch britische Kriegsschiffe (Mers-el-Kébir, Algerien, 1940)*

Rein rechnerisch war die italienische Flotte eine ansehnliche Streitmacht, die Admiral Cunninghams Mittelmeerflotte zahlenmäßig überlegen war.

breitete den Franzosen mehrere Vorschläge, doch Somerville war angewiesen, deutlich zu machen, er würde die französischen Schiffe versenken müssen, falls man keine der Alternativen akzeptiere. Am 3. Juli lag die Force H vor Mers-el-Kébir. Somervilles Ultimatum lief um 17.30 Uhr ab, doch er wartete bis 17.54 Uhr, als er auf Drängen Churchills das Feuer eröffnen ließ.

Hauptziele waren die vier französischen Schlachtschiffe, die mit dem Heck an der langen Mole vertäut waren. Die *Dunkerque* wurde von mehreren 380-mm-Granaten getroffen und außer Gefecht gesetzt; sie konnte sich noch ins Flachwasser retten, um nicht unterzugehen.

Unter den älteren Schlachtschiffen wurde die *Bretagne* sehr früh getroffen, brannte lichterloh und ging mit über 800 Mann unter. Die *Provence* konnte Fahrt aufnehmen und das Feuer eröffnen, bevor sie durch einen Hecktreffer ausfiel, doch sie blieb oben und wurde schließlich auf den Strand gesetzt. Das letzte moderne Schlachtschiff, die *Strasbourg*, hatte mehr Glück und konnte sich rasch von ihrem Ankerplatz entfernen, auf den nur wenige Sekunden später die Granaten hereinprasselten. Begleitet von fünf Zerstörern erreichte sie über den Hauptkanal schließlich offenes Gewässer.

Das britische Bombardement dauerte nur zehn Minuten und wurde eingestellt, als sämtliche Ziele, darunter auch die fliehende *Strasbourg*, hinter einer dichten Rauchwand verschwanden. In der Überzeugung, sein Ziel erreicht zu haben, ordnete Somerville Kurs nach Westen an. Die wahre Lage erkannte er erst, nachdem eine Swordfish die Flucht der *Strasbourg* gemeldet hatte. Flugzeuge der *Ark Royal* flogen zwei Angriffe, doch obwohl man einen Torpedotreffer gesehen haben wollte, wurde das Schlachtschiff nicht langsamer und erreichte am Abend des 4. Juli Toulon, wo es begeistert empfangen wurde. Die *Dunkerque* wurde ein paar Tage später ebenfalls aus der Luft attackiert, konnte aber schließlich zusammen mit der beschädigten *Provence* Toulon erreichen. Beide und auch die *Strasbourg* wurden indes zusammen mit den anderen Schiffen der französischen Flotte im November von den eigenen Besatzungen versenkt, als die Deutschen Vichy-Frankreich besetzten. Genau dies hatten die Franzosen angekündigt, und so war die Aktion von Mers-el-Kébir womöglich überflüssig. Churchill wollte es jedoch nicht darauf ankommen lassen, und so wurde der Welt zumindest verdeutlicht, dass Großbritannien nicht besiegt wurde und zu allem entschlossen war. Insgesamt kamen 1147 Franzosen ums Leben, was die bilateralen Beziehungen für Jahre beeinträchtigen sollte.

Die italienische Kriegsmarine verkörperte weiterhin eine starke Bedrohung und war zunächst bemüht, ihre Muskeln zu zeigen. Ein größerer Verband zur Unterstützung eines italienischen Truppenkonvois stieß am 9. Juli auf die britische Mittelmeerflotte unter Admiral Andrew Cunningham mit den Schlachtschiffen *Warspite*, *Malaya* und *Royal Sovereign*, die durch fünf Leichte Kreuzer, einige Zerstörer und den Flugzeugträger HMS *Eagle* unterstützt wurden. Das vor der kalabrischen Küste ausgetragene Gefecht endete nach fast zwei Stunden mit dem Rückzug der italienischen

Die italienische Flotte erlitt in Tarent einen schweren Rückschlag, wie das nach Torpedotreffern im Hafen auf Grund liegende Schlachtschiff Littorio *bezeugt.*

Flotte hauptsächlich aufgrund der Tatsache, dass eine 380-mm-Granate der *Warspite* das Schlachtschiff *Guilio Cesare* getroffen hatte – aus nicht weniger als 23 700 m Entfernung, was bei einem beweglichen Seeziel für ein Schiffsgeschütz bis heute einen Weltrekord darstellt.

Die britische Mittelmeerflotte blieb indes in der Minderzahl. Als Cunningham Unterstützung in Form des neuen gepanzerten Flugzeugträgers HMS *Illustrous* erhielt, beschloss er einen noch aus der Vorkriegszeit stammenden Plan zu verwirklichen: einen Luftangriff auf die italienische Hafenstadt Tarent. Die nur 21 vorhandenen Swordfish-Bordflugzeuge flogen am Abend des 11. November 1940 zwei Angriffswellen.

Hauptziele waren die fünf Schlachtschiffe der Vittorio-Veneto- und Cavour-Klasse im Mare Grande vor Tarent. In der ersten Angriffswelle gelang es, die *Littorio* und *Cavour* zu torpedieren. Trotz heftigen Flakfeuers und der gefährlichen, an Ballons hängenden Sperrdrähte ging nur ein Flugzeug verloren.

Die zweite Swordfish-Angriffswelle traf auf ein gewaltiges Sperrfeuer der inzwischen alarmierten Abwehrstellungen. Fünf Torpedoflugzeuge konnten aus geringer Höhe Treffer auf der *Littorio* und *Caio Duilio* landen. Auch bei dieser Attacke ging ein Flugzeug verloren; die letzte unternahm ein Nachzügler, der ungehindert zwei Kreuzer bombardieren konnte, bevor er um 2.55 Uhr auf der *Illustrous* landete, die daraufhin in südlicher Richtung zur Flotte zurückkehrte.

Später stellte man fest, dass die *Littorio* drei Torpedotreffer erlitten hatte, weshalb sie für fünf Monate ausfiel. Ein Torpedo hatte die Steuerbordseite der *Caio Duilio* getroffen und massiven Wassereinbruch verursacht, doch das Schiff blieb schwimmfähig. Die Reparaturen waren erst im Mai des folgenden Jahres abgeschlossen. Am stärksten beschädigt wurde die *Conte di Cavour*, die im flachen Wasser sank, obwohl sie nur von einem einzigen Torpedo getroffen worden war. Im Juli 1941 gehoben, wurde sie nicht weiter eingesetzt. Insgesamt hatte eine kleine Zahl von Flugzeugen einen stattlichen Erfolg erzielt, der das materielle Machtgleichgewicht im Mittelmeer aufhob. (Die trägergestützte Aktion wurde im fernen Japan ebenfalls mit Interesse verfolgt).

Am 26. März 1941 brach Admiral Angelo Iachino an Bord des modernen Schlachtschiffs *Vittorio Veneto* in Begleitung von vier Zerstörern von Neapel auf. Seine Bewegungen waren abgestimmt mit einem Verband aus drei Schweren Kreuzern aus Tarent, zwei Leichten Kreuzern aus Brindisi und drei weiteren Schweren Kreuzern aus Messina, die jeweils von Zerstörern begleitet wurden. Am Morgen des 27. März nahm die vereinigte italienische Flotte Kurs auf Kreta, um bri-

Die Vittorio Veneto *konnte sich in Sicherheit bringen, obwohl sie in der Schlacht bei Matapan einen Lufttorpedotreffer erhalten hatte.*

Der Flugzeugträger HMS Formidable *spielte in der Schlacht bei Matapan eine entscheidende Rolle.*

tische Truppenkonvois auf dem Weg nach Griechenland anzugreifen. Die Schiffe wurden jedoch durch eine Short Sunderland der Royal Air Force gesichtet, sodass die Mittelmeerflotte noch am gleichen Abend Alexandria verließ, um sich im Morgengrauen vor Kap Matapan mit einem Verband aus je vier Kreuzern und Zerstörern zu treffen.

Damit war der größten Flottenaktion der Royal Navy im Zweiten Weltkrieg die Bühne bereitet. Ihre Schlachtflotte aus einem Träger, drei Schlachtschiffen, vier Leichten Kreuzern und 13 Zerstörern nahm Kurs auf die mit einem Schlachtschiff, sechs Schweren und zwei Leichten Kreuzern und 13 Zerstörern antretenden Italiener. Die Briten besaßen zwar mehr, dafür aber auch ältere Schlachtschiffe, und das Schnellste *(Valiant)* erreichte nur gut 24 kn, während die italienische *Vittorio Veneto*, eines der neuen, schwer gepanzerten Schlachtschiffe, über 30 kn erreichte. Außerdem umfasste der italienische Verband sechs Kreuzer mit 203-mm-Geschützen, die die kleineren britischen Kreuzer mit ihren 152-mm-Geschützen deklassierten. Auf dem Papier bestand somit Gleichstand, doch die Briten hatten zwei enorme Vorteile: Erstens einen Flugzeugträger, dessen Offensivfähigkeiten durch die nur 27 Flugzeuge indes stark eingeschränkt waren – und zweitens Radar, das sich vor allem bei Dunkelheit als unersetzlich erweisen sollte.

Die erste Feindberührung hatten die Kreuzerverbände. Vizeadmiral H. D. Pridham-Whipple versuchte zunächst, die italienischen Kreuzer in Richtung auf Cunninghams Schlachtschiffe zu locken, doch dann kehrte sich die Situation um, als die Italiener nach Norden schwenkten und ihnen die britischen Leichten Kreuzer folgten. Während sich Cunningham dem

Oben: *Der Schwere Kreuzer* Zara *wurde durch Artilleriefeuer der Schlachtschiffe* Warspite, Barham *und* Valiant *versenkt.*

Schauplatz mit 22 kn näherte, ordnete er Luftangriffe ausgehend von Kreta und dem Flugzeugträger *Formidable* an. Um 10.58 Uhr sichtete die HMS *Orion*, der führende britische Kreuzer, unerwartet die *Vittorio Veneto*. Obwohl Pridham-Whipple sofort nach Südost wenden ließ, geriet man unter schweres, präzises Feuer. Da Cunninghams Schlachtschiffe noch rund 125 km entfernt waren, befanden sich die britischen Kreuzer in einer kritischen Lage, als die *Formidable* die Szene betrat. Trotz der mit großer Entschlossenheit durchgeführten Luftangriffe gab es keine Treffer, doch immerhin sah sich Iachino veranlasst, die Aktion abzubrechen und auf nordwestlichem Kurs heimzukehren, um weiteren Luftangriffen zu entgehen.

Als die *Vittorio Veneto* davonzog, befahl Cunningham einen weiteren Angriff, der indes nur fünf Flugzeuge umfasste, die das italienische Schlachtschiff erst um 15.19 Uhr erreichten. Als die Flugzeuge ihren Angriff starteten, profitierten sie davon, dass einige RAF Blenheims zeitgleich aus großer Höhe ihre Bomben abwarfen, was die italienischen Geschützführer ablenkte. Ein Torpedo beschädigte Ruder und Schrauben des Schlachtschiffs und brachte es vorübergehend zum Halten. Nun bestanden gute Aussichten, dass Cunningham das italienische Schlachtschiff würde einholen und erledigen können. Doch den Italienern gelang es, ihr Schiff wieder flott zu machen, das sich schließlich mit 16 kn entfernte.

Bei den folgenden Luftangriffen blieb die *Vittorio Veneto* verschont, doch ein Torpedotreffer setzte den Schweren Kreuzer *Pola* matt. Die 1. Kreuzerdivision (*Zara* und *Fiume*) erhielt Order, zusammen mit vier Zerstörern bei dem beschädigten Kreuzer zu bleiben. In der Nacht trafen Cunninghams Schlachtschiffe auf einen arglosen Gegner. Bis zur Herstellung des Sichtkontakts verwendeten sie Radardaten und eröffneten aus kürzester Entfernung das Feuer. Innerhalb weniger Minuten waren die *Zara* und *Fiume* nur mehr lodernde Wracks, und zwei italienische Zerstörer wurden ebenfalls versenkt.

Später bereiteten britische Zerstörer der angeschlagenen *Pola* den Garaus und machten sich gen Osten davon, wo sie im Morgengrauen zur Schlachtflotte stießen. Dies war ein herausragender Sieg für die Mittelmeerflotte unter Admiral Cunningham, denn schließlich hatte man drei Schwere Kreuzer und zwei Zerstörer versenkt und dabei nur ein einziges Flugzeug verloren. Zudem wurde die extreme Anfälligkeit des Schlachtschiffs gegenüber Luftangriffen aufgezeigt, denn die *Vittorio Veneto* war nur mit viel Glück entkommen.

In einem noch dramatischeren Zusammenstoß in den Weiten des Atlantiks sollten sich Flugzeuge ebenfalls als entscheidender Faktor erweisen. Am 18. Mai 1941 waren das neue Schlachtschiff *Bismarck* und der Schwere Kreuzer *Prinz Eugen* unterwegs nach Bergen in Norwegen, das ihnen als Stützpunkt für Angriffe auf alliierte Atlantikkonvois dienen sollte. Admiral John Tovey, Kommandeur der Home Fleet, entsandte sogleich Schiffe, um einem möglichen Ausbruch der deutschen Streitmacht zu begegnen. Die Kreuzer *Norfolk* und *Suffolk* patrouillierten in der Dänemarkstraße zwischen Island und dem arktischen Packeis, während Vizeadmiral Lancelot Holland mit dem Schlachtkreuzer *Hood* und dem neuen Schlachtschiff *Prince of Wales* nach Norden beordert wurde, um sich für ein mögliches Gefecht bereitzuhalten.

Am 22. Mai bestätigte ein Aufklärungsflugzeug, dass die *Bismarck* und *Prinz Eugen* tatsächlich aus Bergen aufgebrochen waren, woraufhin Admiral Tovey mit dem Rest der Home Fleet sofort Scapa Flow verließ. Erst am Abend des 23. Mai sichtete der Kreuzer *Suffolk* die beiden deutschen Schiffe in der Dänemarkstraße. Die Meldung wurde sogleich losgeschickt, und die beiden Kreuzer folgten den feindlichen Schiffen, wobei es ihre präzisen Angaben Holland ermöglichten, seine beiden Großkampfschiffe im Morgengrauen des 24. Mai an den Feind zu bringen.

Holland verlor keine Zeit und ließ die *Hood* und *Prince of Wales* auf Nordwestkurs möglichst rasch zum Feind aufschließen. Um 17.52 Uhr eröffnete die *Hood* das Feuer. Zwei Minuten später reagierte die *Bismarck* mit sehr präzisem Feuer. Als man sich auf weniger als 18 250 m genähert hatte, ließ Holland seine beiden Schiffe nach Backbord drehen, damit alle Geschütze feuern konnten. Dennoch wurde die *Hood* von der fünften Salve der *Bismarck* erwischt. Nach wenigen Sekunden riss eine gewaltige Explosion den großen

Unten: *Genau dieses Bild dürfte die kampfbereite HMS* Hood *abgegeben haben, bevor sie nur Sekunden später durch die unglaublich präzisen Geschütze der* Bismarck *zerstört wurde.*

Der Flugzeugträger HMS Ark Royal *gehörte zur in Gibraltar stationierten Force H. Seine Flugzeuge erzielten jene Torpedotreffer, die das Schicksal der* Bismarck *besiegelten.*

Schlachtkreuzer entzwei, der innerhalb von drei Minuten unterging und außer einer Rauchfahne und drei Überlebenden (von über 1400 Mann) nichts zurückließ. Für die Royal Navy war dies das größte Unglück aller Zeiten. Und die deutschen Schiffe konzentrierten ihr Feuer rasch auf die *Prince of Wales*, die mehrmals getroffen wurde. Nach Ausfall des Turms achtern musste sie sich zurückziehen, und die beiden deutschen Schiffe entfernten sich nach Südwest, weiterhin hartnäckig von den Kreuzern *Norfolk* und *Suffolk* beschattet. Die *Bismarck* kam indes nicht ungeschoren davon, da sie mindestens zwei schwere Granattreffer erhielt.

Aus Prestigegründen musste die Royal Navy nach dem Verlust der *Hood* nun unbedingt die *Bismarck* versenken. Während des gesamten 24. Mai wurden immer mehr Schiffe angewiesen, sich an der Jagd zu beteiligen, so auch die Schlachtschiffe *Rodney, Ramillies* und *Revenge*.

Die Force H *(Ark Royal, Renown* und *Sheffield)* war bereits von Gibraltar nach Norden unterwegs. Spät am Abend startete eine kleine Zahl von Swordfisch-Torpedobombern vom Home-Fleet-Träger *Victorious* zu einem mutigen, verregneten Nachtangriff und beanspruchte mindestens einen Treffer. Inzwischen war die *Bismarck* allein, denn die *Prinz Eugen* hatte sich vor

Oben: *Die 406-mm-Geschütze der HMS* Rodney *feuerten 380 Schuss auf die* Bismarck *ab.*

dem Luftangriff unbemerkt abgesetzt und blieb auf südlichem Kurs, um den feindlichen Kreuzern auszuweichen. Schließlich konnte ein Catalina-Flugboot den Kontakt am 26. Mai um 10.30 Uhr wiederherstellen. Die *Bismarck* befand sich nun fast unerreichbar weit vor Tovey auf der HMS *King George V.* Die einzige Hoffnung ruhte auf den Trägerflugzeugen der *Ark Royal*, die ideal vor der *Bismarck* platziert war. Die ersten 14 Flugzeuge starteten um 14.50 Uhr. Als sie zwischen den Wolken hindurch ein Schiff erblickten, tauchten sie hinab, doch unglücklicherweise handelte es sich nicht um die *Bismarck*, sondern um den zu ihrer Beschattung entsandten Kreuzer *Sheffield*.

Zum Glück verfehlten die Torpedos ihr Ziel, wenngleich einige vorzeitig explodierten. Hastig bereitete man einen zweiten Angriff vor. In der Abenddämmerung starteten 15 Swordfish ihren Angriff. Trotz schweren Flakfeuers konnten sie ihre Torpedos dicht ans Ziel bringen. Die *Bismarck* erhielt mindestens zwei Treffer, wobei die genauen Schäden zunächst nicht klar waren. Tatsächlich hatte einer der Torpedos die Ruderanlage beschädigt, sodass das Schiff zunächst unkontrolliert im Kreis fuhr, um schließlich auf einem Schleifenkurs nach Nordwest zu fahren.

Nun hatte die *King George V* eigentlich freie Bahn, um zusammen mit der *Rodney* die *Bismarck* zu attackieren, doch Tovey wollte bis zum Morgengrauen warten. Die *Rodney* eröffnete das Feuer, kurz darauf gefolgt von der *King George V*, und diesmal war die britische Artillerie so präzise wie die deutsche. Die *Rodney* landete mit ihrer dritten Salve einen Treffer, und weitere legten die vorderen Türme der *Bismarck* lahm. Als sich beide Schlachtschiffe schließlich auf 2750 m genähert hatten, erzielte die *Rodney* einen Treffer mit einem ihrer 622-mm-Torpedos – das einzige bekannte Beispiel für ein Schlachtschiff, das ein anderes torpediert. Da die *Bismarck* lichterloh brannte und offensichtlich am Ende war, machten sich die britischen Schlachtschiffe, denen der Treibstoff auszugehen drohte, nach Nordwest davon und überließen es den Kreuzern, sie mit ihren Torpedos zu erledigen.

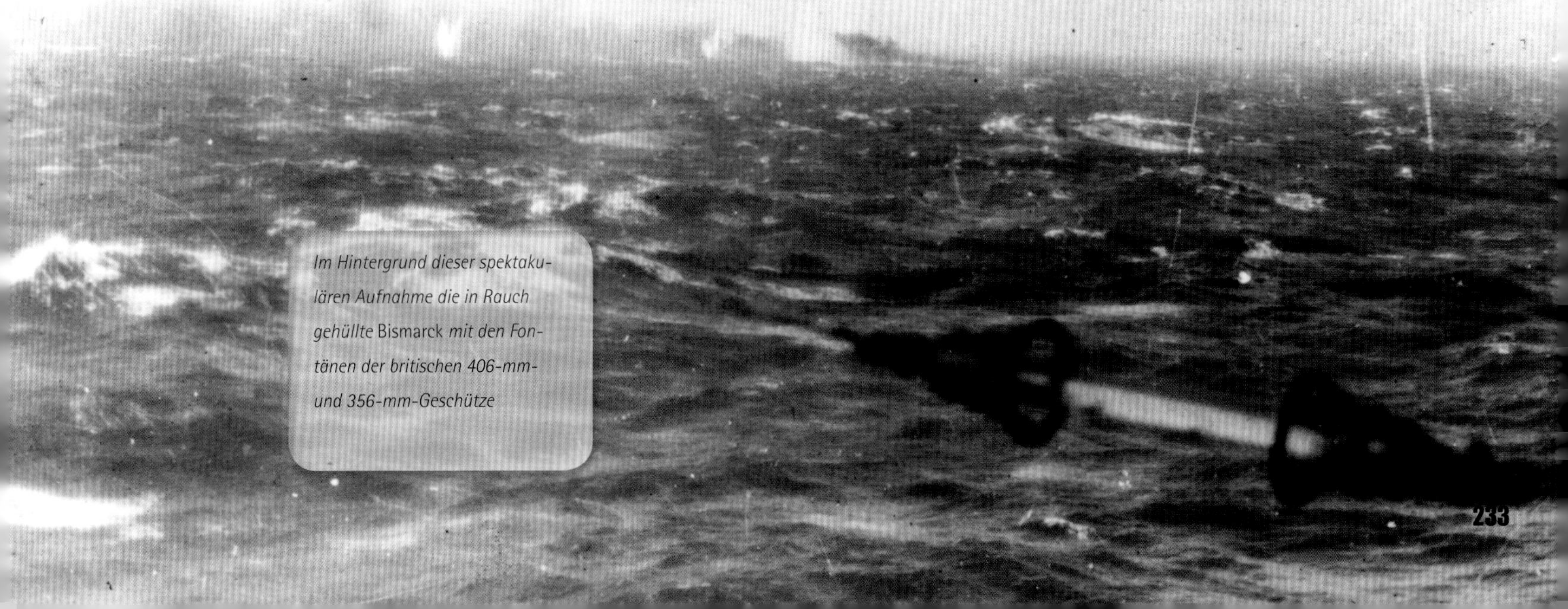

Im Hintergrund dieser spektakulären Aufnahme die in Rauch gehüllte Bismarck *mit den Fontänen der britischen 406-mm- und 356-mm-Geschütze*

Die an Bord eines japanischen Flugzeugs gemachte Aufnahme zeigt die Frühphase des Angriffs auf Pearl Harbor. Die meisten Schlachtschiffe haben ihre Sonnenschutzsegel ausgebreitet, man erkennt Wellen von Torpedo- und Bombenexplosionen und im Hintergrund die Rauchsäulen brennender Flugzeuge in Hickham Field.

Der Zweite Weltkrieg

Das große deutsche Schlachtschiff schlug um und sank um 10.40 Uhr; nur 110 Überlebende konnten geborgen werden, bevor man sich wegen drohender Flugzeug- und U-Boot-Attacken zurückziehen musste. Die *Hood* war gerächt worden, und eine der größten und dramatischsten Seejagden war zu Ende.

Ende 1941 verlagerte sich der Schwerpunkt des Seekriegs schlagartig in den Pazifik, wo japanische Flugzeuge von sechs Flugzeugträgern aus im Morgengrauen des 7. Dezember einen Überraschungsangriff auf die in sauberen Reihen in Pearl Harbor (Hawaii) vertäuten Schlachtschiffe der US-Pazifikflotte starteten. Die ersten Bomben fielen um 7.55 Uhr, als sich die Amerikaner auf das traditionelle Hissen der Flaggen um 8.00 Uhr vorbereiteten. In der Kriegsgeschichte gibt es kein deutlicheres Beispiel für einen Überraschungsangriff. Schon nach wenigen Minuten wurde der Welt in einer dramatischen Meldung verkündet, dass die USA sich im Krieg befanden: „Luftangriff auf Pearl Harbor. Dies ist keine Übung!" Kate-Torpedobomber donnerten dicht über dem Wasser heran und konnten ihr Ziel aufgrund der geringen Distanzen kaum verfehlen. Zugleich fielen Val-Sturzkampfbomber über die hilflosen Schlachtschiffe her, und fast jede Bombe fand ihr Ziel. Innerhalb von nur fünf Minuten war die einstmals stolze Schlachtschifflinie nur noch eine lodernde Masse. Die *Arizona* wurde durch eine gewaltige Explosion zerstört, als die vorderen Magazine in die Luft flogen. Das rasch auf Grund sinkende Schiff riss über 1100 von 1400 Mann in den Tod. In vorderster Front wurde die *California* von zwei Torpedos und einer Bombe getroffen, die ein Magazin in die Luft jagte. Das große Schiff versank rasch und stieß aufrecht in den Meeresgrund.

Die außen hinter ihr liegende *Oklahoma* erhielt drei Torpedotreffer an der Backbordseite. Innerhalb von 15 Minuten war sie gekentert und lag kieloben auf Grund. Die nur von zwei Bomben getroffene *Maryland*

Schwierige Bergung des Wracks der USS Oklahoma *(BB37) im Dezember 1943*

Die USS New Jersey *(BB62), das zweite Schlachtschiff der neuen Iowa-Klasse, wurde im Sommer 1943 in die Pazifikflotte aufgenommen.*

kam relativ ungeschoren davon. Die nächsten beiden Schiffe *Tennessee* und *West Virginia* wurden auf ähnliche Weise attackiert. Als äußeres Schiff erhielt die *West Virginia* mehrere Torpedotreffer, doch rasches Gegenfluten konnte ein Kentern verhindern. Die *Tennessee* erhielt nur zwei Bombentreffer, wurde jedoch durch Feuer und umherfliegende Trümmer beschädigt, als die *Arizona* hinter ihr explodierte. Das letzte und zugleich älteste Schlachtschiff der Linie war die *Nevada*; sie schaffte es, ihre Flak rechtzeitig zu aktivieren, um mindestens einen der Angreifer abzuschießen. Und es gelang ihr, sich trotz eines Torpedo- und zweier Bombentreffer davonzumachen.

Der folgenden zweiten Angriffswelle der japanischen Flugzeuge, die nun nicht mehr auf das Überraschungsmoment bauen konnten, wurde ein weitaus heißerer Empfang bereitet. Dennoch vollendeten sie den Auftrag, die am Boden befindlichen Flugzeuge zu zerstören und konzentrierten sich auf die fliehende *Nevada*. Um das Untergehen zu verhindern und den Hauptkanal zu blockieren, wurde das tapfere Schiff vor Hospital Point auf Grund gesetzt. Von den eingesetzten 361 japanischen Flugzeugen kehrten rund 29 nicht zurück und weitere wurden beschädigt – ein geringer Preis für den erzielten Erfolg, denn sieben Schlachtschiffe, ein Leichter Kreuzer und drei Zerstörer waren versenkt oder beschädigt und über 250 Flugzeuge ausgeschaltet und viele weitere beschädigt worden. Die US-Streitkräfte verloren rund 2500 Menschen, Offiziere und Mannschaften – eine ungeheure Katastrophe.

Die Verluste von Pearl Harbor gaben dem laufenden US-Schlachtschiffbauprogramm neue Impulse. Der Bau der vier Schiffe der South-Dakota-Klasse wurde beschleunigt, sodass sie 1942 in Dienst gestellt werden konnten; die vier Schiffe der Iowa-Klasse wurden 1940/41 auf Kiel gelegt.

Dies sollten die größten und schnellsten amerikanischen Schlachtschiffe werden, wobei sie im Grunde die gleiche Bewaffnung besaßen wie die ältere North-Carolina- und South-Dakota-Klasse (neun 406-mm- und 20 127-mm-Geschütze plus zahlreiche leichte Flak). Eingebaut wurden indes Dampfturbinen auf vier Wellen mit einer Leistung von 210 000 WPS und der Rumpf wurde auf 262 m verlängert. Mit ihrem geschwungenen Rumpf, der oft mit einer Colaflasche verglichen wurde, erreichten diese Schlachtschiffe 33 kn. Die Verdrängung stieg auf 45 000 t (wie ab 1938 durch den Washingtoner Flottenvertrag erlaubt), wovon der Panzerschutz nicht weniger als 18 700 t (41 %) ausmachte. Diese prächtigen Schiffe wurden 1943/44 in Dienst gestellt, wobei die USS *New Jersey* innerhalb von nur 32 Monaten fertig wurde – ein weiteres Beispiel für die industriellen Kapazitäten der USA und eine wohl von keinem anderen Land erreichbare Leistung.

Die USS Alaska *(CB1) war einer von zwei Schlachtkreuzern mit 305-mm-Geschützen, die 1944 in Dienst gestellt wurden.*

Zwei weitere Schiffe dieser Klasse *(Illinois* und *Kentucky)* wurden gegen Ende des Kriegs auf Kiel gelegt, doch die Arbeiten an der *Illinois* stellte man im August 1945 ein, während die weitgehend fertige *Kentucky* 1959 abgewrackt wurde. Geplant war auch eine vergrößerte Iowa-Klasse: Sechs Schiffe der Montana-Klasse wurden 1940 bestellt, doch aufgrund anderer Aufgaben hatte man mit der Arbeit noch nicht begonnen, als das Projekt 1943 annuliert wurde.

Während ein Krieg mit Japan 1940 immer wahrscheinlicher wurde, kursierten Gerüchte, wonach das Land kleine Schlachtkreuzer baute – ähnlich der deutschen *Scharnhorst*, doch mit 305-mm-Geschützen bewaffnet. So wurde die Forderung nach schnellen, gut bewaffneten Schiffen laut, um diesen und auch den bereits existierenden, mit 203-mm-Geschützen bewaffneten japanischen Kreuzern zu begegnen. Das Ergebnis war die Alaska-Klasse, die ersten und einzigen Schlachtkreuzer der US Navy, die dem deutschen Design äußerlich ähnlich waren. Bei einer Verdrängung von rund 27 500 t waren diese Schiffe mit neun 305-mm-Geschützen bewaffnet und erreichten 33 kn, wenngleich der Panzerschutz eher einem Kreuzer entsprach: Gürtelpanzer 13–22 cm, Barbetten und Kommandoturm 22 cm.

Die ersten beiden *(Alaska* und *Guam)* der sechs bestellten Schiffe wurden zwei Monate nach Pearl Harbor auf Kiel gelegt und Mitte 1944 in Dienst gestellt – rechtzeitig, um an dem endgültigen Vorstoß gegen Japan teilzunehmen. Ein drittes Schiff *(Hawaii)* wurde 1943 auf Kiel gelegt, doch nicht fertiggestellt. Die Aufträge für die restlichen Schiffe wurden storniert.

Noch während des Angriffs auf Pearl Harbor fielen japanische Streitkräfte auf den Philippinen und in Malaysia ein. Mit derartigen Vorstößen hatte die Royal Navy gerechnet und einen Verband nach Singapur entsandt, darunter auch das Schlachtschiff HMS *Prince of Wales* und der Schlachtkreuzer HMS *Repulse*, nicht aber den Flugzeugträger HMS *Indomitable*. Am frühen Morgen des 8. Dezember wurde die Landung japanischer Truppen im Norden Malaysias gemeldet.

Admiral Philipps beschloss, einen Vorstoß gegen die japanischen Truppentransporte zu versuchen und erreichte im Morgengrauen des 10. Dezember die malaysische Stadt Kuantan, wo er jedoch keine Landungstruppen vorfand. Japanische Aufklärungsflugzeuge hatten inzwischen die britischen Schiffe gemeldet, die wiederum um kurz nach 11 Uhr einen Verband von Höhenbombern im Anflug sichteten. Während der nächsten zwei Stunden waren die beiden Schiffe das

Die Marinebasis Singapur war zum Stützpunkt einer größeren Kriegsflotte ausgebaut worden. Im Dezember 1941 waren indes nur die Prince of Wales *(hier bei ihrer Ankunft) und die* Repulse *verfügbar.*

Die HMS Repulse **(links unten)** *entgeht den aus großer Höhe abgeworfenen Bomben nur knapp, während die aus der beschädigten* Prince of Wales **(rechts oben)** *aufsteigenden Rauchwolken zeigen, dass ihre steuerbordseitigen 133-mm-Geschütze noch aktiv sind.*

Ziel der Bomber und geschickt koordinierter Torpedoattacken. Bald wurde die *Prinz of Wales* von einem oder zwei Torpedos getroffen, die eine Schraube absprengten, die Backbordmaschinen vernichteten und das Ruder beschädigten. Das Schiff bekam Schlagseite und war kaum manövrierfähig, zudem war die halbe Flak durch Stromausfall ausgeschaltet. Danach sah sich die *Repulse* mehreren Attacken ausgesetzt und ging, nachdem sie fast gleichzeitig vier Torpedotreffer erhalten hatte, innerhalb weniger Minuten unter. Drei weitere Torpedos bereiteten der gleichsam wehrlosen *Prince of Wales* das Ende – sie schlug um und versank.

Den Zerstörern gelang es, 1285 Mann von der *Prince of Wales* und weitere 796 von der *Repulse* (von insgesamt 2911 Mann) zu bergen. Durch den Untergang der beiden englischen Schiffe unmittelbar nach den amerikanischen Verlusten von Pearl Harbor erhielt Japan eine unstreitbare maritime Überlegenheit, die es rasch nutzen würde. Mehr noch: Dieser Angriff läutete das Ende des Schlachtschiffs als entscheidendem Faktor auf See ein und bewies, dass das Flugzeug seine Rolle übernommen hatte.

Im Mittelmeer und daheim wurde die Royal Navy von weiteren Katastrophen heimgesucht. Nur zwei Wochen vor Pearl Harbor war das Schlachtschiff *Barham* vor der ägyptischen Küste von U-331 torpediert und versenkt worden – 800 Mann fanden den Tod. Noch Schlimmeres folgte am 19. Dezember, als italienische Taucher Haftminen an den im ägyptischen Alexandria vor Anker liegenden Schlachtschiffen *Queen Elizabeth* und *Valiant* befestigten. Die Explosionen richteten größere Schäden an, sodass beide Schiffe für Monate ausfielen und die Mittelmeerflotte nicht mehr existierte.

Weiterer Ärger wartete Anfang 1942 vor der eigenen Haustür. Mit dem Vorstoß der *Bismarck* wollten die Deutschen auf dem Erfolg einer früheren Operation der Schlachtkreuzer *Scharnhorst* und *Gneisenau* aufbauen, die die französische Stadt Brest am 22. März 1941 unbeschadet erreichten, nachdem sie 21 alliierte Handelsschiffe versenkt oder erbeutet hatten. Am 1. Juni schloss sich ihnen der Kreuzer *Prinz Eugen* an, der die *Bismarck* begleitet hatte. Alle drei deutschen Schiffe waren in den nächsten Monaten wiederholt massiven Luftangriffen ausgesetzt und trugen erhebliche Schäden davon. Wenn sie weiterhin in Brest blieben, würden sie irgendwann unvermeidlich Bomben zum Opfer fallen. Also ersann man auf Betreiben Hitlers einen gewagten Plan, um sie nach Deutschland zurückzuholen.

Die gewählte Route führte nicht etwa durch die Weiten des Atlantiks, sondern durch den engen Ärmelkanal, direkt an der Royal Navy und der RAF vorbei. Das Glück war den Deutschen von Beginn an hold, und durch eine Reihe von Missgeschicken wurden die Schiffe erst am Vormittag entdeckt, als sie bereits hinter Le Havre waren.

Cunninghams Flaggschiff HMS Queen Elizabeth *fiel nach einem gewagten Vorstoß italienischer Taucher für viele Monate aus.*

Während sie durch die Straße von Dover preschten, wurden die deutschen Schiffe von britischen Motortorpedobooten (MTBs) und sechs waghalsigen Swordfish-Flugzeugen attackiert, die allesamt abgeschossen wurden. Küstenbatterien in Dover hatten um 12.15 Uhr kurz das Feuer eröffnet, doch die deutschen Schiffe waren bald außer Reichweite und kamen unbeschadet davon. Der deutsche Verband konnte seinen nordöstlichen Kurs weitere zwei Stunden unbehelligt fortsetzen, bis die *Scharnhorst* um 14.30 Uhr auf eine Mine lief und ihre Fahrt vor der belgischen Küste kurz unterbrechen musste, doch es entstanden keine größeren Schäden. In den nächsten zweieinhalb Stunden wurden die deutschen Schiffe durch unkoordinierte Luftangriffe gestört, die ihr Ziel allerdings verfehlten. Auch der mutige Angriff eines in Harwich stationierten Zerstörergeschwaders wurde abgewehrt.

Um die deutschen Schiffe zu stoppen, konnte nun nichts weiter unternommen werden. Nördlich von Vlieland lief zwar auch die *Gneisenau* auf eine Mine, die jedoch nicht viel anrichtete, sodass das Schiff seinen Weg schon bald wieder mit 25 kn fortsetzte. Fast zwei Stunden später lief die *Scharnhorst* nochmals auf eine Mine – diesmal mit der Folge größerer Schäden. Alle Maschinen wurden angehalten, und es waren 1000 t Wasser eingedrungen, bis man wieder Herr der Lage wurde und das Schiff sich am nächsten Morgen nach Wilhelmshaven schleppen konnte. Letztlich konnte die deutsche Kriegsmarine hier zweifellos einen taktischen Sieg verbuchen, wenngleich strategisch kaum etwas erreicht wurde. Nur zwei Wochen später wurde die *Gneisenau* durch Fliegerbomben so stark beschädigt, dass sie außer Dienst gestellt werden musste. Die *Scharnhorst* schloss sich den deutschen

Kleines Foto unten: *Fast drei Jahre lang bedeutete die bloße Anwesenheit der* Tirpitz *in den norwegischen Fjorden eine Bedrohung für die alliierten Konvois und damit die zwangsläufige Bindung der schweren Verbände der Home Fleet.*

Marineverbänden in Norwegen an – damit konnte die Royal Navy nun zumindest ihre eigenen Verbände darauf konzentrieren, dieser Bedrohung zu begegnen, ohne zugleich einem Ausbruch weiterer Schiffe aus den französischen Häfen begegnen zu müssen.

Dies geschah zur rechten Zeit, denn seit der deutschen Invasion Russlands im Mai 1941 gehörte Russland zu den Alliierten – was dazu führte, dass Versorgungskonvois durch das Nordpolarmeer bis Murmansk fuhren. Die in Norwegen stationierten deutschen See- und Luftstreitkräfte stellten eine ernste Gefahr dar, so vor allem die *Tirpitz*, das Schwesterschiff der *Bismarck*.

Wenngleich sie nie in Kampfhandlungen mit alliierten Marineverbänden verwickelt war, machte es ihre bloße Gegenwart notwendig, dass sich die Schlachtschiffe der Home Fleet bereithielten, um bei einem möglichen Angriff auf einen Konvoi einzugreifen. Am nachdrücklichsten zeigte sich die von der *Tirpitz* ausgehende Bedrohung, als der große Konvoi PQ17 am 27. Juni 1942 aufbrach – er bestand aus 37 Handelsschiffen mit einer starken Eskorte einschließlich Fernsicherung durch die Schlachtschiffe HMS *Duke of York* und USS *Washington*. In der Annahme, dass die *Tirpitz* ausgelaufen sei und bald angreifen werde, ordnete die britische Admiralität am 3. Juli 1942 die Auflösung des Konvois an. Da er sich zu diesem Zeitpunkt jedoch bereits außerhalb des Schutzes durch schwere alliierte Verbände befand, wurde er zur leichten Beute feindlicher Flugzeuge und U-Boote. So wurde die *Tirpitz* durch ihre bloße Präsenz zum Garanten eines wichtigen Erfolgs der deutschen Verbände, ohne auch nur einen Schuss abgegeben zu haben. Die Zahlen sprachen für sich: Von den

Der Erfolg der gewagten Flucht der Schlachtkreuzer Scharnhorst *und* Gneisenau *von Brest durch den Ärmelkanal nach Deutschland verdankt sich penibler Planung und einer Reihe glücklicher Umstände. Die Schiffe wurden erst entdeckt, als es für wirksame Gegenmaßnahmen bereits zu spät war.*

Die von Torpedoschutznetzen umgebene Tirpitz im Altafjord; diese Hindernisse mussten die Kleinst-U-Boote X6 und X7 bei ihrem halbwegs erfolgreichen Angriff am 22. September 1943 überwinden.

33 Schiffen des Alliiertenkonvois (die vier übrigen hatten aufgrund diverser Probleme umkehren müssen) wurden nicht weniger als 24 versenkt. Die russischen Konvois wurden daraufhin für den Rest des Sommers sofort eingestellt. Und die Royal Navy hatte wie nur selten eine schallende Ohrfeige erhalten.

Obwohl sie nur selten auslief, konnte die *Tirpitz* auch in den folgenden zwei Jahren beträchtliche alliierte Ressourcen binden. Im September 1943 erzielte ein gewagter Angriff britischer Kleinst-U-Boote einen Teilerfolg. Sturzkampfbomber, die am 3. April 1944 von durch die Schlachtschiffe *Duke of York* und *Anson* begleiteten Flugzeugträgern gestartet waren, verursachten erhebliche Schäden. Dieser Operation Tungsten folgten im Juli und August die weniger erfolgreichen Operationen Mascot und Goodwood. Im September gelang den von russischen Stützpunkten gestarteten RAF Lancasters ein Nahtreffer: Die 5-t-Bombe verursachte derartige Schäden, dass die *Tirpitz* nicht mehr seefähig war, ins norwegische Tromsø verlegt und als schwimmende Batterie verankert wurde, bevor sie am 12. November 1944 zerstört wurde und kenterte; dabei fanden 1204 Mann den Tod.

Für die alliierten Konvois verkörperte die Überwasserflotte der Kriegsmarine nun keine weitere Gefahr, denn die *Scharnhorst* war am 26. Dezember 1943 im letzten in europäischen Gewässern ausgetragenen Artilleriegefecht versenkt worden. Sie war aus ihrer Stellung in Norwegen ausgelaufen, um Konvoi JW55B zu attackieren, wurde jedoch in der Nacht durch Teile der Home Fleet abgefangen.

Fraser hielt Radarkontakt zur *Scharnhorst*, bis sich der Abstand auf 10 900 m verringert hatte und der überraschte deutsche Schlachtkreuzer die Flucht antrat, jedoch durch mehrere 356-mm-Granaten aufgehalten wurde. Das massive Artilleriefeuer und die Torpedos der begleitenden Kreuzer und Zerstörer bereiteten ihm den Rest.

Im Mittelmeer war den Alliierten bereits ab Ende 1942 neuerliches Glück beschieden, so auch bei der im November 1942 begonnenen Invasion Nordafrikas (Operation Torch). Verantwortlich für die Landungen rund um Casablanca war eine US-Einsatzgruppe mit Unterstützung durch die Schlachtschiffe *Massachusetts* und *Texas*. Widerstand leistete unter anderem der einzige Geschützturm des nicht ganz fertiggestellten,

Die kampferprobte Scharnhorst *wurde in der Nacht des 26. Dezember 1943 durch das Schlachtschiff HMS* Duke of York *versenkt; 1803 Mann verloren das Leben.*

unbeweglichen französischen Schlachtschiffs *Jean Bart*, das durch Artilleriefeuer der *Massachusetts* und Angriffe durch Trägerflugzeuge stark beschädigt wurde und am späteren Kriegsverlauf nicht mehr teilnahm; nach dem Krieg wurde die *Jean Bart* repariert und 1955 wieder in Dienst gestellt. Derweil befand sich ihr Schwesterschiff *Richelieu* weiterhin in Dakar und nahm nicht an den Kampfhandlungen teil. Als sich französische Truppen den Alliierten anschlossen, wurde die *Richelieu* in New York repariert und später, voll ausgerüstet, in der britischen Fernostflotte eingesetzt.

Im Pazifik verbuchten die Allierten 1942 keineswegs nur Erfolge, denn die Japaner räumten anfangs gründlich auf, bis sie in der Schlacht im Korallenmeer (Mai) einen Dämpfer erhielten und in der Schlacht um Midway (Juni) vernichtend geschlagen wurden. Neu an diesen Auseinandersetzungen war, dass sich die feindlichen Schiffe nie auf Sichtweite näherten und die Kampfhandlungen ausschließlich durch Trägerflugzeuge ausgetragen wurden. Nach Midway waren die US-Verbände in der Lage, einen langen Beutezug quer über den Pazifik zu starten, um schließlich Japan zu erreichen und den Krieg zu beenden. Auf diesem ebenso langen wie blutigen Weg sollten auch Schlachtschiffe eine Rolle spielen, doch diesmal als Hilfselement der neuen, trägergestützten Einsatzgruppen, die sie aus der Nähe vor allem gegen Luftangriffe schützen konnten. Dank ihrer Größe verfügten sie über ansehnliche Batterien aus 20-mm- und 40-mm-Flak, um das kontrollierte Feuer der 127-mm-Geschütze zu unterstützen. Die USS *North Carolina* beispielsweise besaß 1945 nicht weniger als 96 40-mm-Flugabwehrkanonen in 24 Vierlingslafetten, die durch mehrere einzelne 20-mm-Geschütze ergänzt wurden.

Ihren Wert bewiesen die neuen Schlachtschiffe erstmals in der Schlacht bei den Santa-Cruz-Inseln im Oktober 1942, einem von mehreren Gefechten rund um die Salomonen nach der Landung von US-Marines auf der Insel Guadalcanal im August.

Die in dieser Schlacht eng mit dem Flugzeugträger *Enterprise* kooperierende USS *South Dakota* konnte mehrere ihrer Angreifer abschießen und erhielt Treffer, die sonst womöglich dem empfindlicheren Flugzeugträger gegolten hätten. Ungeachtet der nun im Mittelpunkt stehenden Trägeroperationen führten japanische Versuche, die US-Truppen auf Guadalcanal auszuschalten, vom 12. bis 15. November 1942 zu einigen erbitterten nächtlichen Auseinandersetzungen (Seeschlacht von Guadalcanal), bei denen Schlachtschiffe eine größere Rolle spielten. Alles begann in der Nacht des 12. Novembers, als starke japanische Verbände (einschließlich des 11. Schlachtgeschwaders mit der *Hiei* und *Kirishima)* im vorgelagerten Eisensund einliefen, um US-Küstenstellungen zu bombardieren. Hier lieferten sie sich mit amerikanischen Zerstörern und Kreuzern ungeordnete Scharmützel, bei denen die Amerikaner mehrere Zerstörer und zwei Kreuzer einbüßten, die Japaner indes nur zwei Zerstörer, obwohl

Die unvollständige Jean Bart *im November 1942 in Casablanca (Marokko) nach dem Einmarsch der Alliierten in Nordafrika – mit deutlichen Schäden aufgrund des zusammen mit Vichy-Verbänden geleisteten Widerstands*

Oben: *Japanische Torpedobomber nähern sich der USS* South Dakota *(links im Bild) am 26. Oktober 1942 während der Schlacht bei den Santa-Cruz-Inseln. Mit ihrer Feuerkraft trug die Flak des Schlachtschiffs maßgeblich zum Schutz des Flugzeugträgers USS* Enterprise *bei.*

das Schlachtschiff *Hiei* mehrmals von den 203-mm-Granaten der USS *Portland* und USS *San Francisco* sowie durch einige Torpedos getroffen wurde. Die somit verlangsamte *Hiei* wurde tags darauf zur leichten Beute – der einerseits von Henderson Field auf Guadalcanal, andererseits vom Träger *Enterprise* gestarteten Flugzeuge, die sich von Süden näherten.

Eine noch dramatischere Auseinandersetzung ereignete sich in der Nacht des 14. Novembers. Um den Druck auf Guadalcanal zu erhöhen, wurde ein größerer Verband aus Admiral Kondos 2. Flotte zu einem weiteren Bombardement entsandt. Neben dem Schlachtschiff *Kirishima* bestand dieser aus zwei Schweren Kreuzern und zwei Zerstörer-Divisionen, die jeweils durch einen Leichten Kreuzer angeführt wurden. Doch die Amerikaner erhielten Verstärkung durch die Task Force 64 mit den Schlachtschiffen *South Dakota* und *Washington* unter Konteradmiral Willis „Ching" Lee. Lee, der genaue Vorstellungen vom taktischen Einsatz von Schlachtschiffen hatte, war im Gegensatz zu vielen seiner Berufskollegen mit den modernsten Radarausrüstungen bestens vertraut. Die am Eingang des Eisensunds eingerichtete Patrouille empfing dann auch steuerbords ein rund 9,5 km entferntes Radarsignal. Die Schlachtschiffe eröffneten das Feuer auf dieses Ziel – wie sich herausstellte, handelte es sich

Unten: *In der Nacht des 14. Novembers 1942 versenkte die USS* Washington *mit radargeleitetem Artilleriefeuer das japanische Schlachtschiff* Kirishima *in der Seeschlacht von Guadalcanal – eine der wenigen direkten Konfrontationen von Schlachtschiffen während des Zweiten Weltkriegs.*

Oben: *Artillerieleitstand eines US-Schlachtschiffs; hier werden die durch Radar und optische Entfernungsmesser erhaltenen Daten über Entfernung, Kurs und Geschwindigkeit in einen Rechner eingespeist, um die Geschütze korrekt auf das Ziel ausrichten zu können..*

um den Leichten Kreuzer *Sendai*, der prompt abdrehte und sich davonmachte. Kurz darauf trafen die vier vor den Schlachtschiffen aufklärenden US-Zerstörer auf einige japanische Zerstörer, die ihnen schwer zusetzten: Sie versenkten drei der Schiffe und beschädigten eines stark. Einen weiteren Rückschlag erlitt Lee, als auf der *South Dakota* der Strom ausfiel und damit auch das Radar und das Feuerleitsystem – keine gute Voraussetzung, um dem kombinierten Beschuss durch das Schlachtschiff *Kirishima* und die Schweren Kreuzer *Atago* und *Takao* zu begegnen, die an den Aufbauten insgesamt mehr als 40 Treffer landeten.

Während die *South Dakota* im Mittelpunkt unerwünschter Aufmerksamkeit stand, eilte Lee auf der *Washington* weiter voraus und konnte das japanische Schlachtschiff *Kirishima* aus knapp 7700 m überraschen. In nur sieben Minuten wurde die *Kirishima* von neun 406-mm- und 40 127-mm-Granaten getroffen, die zahlreiche nicht eindämmbare Brände auslösten und das Schiff in ein hilfloses Wrack verwandelten. Als die *Washington* ihren Kurs später nach Nordwest fortsetzte, erwies sich dies als erfolgreicher Versuch, die der *South Dakota* arg zusetzenden Schiffe abzulenken.

Um 0.25 Uhr beschloss Admiral Kondo, das Bombardement einzustellen und ordnete den Rückzug an. Noch einmal war Henderson Field von einem größeren Bombardement verschont geblieben, und ein zweites japanisches Schlachtschiff konnte versenkt werden. In einem dreitägigen Dauergefecht hatten die Japaner zwei Schlachtschiffe, einen Schweren Kreuzer und wenigstens drei Zerstörer eingebüßt. Die amerikanischen Verluste bestanden aus zwei Leichten Kreuzern und sieben Zerstörern. Auf beiden Seiten wurden mehrere Schiffe stark beschädigt. Zwar konnte keine einen klaren Sieg für sich beanspruchen, doch von nun an begann die US Navy, die Initiative zu ergreifen.

Unten: *In Guadalcanal geriet die USS* South Dakota *durch Radarausfall versehentlich zu dicht an die* Kirishima *und andere japanische Schiffe heran. Mehrere 356-mm-Granaten setzten den achtern aufgestellten Turm, das Feuerleitsystem und die meisten Radare außer Betrieb.*

Die Kampfhandlungen auf und rund um Guadalcanal dauerten noch mehrere Wochen, doch im Februar 1943 waren die Japaner von der Insel abgezogen und US-Truppen begannen Insel für Insel in Richtung auf den großen japanischen Marinestützpunkt Rabaul vorzurücken. Der Aufbau trägergestützter Einsatzgruppen gestattete inzwischen auch einen Vorstoß über den zentralen Pazifik. Amphibische Operationen begannen im November 1943 auf den Gilbert-Inseln, gefolgt von den Marianen (Februar 1944) und Saipan (Juni 1944).

Die Saipan-Operation war von Bedeutung, weil sie einen Stützpunkt für die B-29-Bomber gegen Japan sicherstellte. Eine wichtige Rolle bei all diesen Operationen spielten Schlachtschiffe der US Navy, wobei die neuen schnellen Schiffe zusammen mit den Trägereinsatzgruppen operierten, während die älteren Klassen den Landungstruppen die dringend notwendige Feuerunterstützung boten.

Im Oktober 1944 startete eine große Operation zur Rückeroberung der Philippinen, und eine starke Invasionstruppe landete auf der südlichen Insel Leyte. Unterstützt wurde sie durch eine Flotte aus über 700 Schiffen, darunter sechs schnelle Schlachtschiffe unter Admiral Lee und zur Feuerunterstützung sechs ältere Schlachtschiffe unter Konteradmiral Jesse Oldendorff. Um dieser Front zu begegnen, entschied sich die Kaiserlich Japanische Kriegsmarine für einen komplizierten Plan, die Invasion zu zersprengen, wofür sie praktisch ihre gesamte Flotte einsetzte, auch die Halb-Flugzeugträger *Hyuga* und *Ise*.

Nach den Trägerverlusten von Midway hatte man auf diesen beiden Schiffen die Türme achtern durch einen Hangar mit kurzem Flugdeck ersetzt. Vorgesehen war der Transport von bis zu 20 Schwimmer-Sturzbombern, die per Katapult starten und nach der Landung auf dem Wasser per Kran geborgen werden sollten. Doch dazu kam es nicht, denn die entsprechenden Flugzeuge wurden nie gebaut. Da die japanischen

Oben: *Ungeachtet der erbitterten Gefechte im Pazifik wurde jede Entspannungsmöglichkeit dankbar angenommen.*

Unten: *Die japanischen Schlachtschiffe der Ise-Klasse wurden 1943 in eine Kreuzung aus Schlachtschiff und Flugzeugträger umgewandelt, was sich indes als unpraktisch erwies. Noch vor Kriegsende wurden daher auf den Flugdecks zahlreiche Flugabwehrgeschütze montiert.*

Trägergruppen in der vorangegangenen Schlacht in der Philippinensee dezimiert worden waren, entsandte man nun vier Träger und zwei Halb-Flugzeugträger als Köder weit nach Norden – mit vollem Erfolg, denn so wurden Admiral William Halseys Task Force 38 und Lees Schlachtschiffe von der Task Force 34 weit vom Hauptkampfgebiet rund um Leyte abgezogen.

Erstmals aufmerksam auf den in zwei Spitzen gegliederten japanischen Hauptkampfverband wurden die Amerikaner am 24. Oktober. Als Vizeadmiral Takeo Kuritas 1. Kampfverband die Sibuyan-See nördlich von Leyte passierte, wurde er schon bald durch US-Trägerflugzeuge angegriffen. Diese konzentrierten sich auf die *Musashi*, die schließlich versenkt wurde; dazu allein waren 20 Torpedos und mehr als ein Dutzend schwere Bomben nötig.

Auch die *Nagato* wurde von zwei Torpedos getroffen, und am Abend ordnete Kurita den Rückzug an. Die von Admiral Shoji Nishimura kommandierte zweite Spitze bestand aus den Schlachtschiffen *Fuso* und *Yamashiro* sowie mehreren Kreuzern und Zerstörern. In der Abenddämmerung des 24. Oktobers näherten sie sich Leyte von Süden durch die Straße von Surigao, wo sie ständigen Torpedoattacken durch amerikanische Zerstörer und Patrouillen-Torpedoboote ausgesetzt waren. Die von einem Torpedo getroffene *Fuso* scherte brennend aus, und auch die *Yamashiro* wurde getroffen. Zehn Minuten später kamen weitere US-Zerstörer hinzu, die auf der *Yamashiro* einen weiteren Treffer landeten und auch die *Fuso* nochmals attackierten, sodass sie später unterging. Dennoch preschte das Flaggschiff *Yamashiro* weiter voran, nun nur noch begleitet von dem Kreuzer *Mogami* und dem Zerstörer *Shigure*.

Der Admiral rechnete offenbar nicht mit jener Feuerkraft, die ihn in Gestalt von Oldendorffs sechs Schlachtschiffen plus neun Kreuzern erwartete. Oldendorffs Schlachtschiffe verfolgten auf ihrem ostwestlichen Patrouillenkurs die japanischen Schiffe per Radar. Sie waren perfekt positioniert und eröffneten das Feuer um 3.53 Uhr. Die *Yamashiro* wurde rasch zum Wrack; Torpedos der US-Zerstörer bereiteten ihr den Garaus. Dies war zugleich die letzte Kampfhandlung zwischen Schlachtschiffen, und das Abfeuern der letzten Salve wird gemeinhin der USS *Mississippi* zu-

Auf ihrem Weg in die Sibuyan-See wird die Musashi *am 24. Oktober 1944 von den Flugzeugen der USS* Enterprise *attackiert und sinkt später aufgrund der zahlreichen Bomben- und Torpedotreffer.*

Während es sich Leyte aus Südwest nähert, wird das Schlachtschiff Yamashiro *am 24. Oktober 1944 von amerikanischen Trägerflugzeugen attackiert, die keine Schäden anrichteten, doch am frühen nächsten Morgen wurde das Schiff in der Straße von Surigao durch Granattreffer einiger US-Schlachtschiffe versenkt.*

erkannt, die am 25. Oktober 1944 um 4.08 Uhr eine volle 305-mm-Breitseite abfeuerte.

Zum Leidwesen der Amerikaner waren die Japaner jedoch noch nicht am Ende. In der Nacht hatte Kurita nochmals den Kurs geändert und attackierte am frühen Morgen des 25. Oktober mit dem Schlachtschiff *Yamato* und dem Rest seines Verbands die Träger und Zerstörer der Task Force 77, die die Landungstruppen unterstützen sollten und für den Angriff einer Flotte nicht gerüstet waren.

Kurita konnte den Träger USS *Gambier Bay* und drei Zerstörer versenken. Da er zunehmend durch weitere Trägerflugzeuge bedrängt wurde und drei seiner Kreuzer Luftangriffen zum Opfer fielen, zog er sich schließlich zurück, zumal er fürchtete, Halseys Trägern im Norden in die Falle zu gehen. In der Tat hätte Kuritas Verband durch die Task Force 34 mit ihren schnellen Schlachtschiffen abgefangen werden sollen, doch diese hatten sich bereits dem japanischen Köder zugewandt, sodass es nicht zu einem größeren Aufeinandertreffen gleichwertiger Schlachtschiffe kam.

Nach den Ereignissen von Leyte kehrten die verbleibenden japanischen Schiffe nach Hause zurück, wo sie aufgrund von Treibstoffmangel weitgehend festsaßen. Das ältere Schlachtschiff *Kongo* wurde im November 1944 vor Taiwan durch das amerikanische U-Boot *Sealion* torpediert und versenkt. Ein spektakulärerer Erfolg gelang der USS *Archerfish* am 29. November, die den in der Bucht von Tokio zur Probefahrt gestarteten Träger *Shinano* (65 000 t) versenkte. Die *Shinano* hatte man 1940 als drittes Schiff der Yamato-Klasse auf Kiel gelegt, doch nach den verheerenden Verlusten von Midway beschlossen, sie zum Flugzeugträger umzurüsten. Der Kapitän der *Archerfish* wollte seinem Glück kaum glauben, als ihm das große Schiff ins Visier geriet, das er mit vier Torpedos versenkte.

Oben: Bei ihrem verzweifelten Einwegvorstoß nach Okinawa wird die mächtige Yamato am 7. April 1945 zum Opfer massiver Luftangriffe.

Das Ende des letzten bei einem Seegefecht versenkten Schlachtschiffs: Die Magazine der Yamato *explodieren, während sie mitsamt 2488 Mann untergeht.*

Nun blieb nur noch die unveränderte *Yamato* übrig, die zusammen mit einem Leichten Kreuzer und einigen Zerstörern am 6. April 1945 zu ihrer letzten Mission aufbrach, um die auf Okinawa landenden US-Truppen zu attackieren – ein Selbstmordkommando in mehrfacher Hinsicht.

Abgesehen von der Tatsache, dass die *Yamato* ziemlich sicher von den massiven amerikanische Marine- und Luftverbänden überwältigt werden würde, reichten ihre Treibstoffvorräte nur für den Hinweg nach Okinawa. Das riesige Schlachtschiff wurde am 7. April von amerikanischen U-Booten und Flugzeugen geortet und sah sich kontinuierlichen Luftangriffen ausgesetzt. Mindestens zehn Torpedo- und 23 Bombentreffer verwandelten sie innerhalb von nicht einmal zwei Stunden in einen sinkenden Klotz. So verschwand auch das Letzte der mächtigsten Schlachtschiffe der Welt. Interessanterweise hatte die japanische Marine eine Zeit lang den Bau von noch größeren Schiffen mit 70 000 t und sechs 520-mm-Geschützen erwogen. Die Arbeit wurde indes nie begonnen und das gesamte Projekt 1942 nach der Niederlage von Midway aufgegeben.

Die übrigen japanischen Schlachtschiffe in heimischen Gewässern wurden im Juli 1945 durch anhaltende trägergestützte Luftangriffe vernichtet – im Rahmen von Vorbereitungen für die als schwierig und kostspielig erachtete Landung auf dem japanischen Festland. So war man seitens der USA sehr erleichtert, als der Krieg durch die Atombomben auf Hiroshima und Nagasaki ein Ende fand.

Nicht unpassend war, dass die Unterzeichnung der Kapitulationsurkunde am 2. September 1945 in der Bucht von Tokio an Bord eines Schlachtschiffs, der USS *Missouri*, stattfand. Einer der Unterzeichner war der Kommandeur der Britischen Pazifikflotte, Admiral Sir Bruce Fraser, auf seinem von der HMS *King George V* begleiteten Flaggschiff HMS *Duke of York*. Außer den schnellen US-Schlachtschiffen als Geleitschutz der Trägereinsatzgruppen waren auch die älteren Schlachtschiffe *New Mexico, Mississippi, Idaho, Colorado* und *West Virginia* zugegen – diese hatten Pearl Harbor überlebt.

Dieses letzte große Zusammentreffen in der Bucht von Tokio geriet zum angemessenen Höhepunkt in der Geschichte des Schlachtschiffs. Da der Krieg zu Ende war, lösten sich die Flotten auf, und die Entwicklung jener großen Schiffe, mit den gepanzerten Dampfschiffen des 19. Jahrhunderts als Vorläufer, war unter praktischen Gesichtspunkten nahezu an ihrem Ende angelangt.

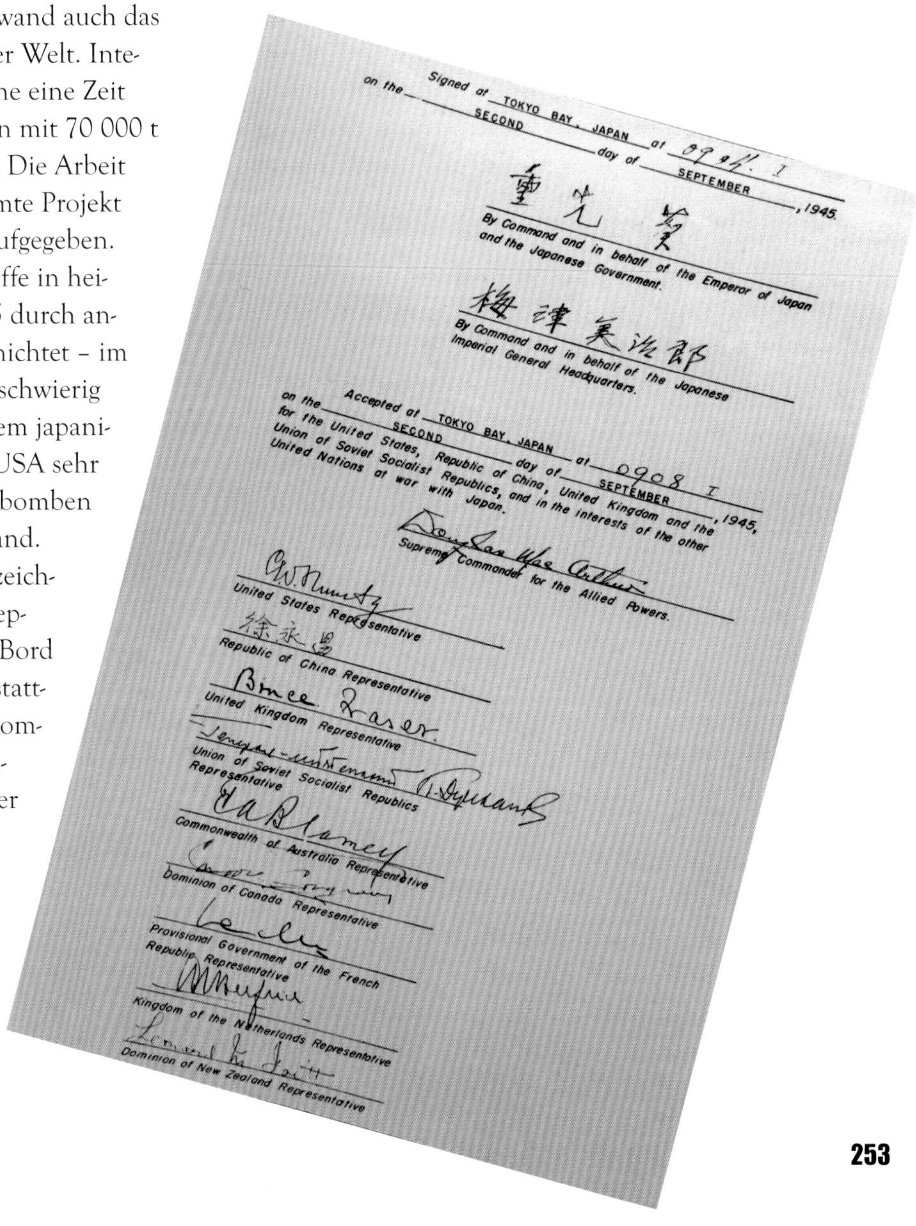

Signed at TOKYO BAY, JAPAN at 0904 I
on the SECOND day of SEPTEMBER, 1945.
By Command and in behalf of the Emperor of Japan and the Japanese Government.
By Command and in behalf of the Japanese Imperial General Headquarters.
Accepted at TOKYO BAY, JAPAN at 0908 I
on the SECOND day of SEPTEMBER, 1945, for the United States, Republic of China, United Kingdom and the Union of Soviet Socialist Republics, and in the interests of the other United Nations at war with Japan.
Supreme Commander for the Allied Powers.
United States Representative
Republic of China Representative
United Kingdom Representative
Union of Soviet Socialist Republics Representative
Commonwealth of Australia Representative
Dominion of Canada Representative
Provisional Government of the French Republic Representative
Kingdom of the Netherlands Representative
Dominion of New Zealand Representative

Unterzeichner der an Bord der USS Missouri *gefertigten Kapitulationsurkunde waren Fleet Admiral Chester Nimitz USN für die Vereinigten Staaten und Admiral Bruce Fraser RN für Großbritannien.*

Radar

Die Erfindung des Radars in den 1930er-Jahren sollte die Durchführung von Luft- und Seeoperationen im Zweiten Weltkrieg stark beeinflussen. Die ersten Kriegsschiffe wurden noch kurz vor Kriegsausbruch 1939 mit Radar ausgerüstet, und bis 1945 verfügten die Schlachtschiffe über unterschiedlichste Spezialradare. Das Radarprinzip besteht darin, dass eine gesendete elektromagnetische Welle von festen Hindernissen reflektiert wird und aus der bis zum Empfang ihres Echos vergangenen Zeit die Entfernung ermittelt werden kann. Grundsätzlich war dies bereits bekannt, als der schottische Physiker Sir Robert Watson-Watt (1892–1973) mit den ersten praxistauglichen Radargeräten aufwartete; diese waren zunächst von der RAF entwickelt worden, um vor feindlichen Flugzeugen zu warnen, die sich der britischen Küste näherten. Die Royal Navy erkannte rasch das Potenzial dieser Systeme und rüstete 1938 den Kreuzer HMS *Sheffield* mit dem ersten Radar vom Typ 79Y aus. Versuche zeigten, dass ein Flugzeug in 3000 m Höhe aus einer Distanz von 85 km geortet werden konnte, die sich bei einer Zielhöhe von 1500 m auf 56 km verringerte. Diese Art Radar bezeichnete man als Air Warning (AW) System, denn es konnte zwar die Entfernung einigermaßen genau ermitteln, die Richtung jedoch nur grob angeben. Typ 79Y wurde im Januar 1939 auf dem Schlachtschiff *Nelson* installiert und bewies seinen praktischen Nutzen, als es vor deutschen Flugzeugen warnte, die sich im September 1939 in der Nordsee der *Nelson* und anderen Einheiten der Home Fleet näherten.

Auf der relativ niedrigen Frequenz von 75 Megahertz (MHz) arbeitend, konnte Typ 79 nur als Warnradar dienen, doch bereits 1937 besaß die deutsche Kriegsmarine ein mit 375 MHz arbeitendes Radar, das zwar nur eine Reichweite von 16 km bot, doch präzise genug war, um die Artillerie zu unterstützen. Zwei Schiffe, darunter die *Graf Spee*, wurden 1939 mit diesem „Funkmessgerät Seetakt" ausgerüstet. Die Untersuchung ihres Wracks vor Montevideo erbrachte einen ersten Hinweis darauf, dass die Deutschen derartige Geräte besaßen.

Diese Aufnahme der USS Pennsylvania *aus dem Jahr 1944 zeigt die zum SC-Suchradar gehörende auffällige Antenne auf dem Großmast.*

Feuerleitgerät Mark 37 HA auf der USS New Jersey (BB62); die größere Antenne gehört zum zentimetrischen Artillerieradar Mark 12, die kleinere ist ein auf einer Wellenlänge von 3 cm arbeitender Höhenmesser Mark 22 für die sehr präzise Auflösung niedriger Ziele.

Deutschland unternahm indes anscheinend nur wenig, um die Radartechnik voranzutreiben. Die Royal Navy hingegen entwickelte dank der engen Bande zwischen Wissenschaft und Militär rasch diverse spezialisierte Radare. Ein gutes Beispiel ist Typ 281, das als Fernwarnradar (AW) bis zu 160 km entfernte Flugzeuge orten konnte und als Oberflächenwarnradar (SW) eine Reichweite von 7,5 km besaß. Als Artillerieentfernungsmesser war es bei einer Entfernung von 20 000 m bis auf 25 m genau. Die HMS *Prince of Wales* war eines der ersten damit ausgestatteten Schlachtschiffe. Als Artillerieradar noch weiter spezialisiert war Typ 284 auf der *King George V* mit einer 6,40 m breiten Antenne, die Peilungen mit einer Genauigkeit von einem halben Grad vornehmen konnte. Im Gegensatz zu den rotierenden Warn- und Überwachungsradaren wurden die Artillerieradare durch das Feuerleitgerät ausgerichtet, das wiederum auf die Peildaten von einem der Überwachungsradare zurückgriff, die als Zielindikator (*target indicator*, TI) dienten. Der modifizierte Typ 284M besaß eine Messgenauigkeit von fünf Bogenminuten (ein Zwölftel Grad), und die *Duke of York* nutzte dieses Gerät, als sie im Dezember 1943 die *Scharnhorst* versenkte.

Weitere Verbesserungen noch während des Kriegs verdanken sich der britischen Erfindung des Hohlraummagnetrons. Während man bisher mit Wellenlängen im Meterbereich gearbeitet hatte, operierten die neuen Radare wie Typ 271 SW im 10-cm-Band, während das überaus präzise Artillerieradar Typ 274 bis auf 3 cm hinunterging. Zur Unterscheidung von Freund und Feind rüstete man britische Schiffe und Flugzeuge mit einem sogenannten Transponder aus, der auf schiff- oder bodengestützte Radarimpulse reagierte und die Identifizierung eigener Einheiten erlaubte. Ein Schlachtschiff wie die HMS *King George V* war 1945 mit einer verwirrenden Vielzahl von Radargeräten ausgerüstet, darunter Typ 279B AW, Typ 277P AW/SW mit Höhenmessung, Typ 293 TI, Typ 275 für die Hauptbewaffnung, Typ 285 für die vier Steilfeuerleitgeräte und Typ 282 auf jeder Pom-Pom-Lafette. Zudem besaß das Schiff einen Abfragesender Typ 242 IFF und einen Responder Typ 251.

Die US-Radarforschung begann 1934, und im Dezember 1938 wurde das Schlachtschiff *New York* mit dem ersten funktionsfähigen AW-Gerät (XAF) ausgerüstet. Auf 200 MHz arbeitend, besaß es eine ähnliche Leistung wie der britische Typ 79, bot jedoch eine erheblich bessere Azimutauflösung. Bis Pearl Harbor hatte man mehrere Schlachtschiffe wie die *Texas, California* und *West Virginia* mit verbesserten CXAM- oder SC-Radaren ausgestattet. Ironischerweise hatte man von einem landgestützten Air-Corps-Radar kommende Hinweise auf anfliegende japanische Flugzeuge fälschlich für eigene B-17-Bomber gehalten und nicht ernst genommen. Danach folgte die US Navy dem britischen Beispiel. Als die USS *Washington* im November 1942 vor Guadalcanal das japanische Schlachtschiff *Kirishima* versenkte, verwendete man das metrische Mark 3 Artillerie- und Oberflächenwarnradar, um Entfernungsdaten zu gewinnen und auch ohne Sichtkontakt weiterkämpfen zu können. Im Jahr 1941 wurden das britische Magnetron verfügbar und die zentimetrischen Radare Mark 8 und Mark 13 entwickelt.

Von diesen profitierten die Schlachtschiffe *California, Tennessee* und *West Virginia*, als sie im Oktober 1944 in der Schlacht von Surigao die *Yamashiro* versenkten. Die Fernsuchradare der SK- und SP-Serie zeichneten sich durch ihre großen rotierenden Parabolantennen am Fockmast etwa von Schlachtschiffen der Iowa-Klasse aus.

Denkt man an die heutige Spitzenstellung Japans auf dem Elektroniksektor, so überrascht es, dass die japanische Kriegsmarine keine nennenswerte Radarausrüstung entwickelte. Ab 1942 wurde das Gros ihrer Schlachtschiffe schließlich mit AW-Radar Typ 1 auf dem Großmast und SW Typ 2 auf dem Fockmast ausgerüstet. Sie leisteten Ähnliches wie der britische Typ 79 oder das amerikanische CXAM und arbeiteten mit Wellenlängen im Meterbereich, während das Magnetron ein streng gehütetes Geheimnis der Alliierten blieb.

Admiräle des Zweiten Weltkriegs

Aufgrund seiner Initialen gemeinhin als ABC bekannt, war Cunningham ein zweiter Nelson – tatkräftig, doch dabei stets an seine Männer denkend.

Admiral of the Fleet Andrew Browne Cunningham RN (1883–1963)

Andrew Browne Cunningham war Großbritanniens herausragender Marinekommandeur des Zweiten Weltkriegs. Seit 1897 in der Navy, zeichnete er sich im Ersten Weltkrieg als Zerstörerkapitän aus und erhielt dreimal den Verdienstorden DSO.

In der Zwischenkriegszeit zum Admiral aufgestiegen, wurde Cunningham im Juni 1939 zum Befehlshaber (C-in-C) der britischen Mittelmeerflotte ernannt. Verschiedene kritische Begegnungen meisterte er mit Bravour, so vor allem Tarent (1940), Kap Matapan (1941), Kreta (1941) und die Verteidigung Maltas (1940–42). Außerdem kommandierte er die Marineverbände zur Unterstützung der Landungen in Nordafrika, Sizilien und Festlanditalien.

Im Oktober 1943 zum First Sea Lord ernannt, war Cunningham für die strategische Ausrichtung der Kriegsmarine für den Rest des Krieges und bis zu seiner Pensionierung im Mai 1946 verantwortlich.

Admiral of the Fleet John Tovey RN (1885–1971)

Wie Cunningham war auch John Tovey im Ersten Weltkrieg Kapitän auf einem Zerstörer und stieg zwischen den Kriegen zum Admiral auf.

Tovey war als Konteradmiral Befehlshaber von Cunninghams Zerstörerflottille und Vizekommandeur der Mittelmeerflotte, bis er im November 1940 zum Befehlshaber der Home Fleet ernannt wurde. In dieser Funktion war er u.a. verantwortlich für die Verfolgung und Versenkung der *Bismarck* und auch für den Schutz der atlantischen und arktischen Konvois.

Ab 1943 war Tovey als Oberbefehlshaber „The Nore" für die Ostküstenkonvois und Minenräumoperationen verantwortlich und in die Vorbereitungen des D-Day involviert. Er trat 1946 in den Ruhestand.

Oben: *Admiral Sir John Tovey (links) an Bord seines Flaggschiffs* King George V *mit Konteradmiral Brind, seinem Stabschef während der Jagd auf die* Bismarck.

Unten: *Admiral Bruce Fraser RN (rechts) im Gespräch mit Admiral Nimitz USN, nachdem sich die britische Pazifikflotte mit der US Navy zu einem letzten Vorstoß gegen Japan zusammengeschlossen hatte.*

Admiral of the Fleet Bruce Fraser RN (1888–1981)
Im Ersten Weltkrieg als Artillerieoffizier tätig, war Bruce Fraser bei Ausbruch des Zweiten Weltkriegs Third Sea Lord und Controller of the Navy, bis er im Mai 1943 Tovey als Befehlshaber der Home Fleet ablöste. In seiner Zeit ereignete sich eines der wenigen Gefechte zwischen Schlachtschiffen, nämlich die Schlacht beim Nordkap (Dezember 1943), die zur Zerstörung der *Scharnhorst* führte.

Im Sommer 1944 wurde Fraser Befehlshaber der Eastern Fleet, die später in British Pacific Fleet umbenannt wurde. In dieser Funktion unterzeichnete er im September 1945 in der Bucht von Tokio an Bord der USS *Missouri* für Großbritannien die japanische Kapitulationsurkunde. Fraser wurde 1948 First Sea Lord und Chief of the Naval Staff und trat 1951 in den Ruhestand.

Fleet Admiral Chester Nimitz USN (1885–1966)
Chester Nimitz wurde unmittelbar nach dem Angriff auf Pearl Harbor zum Kommandeur der Pazifikflotte der US Navy ernannt und im März 1942 zusätzlich zum C-in-C Pacific Ocean Areas mit operativer Kontrolle über sämtliche alliierten Luft-, Land- und See-

Links: *Admiral Chester Nimitz, Befehlshaber der Pazifikflotte, im Juni 1943 bei der Verbandsauszeichnung an den Flugzeugträger USS* Enterprise

Unten: *Die fünf Sterne am Revers weisen Nimitz als Fleet Admiral aus.*

Oben: *Als effizienter Chef der US Navy arbeitete Admiral King zielstrebig an der Niederlage Japans, zu der er maßgeblich beitrug.*

streitkräfte im zentralen Pazifik. Diese Position bekleidete er bis Kriegsende.

Sein strategisches Geschick zeigte sich bei der Restrukturierung und Weiterentwicklung der US Navy und in zahlreichen Kampagnen und Schlachten, die schließlich zur Niederlage Japans führten. Nimitz stieg als erster Offizier in die im Dezember 1944 geschaffene Position eines Fleet Admiral auf.

Nimitz unterzeichnete 1945 die japanische Kapitulationsurkunde für die USA. Bis zu seiner Pensionierung 1949 war er Chief of Naval Operations.

Fleet Admiral Ernest „Ernie" King USN (1878–1956)
Gemeinsam mit General Marshall (Heer) und General Arnold (Luftwaffe) bildete Ernest King das für die Operationen des US-Militärs im Zweiten Weltkrieg verantwortliche vereinigte Stabskommando. Ab Dezember 1941 war er C-in-C US Fleet und ab März 1942 auch Chief of Naval Operations und damit der einzige Offizier, der beide Posten jemals gleichzeitig bekleidete. Damit wurde King zum Drahtzieher der amerikanischen Marinestrategie auf sämtlichen Kriegsschauplätzen. Oft als streitsüchtig und schroff beschrieben, war King ein höchst versierter und effizienter Stratege. Den Briten bleibt er als Gegner der Entsendung der britischen Pazifikflotte in Erinnerung – ein Widerstand, den viele heutige Kommentatoren für gerechtfertigt halten.

Vizeadmiral Willis Augustus Lee USN (1888–1945)
Berühmtheit erlangte Lee als Kommandeur der Task Force 64 in der Zweiten Seeschlacht von Guadalcanal (14. und 15. November 1942), dem Höhepunkt amerikanischer Versuche, die dortigen japanischen Nachschublinien zu unterbrechen. Im Pazifikkrieg war dies eine von nur zwei Konfrontationen zwischen Schlachtschiffen.

Unten: *Konteradmiral Willis A. Lee ging siegreich aus der Schlacht um Guadalcanal hervor, nachdem sein Flaggschiff USS* Washington *das japanische Schlachtschiff* Kirishima *versenkt hatte.*

Lees Einsatzgruppe umfasste die Schlachtschiffe USS *Washington* (Flaggschiff) und *South Dakota*. Der größere japanische Verband wurde von dem Schlachtschiff *Kirishima* angeführt, das in der folgenden Nacht durch Artilleriefeuer der *Washington* versenkt wurde – ein Erfolg, der sich nicht zuletzt Lees kenntnisreicher Nutzung seines Schiffsradars verdankt.

Lee wurde 1944 zum Befehlshaber der Schlachtschiffe der Pazifikflotte ernannt und erlag im August 1945 einem Herzanfall.

Marinemarschall General (Flottenadmiral) Isoroku Yamamoto (1884–1943)
Als Kommandeur der Vereinigten Flotte von 1939–43 war Yamamoto federführend an der Entwicklung der japanischen Marinestrategie beteiligt, wenngleich er einen Krieg gegen die Alliierten ablehnte.

Yamamoto, auf den der Plan für den Angriff auf Pearl Harbor zurückgeht, war besonders für seine Kenntnisse und Neuerungen in der Marinefliegerei bekannt. An der Beliebtheit des talentierten Marinekommandeurs bei den Truppen und dem japanischen Volk änderte sich auch nichts, als nach der Schlacht um Midway 1942 dunkle Wolken aufzogen.

Yamamoto entschied sich im April 1943 zu einer Inspektionsreise in den Südpazifik, doch seine Route wurde vom Nachrichtendienst der US-Marine entschlüsselt. Langstreckenjäger schossen seine Maschine ab, und Yamamoto kam dabei ums Leben.

Vizeadmiral Takeo Kurita (1889–1977)
Als einer der engagiertesten Flaggoffiziere Japans kommandierte Kurita bei Kriegsausbruch die Kreuzerdivision 7, die er 1942 in die Schlacht um Midway führte. Im Mai 1942 wurde er zum Vizeadmiral und Befehlshaber der Schlachtschiffdivision 3 befördert, die an der Guadalcanal-Kampagne teilnahm.

Kurita wurde 1943 zum Befehlshaber der 2. Flotte ernannt, zu der auch die *Yamato* und *Musashi*, die beiden weltweit größten Schlachtschiffe, gehörten. Seine Flotte war stark in die Schlacht im Golf von Leyte (1944) involviert. Kurita erfüllt seinen Auftrag nicht, denn er weigerte sich, seine Truppen in den sicheren Tod zu schicken. Er beendete den Krieg als Leiter der japanischen Marineakademie.

Auf seinem Flaggschiff Yamato *befehligte Vizeadmiral Takeo Kurita die zentralen japanischen Einheiten in Leyte, konnte jedoch aus der gelungenen Überraschung von US-Verbänden vor Samar kein Kapital schlagen.*

Großadmiral Erich Raeder (1876–1960)
Im Ersten Weltkrieg hatte Erich Raeder als Stabschef von Admiral Franz von Hipper die Schlacht am Skagerrak erlebt. In der Zwischenkriegszeit stetig vorankommend, wurde er 1939 als erster Offizier seit Tirpitz zum Großadmiral befördert.

Raeder überwachte den Ausbau der Kriegsmarine unter Hitler und zeichnete für den Bau der deutschen Schlachtschiffe und Schlachtkreuzer verantwortlich. Sein größter Erfolg war die Invasion Norwegens (1940). Raeder befürwortete eine strategische Fokussierung auf das Mittelmeer, während er einer Invasion Großbritanniens (Unternehmen Seelöwe) mit Vorbehalten begegnete.

Maritime Fehlschläge, vor allem die Schlacht in der Barentssee (1942), führten zusammen mit dem Erfolg von Dönitz' U-Boot-Flotte dazu, dass Raeder 1943 durch Dönitz abgelöst wurde und daraufhin den Dienst quittierte.

In den Nürnberger Prozessen wegen Verschwörung zu einem Angriffskrieg verurteilt, verbüßte Raeder von 1945 bis 1955 eine Haftstrafe.

DAS ENDE VOM LIED

Als das einzige nach Kriegsende noch schwimmfähige japanische Schlachtschiff wird die Nagato *als Zielschiff für die Atombombentests 1946 im Bikini-Atoll vorbereitet.*

Das Ende vom Lied

Als der Zweite Weltkrieg 1945 zu Ende ging, hatten die Schlachtschiffe der Achsenmächte als operative Einheiten praktisch aufgehört zu existieren. Deutschland hatte im Krieg die *Bismarck, Tirpitz, Scharnhorst* und *Graf Spee* durch Feindeinwirkung verloren, während die *Gneisenau* im Februar 1942 nur wenige Tage nach ihrer spektakulären Fahrt durch den Ärmelkanal in der Kieler Werft durch Fliegerbomben stark beschädigt wurde. Der bereits begonnene Umbau wurde im Januar 1943 gestoppt. Im März 1945 wurde die abgerüstete *Gneisenau* gesprengt und nach dem Krieg unter polnischer Regie abgewrackt. Die *Admiral Scheer* wurde am 9. April 1945 in Kiel durch britische Bomber versenkt. Die *Lützow* (ehemals *Deutschland)* hielt bis zum Ende durch und unterstützte deutsche Truppen, die versuchten die vorrückende Rote Armee aufzuhalten, bis sie am 4. Mai 1945 durch eigene Sprengungen zerstört wurde, nachdem sie durch Bombentreffer auf Grund gesetzt worden war.

Im Juli 1945 lagen die noch erhaltenen japanischen Schlachtschiffe in heimischen Gewässern, wo die *Ise, Hyuga* und *Haruna* durch massive Attacken von Trägerflugzeugen versenkt wurden. Nach dem Krieg wurden die Wracks gehoben und zerlegt. Das einzige zum Zeitpunkt der japanischen Kapitulation noch schwimmfähige Schlachtschiff war die stark beschädigte *Nagato,* die in Yokosuka lag (ihr Schwesterschiff Mutsu war am 8. Juni 1943 zerstört worden). Von den amerikanischen Besatzern übernommen, wurde sie im Juli 1946 bei Atombombentests im Bikini-Atoll versenkt.

Nur die italienische Kriegsmarine besaß noch eine nennenswerte Schlachtflotte, obwohl die *Roma* am 9. September 1943 versenkt worden war, als sie im Rahmen einer am Vortag vereinbarten Waffenruhe zusammen mit der *Vittorio Veneto* und *Italia* (ehemals *Littorio)* unterwegs nach Malta war. Auf ihrem Weg wurden die Schiffe durch deutsche Flugzeuge mit funkgesteuerten Lenkbomben „Fritz X" attackiert; überraschenderweise reichte ein einziger Treffer, um das moderne Schlachtschiff zu versenken. Letztlich schafften es fünf italienische Schlachtschiffe bis nach Malta, nur die *Conte di Cavour* blieb in Italien. Ohne dass man die 1940 in Tarent entstandenen Schäden behoben hatte, versenkte man sie am 10. September in Triest selbst. Später wurde sie von den Deutschen gehoben, doch bei einem alliierten Luftangriff erneut versenkt und nach dem Krieg abgewrackt. Die *Caio Duilio* und *Andrea Doria* wurden 1944 nach Italien rückgeführt und dienten bis 1956 als Schulschiffe, bis sie stillgelegt und abgewrackt wurden. Die *Giulio Cesare* ging im Februar

Die Caio Duilio*, hier kurz nach Kriegsende in Malta, war eines von zwei Schlachtschiffen, die 1944 an Italien zurückgegeben wurden.*

Die erst nach Kriegsende voll bewaffnete Jean Bart *besaß eine außergewöhnlich starke Sekundärbatterie mit 24 100-mm-Geschützen und 28 57-mm-Flugabwehrkanonen. Von der* Richelieu *konnte man sie anhand ihres stark erweiterten Brückendecks unterscheiden.*

1947 als Reparationsleistung nach Russland, wo sie als *Novorossijsk* in der Schwarzmeerflotte diente. Auf der Reede von Sewastopol sank sie im Oktober 1955 nach einer Minenexplosion. Die modernen Schlachtschiffe *Vittorio Veneto* und *Italia* wurden im Suezkanal interniert. Obwohl später den USA und Großbritannien als Reparationsleistung zuerkannt, wurden sie an Italien zurückgegeben, mit der Vorgabe, sie abzuwracken.

Die französische Kriegsmarine besaß 1945 nur mehr die Schlachtschiffe *Richelieu*, *Jean Bart*, *Lorraine* und *Paris*; alle anderen waren entweder 1940 in Oran untergegangen, oder man hatte sie im November 1942 in Toulon selbst versenkt. Die *Richelieu* war Ende 1942 nach der alliierten Invasion in Nordafrika in die Freie Französische Marine übergegangen und zur Reparatur und Modernisierung nach New York geschickt worden. Die Reparaturen waren im August 1943 abgeschlossen. Sie wurde noch im gleichen Jahr zunächst der britischen Home Fleet in Scapa Flow und im März 1944 der Far East Fleet zugeteilt, wo sie bis Kriegsende an zahlreichen Operationen teilnahm. Die *Richelieu* war im September bei der Kapitulation japanischer Verbände in Singapur zugegen und unterstützte später die Rückeroberung von Französisch-Indochina, bevor sie im Februar 1946 nach Toulon heimkehrte. Dies war der erste Aufenthalt in einem französischen Heimathafen, seit sie Brest im Juni 1940 verlassen hatte. Nach einer Überholung diente sie bis 1950 als Flaggschiff der französischen Mittelmeerflotte, bis sie 1956 in Reserve gestellt, doch erst 1968 in Italien abgewrackt wurde.

Die nicht fertiggestellte *Jean Bart* lag in Casablanca, wo sie schwere Schäden davongetragen hatte. Aus Geldmangel wurden kaum weitere Arbeiten durchgeführt, bis sie im August 1945 nach Frankreich kam. Obwohl es Pläne gab, sie zum Flugzeugträger umzubauen, wurde sie in Brest nach dem Originalentwurf als Schlachtschiff fertiggestellt, doch mit moderner Flak und neuesten Radaren ausgerüstet. Im April 1950 in die Flottenliste aufgenommen, war sie das weltweit letzte fertiggestellte Schlachtschiff, obwohl die 57-mm-Flak erst 1952 eingebaut wurde. Während ihrer gesamten späteren Karriere diente sie in der Mittelmeerflotte und unterstützte die Suez-Operationen im Oktober 1956. Später fungierte sie als Schulschiff und wurde erst 1970 abgewrackt. Die beiden älteren Schiffe *Lorraine* und *Paris* wurden in den 1950er-Jahren verschrottet.

Interessanterweise war die *Jean Bart* nicht das letzte erhaltene Schiff seiner Art in europäischen Gewässern, denn diese Ehre gebührt einem der ältesten Schiffe: dem ehemals deutschen Schlachtkreuzer *Goeben*, der im August 1914 nach seiner Flucht vor der Royal Navy dem Osmanischen Reich übereignet worden war. Die *Goeben* blieb bis 1950 im Einsatz und wurde 1954 von der Schiffsliste gestrichen. Obwohl zum Verkauf ausgeschrieben, wurde 1963 ein Kaufangebot der Bundesrepublik Deutschland abgelehnt. Der Verkauf erfolgte erst 1971, und das populäre Schiff wurde ab 1973 in der Türkei abgewrackt.

Verglichen mit den Amerikanern blickten die Briten 1945 auf die schwereren Verluste zurück, darunter die *Royal Oak, Barham, Repulse* und die moderne *Prince of Wales*. Die noch vorhandenen Schiffe hatten einiges durchgemacht – und keines mehr als die *Warspite*. Seit 1940 bei Narvik in Norwegen war sie an zahlreichen Kampfhandlungen im Mittelmeer beteiligt und wäre im September 1943 vor Salerno beinahe zwei Gleitbomben zum Opfer gefallen. Trotz Reparatur waren ein Kesselraum sowie Turm X nicht funktionstüchtig, als sie im Juni 1944 die Landung in der Normandie unterstützte. Noch im gleichen Monat lief sie auf eine Mine. Die Schäden an Maschinen und Antriebswellen wurden behelfsmäßig repariert, sodass sie an weiteren Hafenbeschussoperationen teilnehmen konnte, zuletzt in Walcheren vor der Scheldemündung, wo sie nur noch auf drei Wellen lief und lediglich 15 kn erreichte. Im Februar 1945 in Reserve gestellt, war sie aufgrund ihres schlechten Zustands das erste zum Abbruch verkaufte Großkampfschiff der Royal Navy. Doch das letzte Wort hatte die *Warspite* selbst: Bei der Fahrt zur Abwrackstelle lief sie im April 1947 vor Cornwall auf Grund und wurde nach und nach vor Ort abgewrackt. Die übrigen älteren Großkampfschiffe (*Nelson, Rodney, Renown* und die verbleibenden Schlachtschiffe der Queen-Elizabeth- und Renown-Klasse) wurden allesamt ab 1948 abgewrackt. Übrig blieben somit nur die vier Schiffe der King-George-V-Klasse und die neue, im April 1946 in Dienst gestellte *Vanguard*. Die vier älteren Schlachtschiffe absolvierten unterschiedliche Dienstzeiten bei der Home Fleet oder fungierten als Schulschiff, bis sie 1950 in Reserve gestellt und 1957 verschrottet wurden. Kurzzeitig überlegte man, sie in Lenkwaffenschiffe umzuwandeln, verwarf den Gedanken jedoch aus finanziellen und technischen Gründen wieder.

Die HMS *Vanguard* war das letzte und wohl auch beste und schnellste Schlachtschiff Großbritanniens. Sie hätte 1945 eine wertvolle Rolle in der britischen Pazifikflotte spielen können, doch 1946 war die Zeit der Schlachtschiffe vorbei, und so musste sie sich mit routinemäßigen Überholungen und Übungen begnügen, wenngleich sie 1947 aus Prestigegründen

Die 1947 in Prussia Cove (Cornwall) auf Grund gelaufene HMS Warspite, *die dort bis 1955 abgewrackt wurde*

Mit der Vanguard bewiesen die Briten, dass sie Lehren aus dem Krieg gezogen hatten, denn das Schlachtschiff besaß eine starke, radargesteuerte Flugabwehrbewaffnung.

ausgewählt wurde, um die königliche Familie zu einem Staatsbesuch nach Südafrika zu befördern. In Devonport 1954 nochmals überholt, wurde sie zunächst in Reserve gestellt und 1959 zum Abbruch verkauft. Im August 1960 lief sie im Schlepp beim Auslaufen aus Portsmouth auf Grund, wurde anschließend wieder schwimmfähig gemacht und im schottischen Faslane abgewrackt. Damals setzte die Royal Navy bereits moderne Trägerflugzeuge mit Düsenantrieb ein, baute Lenkwaffenzerstörer und arbeitete an ihrem ersten Atom-U-Boot. Wenngleich viel betrauert, gehörte die *Vanguard* somit zumindest für die Royal Navy zum alten Eisen.

Und doch gab es Schlachtschiffe, die eine neue Aufgabe fanden. Gegen Ende des Zweiten Weltkriegs besaß die US Navy zehn moderne, weniger als acht Jahre alte Schlachtschiffe sowie zwei neue Schlachtkreuzer. Im Krieg hatte man nur zwei ältere Schlachtschiffe verloren, beide in Pearl Harbor, wo die *Arizona* explodiert und die *Oklahoma* gekentert war (sie wurde später gehoben, sank jedoch 1947, als sie zum Abwracken nach San Francisco geschleppt wurde). Alle übrigen Schiffe wurden repariert, modernisiert und wieder in Dienst gestellt. Doch angesichts der Fülle moderner Schiffe waren die älteren Schlachtschiffe entbehrlich, weshalb man vier von ihnen *(Arkansas, New York, Nevada, Pennsylvania)* im Juli 1946 bei den Atombombentests auf dem Bikini-Atoll einsetzte. Dabei ging nur die *Arkansas* unter, die übrigen Schiffe endeten als Ziele für konventionelle Munition.

Die *Wyoming*, die im Krieg als Artillerieschulschiff gedient hatte, wurde 1948 abgewrackt, während die *Texas* dem namengebenden Bundesstaat übereignet wurde, um als Denkmal erhalten zu bleiben. Die *Idaho* und *New Mexico* wurden 1946 außer Dienst gestellt und in den folgenden Jahren abgewrackt. Anfang 1947 wurden alle fünf Schiffe der Tennessee- und Maryland-Klasse außer Dienst gestellt, doch erst 1959 verschrottet. Als einziges älteres Schlachtschiff war noch die *Mississippi* aktiv, die zum Artillerieschul- und Versuchsschiff umgebaut wurde und bis 1955 in Dienst blieb. An der Stelle der früheren Türme X und Y wurde 1952 ein Terrier-Lenkwaffensystem installiert.

Doch selbst für die neueren Schiffe gab es kaum Verwendung, da sich die US Navy ganz auf ihre Flugzeugträger konzentrierte. Zwei North Carolinas und vier South Dakotas wurden 1947 ausgemustert und allesamt in den frühen 1960er-Jahren verschrottet. Die *North Carolina, Massachusetts* und *Alabama* indes wurden als Museumsschiffe erhalten. Blieben noch die vier großen Schiffe der Iowa-Klasse, von denen drei 1948 und 1949 in Reserve gestellt wurden, sodass die USS *Missouri* als einziges US-Schlachtschiff in Dienst blieb. Bei Ausbruch des Koreakriegs wurde sie eiligst entsandt, um die in Bedrängnis geratenen Landungstruppen zu unterstützen. Ihre drei Schwesterschiffe wurden reaktiviert und sorgten bis 1953 während des gesamten Konflikts für eine dauerhafte Schlachtschiffpräsenz. Danach wurden die Schlachtschiffe schrittweise ausgemustert, und als die *Iowa* 1958 als letztes der Schiffe in Reserve versetzt wurde, besaß die US Navy erstmals, seitdem die USS *Indiana* (BB1) 1895 in Dienst gestellt worden war, keine aktiven Schlachtschiffe mehr. Dies hätte das Ende bedeuten können, wenn sich die USA in Asien nicht in einen weiteren Krieg verstrickt hätten. Deshalb wurde die USS *New Jersey* 1968 zur Feuerunterstützung der Truppen in Vietnam reaktiviert. Jüngere Recherchen legen nahe, dass die *New Jersey* neben den konventionellen 406-mm-Granaten auch über unterkalibrige raketengetriebene 356-mm-Granaten mit einer Reichweite von 144 km verfügte, um auch weit im Binnenland liegende Ziele angreifen zu können. Sie kehrte im April 1969 in die USA zurück, ging nach Überholung jedoch erneut in Reserve.

Viele waren überrascht, als ab 1982 im Rahmen von Präsident Reagans geplanter 600-Schiffe-Navy alle vier Schiffe der Iowa-Klasse reaktiviert, stark verändert und mit 32 Tomahawk-Marschflugkörpern und 16 Harpoon-Antischiffsraketen ausgerüstet wurden. Die auf zwölf 127-mm-D.P.-Geschütze in drei Zwillingslafetten reduzierte Sekundärbewaffnung wurde durch vier Phalanx CIWS Nahbereichsverteidigungssysteme ergänzt. Hinzu kam eine moderne Radarausrüstung. Aufgaben für diese Schiffe fand man rasch: Die USS *New Jersey* beteiligte sich am Beschuss syrischer Artilleriestellungen während des libanesischen Bürgerkriegs 1982. Doch die Schiffe waren teuer im Unterhalt und

Oben: *Die USS* Mississippi *(BB41) ersetzte die* Wyoming *als Schul- und Versuchsschiff und nahm ab 1952 an der Erprobung von Lenkwaffen teil, in diesem Fall von Terrier-Boden-Luft-Raketen.*

Die letzten Augenblicke der USS Pennsylvania *(BB38), die 1946 die Atombombentests im Bikini-Atoll überstand, doch 1948 als Zielschiff durch konventionelle Waffen versenkt wurde*

Die USS Iowa *(BB61) 1952 beim Beschuss der koreanischen Küste; ein weiteres Schlachtschiff der Iowa-Klasse, die USS* New Jersey *(BB62), fand 1968 im Vietnamkrieg ähnliche Verwendung.*

Nahaufnahme der Iowa *von 1985; einige der altehrwürdigen 127-mm-L/38-D.P.-Geschütze sind weiterhin vorhanden, doch sie werden durch Harpoon-Antischiffsraketen und Phalanx-Nahbereichsverteidigungssysteme mit ihren markanten Radarkuppeln ergänzt.*

erforderten mehrere Tausend Mann Besatzung, die anderswo besser eingesetzt werden konnten. So waren 1991 zu Beginn des Golfkriegs die *Iowa* und *New Jersey* bereits ausgemustert. Die beiden anderen Schiffe trugen indes maßgeblich zu dessen erfolgreichem Ausgang bei, indem sie ihren gesamten Vorrat an Marschflugkörpern auf bis zu 1250 km entfernte Ziele abfeuerten – eine Distanz, von der Admiral Fisher und die frühen Befürworter des Schlachtschiffs nur hatten träumen können. Derweil wurde die *Missouri* von einer Küstenstellung aus mit einer irakischen Silkworm-Antischiffsrakete chinesischer Provenienz beschossen. Dies war jedoch einem aufmerksamen Radaroperateur des britischen Zerstörers HMS *Gloucester* nicht entgangen, der mit seinen Sea-Dart-Flugabwehrraketen erfolgreich konterte. Auch diese Art der Kriegführung hatte man sich knapp 50 Jahre zuvor kaum vorstellen können.

Damit kam jedoch das tatsächliche Ende des Schlachtschiffs. Die *Wisconsin* wurde im September 1991 ausrangiert, während die *Missouri* noch ein paar Monate aktiv blieb, um am Jahresende an den Feierlichkeiten zum 50. Jahrestag des japanischen Angriffs auf Pearl Harbor teilzunehmen. Alle vier 1995 offiziell von der Schiffsliste gestrichenen Schiffe blieben erhalten und können heute, bis auf die *Iowa*, als Museumsschiffe besichtigt werden.

Nicht unerwähnt bleiben soll die russische Marine, die durch eine bizarre Wendung den Schlachtkreuzer als modernes Raketenschiff neu erfand. Drei der sieben vor der Oktoberrevolution 1917 in Dienst gestellten Dreadnoughts waren 1939 noch vorhanden. Die Marat-Klasse verdrängte rund 25 000 t; ihre Hauptbewaffnung mit zwölf 305-mm-Geschützen in vier Drillingstürmen war ungewöhnlich angeordnet (je einer vorn und achtern und zwei mittschiffs auf der Mittellinie vor und hinter dem zweiten Schornstein). Alle wurden im Krieg durch deutsche Luftangriffe stark beschädigt und spielten bei Seeoperationen kaum eine Rolle. Die *Gangut* und *Sevastopol* wurden nach 1945 noch kurz eingesetzt, doch Mitte der 1950er-Jahre verschrottet. Das stalinistische Russland verfolgte ambitionierte Pläne für den Bau moderner Schlachtschiffe und Schlachtkreuzer. Zwei unfertige Rümpfe von Schlachtkreuzern der Kronstadt-Klasse (35 000 t, neun 305-mm-Geschütze) waren 1945 verfügbar, wurden indes Ende der 1940er-Jahre abgebrochen. Der Schlachtkreuzer *Stalingrad* wurde 1949 auf Kiel gelegt, doch die Arbeiten zogen sich hin und wurden nach Stalins Tod 1953 eingestellt.

Dennoch hegte die russische Marine eine Vorliebe für große Kriegsschiffe. Da man der amerikanischen Trägerflotte nichts entgegenzusetzen hatte, erfand man das Konzept des mit Raketen bewaffneten Großkampfschiffs mit Nuklearantrieb. Diese einzigartigen Schiffe sind unter der Bezeichnung Schlachtkreuzer bekannt – angesichts ihrer Größe, Geschwindigkeit und starken Bewaffnung durchaus nicht unpassend. Bei einer Verdrängung von knapp über 20 000 t erreichen sie 30 kn und besitzen bei dieser Geschwindigkeit eine Reichweite von mindestens 22 500 km. Außer der Nuklearanlage verfügen sie über zwei konventionelle Dampfturbinen. Das Spektrum der mitgeführten Raketensysteme ist atemberaubend: SS-N-19 Shipwreck Antischiffsraketen für nukleare oder konventionelle Sprengköpfe mit einer Reichweite von 400 km, drei verschiedenartige Systeme von Boden-Luft-Raketen (SA-N-20 Grumble, SA-N-4 Gecko, SA-N-9 Gauntlet) sowie SS-N-15 Anti-U-Boot-Raketen. Hinzu kommen sechs Nahbereichsverteidigungssysteme mit 30 mm Gatling Guns und ein 130-mm-D.P.-Zwillingsgeschütz – und Torpedos sowie weitere Waffensysteme zur U-Boot-Abwehr nebst Platz für bis zu drei Helikopter Ka-27.

Diese insgesamt vier zwischen 1982 und 1988 in Dienst gestellten Schlachtkreuzer der Kirow-Klasse waren mitverantwortlich für die Reaktivierung der US-Schlachtschiffe der Iowa-Klasse. Als der Kalte Krieg Anfang der 1990er-Jahre zu Ende ging, wurden die meisten Schiffe aufgrund der hohen Betriebskosten ausrangiert und mindestens eines verschrottet. Dennoch bleiben die russischen Schlachtkreuzer die wohl mächtigsten Kriegsschiffe aller Zeiten und bewahren die Schlachtschifftradition auch im 21. Jahrhundert.

Mit ihren vier atomgetriebenen Schiffen der Kirow-Klasse verliehen die Sowjets dem Begriff Schlachtkreuzer eine neue, nachdrückliche Bedeutung.

Museumsschiffe: Lebendige Zeugen vergangener Zeiten

Das gepanzerte Segelschiff HMS Warrior *blieb bis heute erhalten – mehr als 150 Jahre nach seinem Stapellauf 1860!*

Derzeit werden zehn Schlachtschiffe als Museumsschiffe unterhalten – davon acht von der US Navy an verschiedenen Orten in den USA. Öffentliche Kampagnen, sie als Denkmal und Museum zu erhalten, haben sie vor dem Verschrotten bewahrt. Ansonsten kann heute nur noch Japan der Öffentlichkeit ein Schlachtschiff präsentieren, wenngleich das Panzerschiff HMS *Warrior* in Großbritannien ebenfalls restauriert wurde.

HMS Warrior (9200 t)

Die im Dezember 1860 vom Stapel gelaufene *Warrior* war das erste gepanzerte Schlachtschiff der Royal Navy und zugleich das mächtigste Kriegsschiff der Zeit. Bereits der Fortbestand dieser einzigartigen historischen Quelle ist bemerkenswert, denn die HMS *Victory* und HMS *Gannet* sind die einzigen anderen erhaltenen britischen Kriegsschiffe aus dem 19. Jahrhundert, und beide sind nicht gepanzert. Nachdem die *Warrior* 1883 als Kampfschiff, das niemals gekämpft hatte, ausgemustert worden war, verbrachte sie mehr als 40 Jahre als Lager und Depotschiff und diente dann 50 Jahre lang als schwimmende Ölversorgungsplattform. Nach ihrer Rettung 1979 durch den Maritime Trust und einer achtjährigen Restaurierung liegt sie als Museumsschiff in der historischen Werft von Portsmouth neben der *Victory* (Nelsons Flaggschiff) und dem Holzwrack der *Mary Rose*, dem Stolz der Flotte Heinrichs VIII., die 1545 in Portsmouth untergegangen war.

USS Texas (BB35, 27 000 t)

Die *Texas* ist die einzige bis heute erhaltene echte Dreadnought. Das 1912 vom Stapel gelaufene Schiff der New-York-Klasse diente vielfach modifiziert in beiden Weltkriegen. Ihre Geschütze brachte sie nur im

Die USS Texas *im San Jacinto State Park*

Die USS Alabama*, ein Schlachtschiff der South-Dakota-Klasse, kann heute in Mobile, Alabama, besichtigt werden.*

Zweiten Weltkrieg zum Einsatz, bei den Landungen in Nordafrika, der Normandie, Iwo Jima und Okinawa.

Die *Texas* wurde 1948 als erstes US-Schlachtschiff zu einem Denkmal und Museum. Sie liegt im San Jacinto State Park unweit von Houston, Texas. Aufgrund ihres verschlechterten Zustands denkt man daran, sie in ein permanentes Trockendock zu überführen.

USS North Carolina (BB55, 37 500 t)

Die 1940 als Typschiff ihrer Klasse vom Stapel gelaufene *North Carolina* nahm an allen größeren Seeoffensiven im Pazifik teil. 1947 außer Dienst gestellt, fungiert seit 1961 als Museumsschiff. Sie liegt im Hafen von Wilmington, North Carolina.

USS Massachusetts (BB59, 35 000 t)

Die *Massachusetts*, 1941 als Schlachtschiff der South-Dakota-Klasse vom Stapel gelaufen, kämpfte in der Atlantikflotte während der Operation Torch, bevor sie 1943 in den Pazifik verlegt wurde, wo sie an zahlreichen weiteren Kampfhandlungen teilnahm.

Sie wurde 1947 außer Dienst gestellt und blieb bis 1962 in Reserve. Vor dem Verschrotten gerettet, wurde sie 1965 zum Museumsschiff, das man in Battleship Cove, Fall River, Massachusetts besichtigen kann.

USS Alabama (BB60, 35 000 t)

Die *Alabama* lief 1942 als viertes Schiff der South-Dakota-Klasse vom Stapel. Zusammen mit der South Dakota diente sie 1943 für rund vier Monate in der britischen Home Fleet, bevor sie in die USA zurückkehrte. In den Pazifik entstandt, unterstützte sie mit ihrer Artillerie mehrere amphibische Landungen.

Wie die *Massachusetts* wurde auch die *Alabama* 1947 außer Dienst gestellt und blieb bis 1962 in Reserve. Seit 1964 liegt sie als Museumsschiff im Battleship Memorial Park in Mobile, Alabama.

USS Iowa (BB61, 45 000 t)

Die 1942 als Typschiff vom Stapel gelaufene *Iowa* beförderte Präsident Franklin Delano Roosevelt Ende 1943 auf dem Weg zur Konferenz von Teheran bis Casablanca, bevor sie 1944 der Pazifikflotte zugeteilt wurde, um die üblichen Aufgaben eines Schlachtschiffs zu erfüllen. 1949 zunächst außer Dienst gestellt, wurde sie für den Koreakrieg reaktiviert, um 1958 erneut in Reserve zu gehen.

Im Rahmen der von Präsident Reagan geplanten 600-Schiffe-Navy wurde die *Iowa* 1984 reaktiviert und umfassend modernisiert (Einbau von Harpoon-Raketen und Tomahawk-Marschflugkörpern). In den Jahren 1987/88 in den Mittleren Osten entsandt, setzte sie ihre Geschütze in dieser letzten Phase ihrer Karriere nicht mehr ein, doch 1989 kamen bei der Explosion eines Geschützturms 47 Besatzungsmitglieder ums Leben, und die entstandenen Schäden vereitelten eine Teilnahme an der Operation Desert Storm 1991 im Persischen Golf.

Die 1990 nochmals außer Dienst gestellte *Iowa* wird weiterhin im Schiffsregister geführt und liegt heute als Teil der Reserveflotte in Suisun Bay, Kalifornien. Bisher wartet sie auf eine Freigabe als Museumsschiff und ist damit als einziges Schiff ihrer Klasse derzeit nicht öffentlich zugänglich.

USS New Jersey (BB62, 45 000 t)

Die *New Jersey* lief 1942 als zweites Schiff der Iowa-Klasse vom Stapel. Sie beteiligte sich an Kampfhandlungen im Zweiten Weltkrieg, Korea- und Vietnamkrieg und erhielt mehr Gefechtsauszeichnungen als jedes ihrer drei Schwesterschiffe. Im Jahr 1982 reaktiviert und modernisiert, setzte die *New Jersey* ihre Geschütze im libanesischen Bürgerkrieg ein (1983/84).

1991 wurde sie außer Dienst gestellt, während die *Missouri* und *Wisconsin* an der Operation Desert Storm teilnahmen. 1999 schließlich wurde die *New Jersey* als Museumsschiff freigegeben und kann heute in Camden Waterfront, New Jersey, besichtigt werden.

USS Missouri (BB63, 45 000 t)

Die *Missouri* lief 1944 als Schiff der Iowa-Klasse vom Stapel und war das letzte der von den Vereinigten Staaten fertiggestellten Schlachtschiffe. Im Pazifik und in Korea eingesetzt, wurde sie 1955 außer Dienst gestellt, doch 1984 reaktiviert und modernisiert und leistete den Bodentruppen 1991 bei der Operation Desert Storm Feuerunterstützung.

Im Jahr 1992 nochmals außer Dienst gestellt, wurde die *Missouri* 1998 als Museumsschiff gestiftet und liegt heute in Pearl Harbor, Hawaii.

63

Die USS Missouri *fand im hawaiianischen Pearl Harbor eine letzte Heimat als Museumsschiff.*

Feierliche Übergabe der USS Wisconsin *(Iowa-Klasse) an die Stadt Norfolk, Virginia*

USS Wisconsin (BB64, 45 000 t)
Die 1943 vom Stapel gelaufene *Wisconsin* kam im Zweiten Weltkrieg im Pazifik und später auch in Korea zum Einsatz. Sie blieb bis 1958 in Dienst und wurde intensiv als Schulschiff genutzt. Nach ihrer Reaktivierung und Modernisierung im Jahr 1986 kamen ihre Geschütze und Tomahawk-Marschflugkörper 1991 während der Operation Desert Storm zum Einsatz, als sie vor allem gemeinsam mit der *Missouri* operierte. Die *Wisconsin* war das letzte Schlachtschiff, das seine Geschütze in einem Krieg abfeuerte.

1991 außer Dienst gestellt, wurde es bis 2009 im Schiffsregister geführt, obwohl sie in dieser Zeit an ihrem Liegeplatz im Hampton Roads Naval Museum in Norfolk, Virginia, bereits öffentlich zugänglich war. Ende 2009 schließlich wurde die *Wisconsin* der Stadt Norfolk als Museumsschiff übereignet.

Mikasa (15 000 t)
Als von Vickers gebaute und bereits im Jahr 1900 in Großbritannien vom Stapel gelaufene Vor-Dreadnought ist die *Mikasa* ein bemerkenswertes Relikt. Sie diente Admiral Togo in den Seeschlachten im Gelben Meer (1904) sowie bei Tsushima (1905) als Flaggschiff und blieb bis 1921 in Dienst. Seit 1925 ist die *Mikasa* Museumsschiff in Yokosuka und besitzt für die Japaner eine ähnliche Bedeutung wie die HMS *Victory* für die Briten.

Nach dem Zweiten Weltkrieg befand sich das Schiff in einem sehr schlechten Zustand, da es bombardiert worden war und seine Geschütze von den Besatzungsmächten demontiert wurden. Von 1958 bis 1961 wurde das Schiff restauriert. Einige fehlende Teile und Ausrüstungen (so auch die 305-mm-Geschütze) stammen von dem chilenischen Schlachtschiff *Almirante Latorre*, das zur gleichen Zeit in Japan abgewrackt wurde.

Die in Großbritannien gebaute Vor-Dreadnought Mikasa *ist heute ein Museumsschiff im japanischen Yokosuka.*

Liste der Schlachtschiffe und Schlachtkreuzer

Die nachstehende Liste enthält Angaben zu allen Schlachtschiffen und Schlachtkreuzern, die nach Erscheinen der Dreadnoughts ab 1905 auf Kiel gelegt wurden. Schiffe, die über das Planungs- oder Projektstadium nicht hinauskamen, sind hier nicht aufgeführt.

Angegeben ist jeweils die Standardverdrängung in Tonnen. Die Jahreszahl bezieht sich (sofern nichts anderes vermerkt ist) auf das Jahr des Stapellaufs.

Schiff	Klasse	t	Jahr	Anmerkung
Argentinien				
Moreno	Rivadavia	28000	1911	Gebaut in den USA
Rivadavia	Rivadavia	28000	1911	Gebaut in den USA
Brasilien				
Minas Gerais	Sao Paulo	19280	1908	Gebaut in GB
Sao Paulo	Sao Paulo	19280	1909	Gebaut in GB
Deutschland				
Nassau	Nassau	18569	1908	Gemischte Hauptbewaffnung
Westfalen	Nassau	18569	1908	Gemischte Hauptbewaffnung
Rheinland	Nassau	18569	1908	Gemischte Hauptbewaffnung
Posen	Nassau	18569	1908	Gemischte Hauptbewaffnung
Blücher	Blücher	15550	1908	Schlachtkreuzer
Helgoland	Helgoland	22437	1909	
Thüringen	Helgoland	22437	1909	
Ostfriesland	Helgoland	22437	1909	
Oldenburg	Helgoland	22437	1910	
Von der Tann	Von der Tann	19064	1909	Schlachtkreuzer
Moltke	Moltke	22616	1910	Schlachtkreuzer
Goeben	Moltke	22616	1911	Schlachtkreuzer
Seydlitz	Seydlitz	23707	1912	Schlachtkreuzer

Schiff	Klasse	t	Jahr	Anmerkung
Kaiser	Kaiser	24333	1911	
Friedrich der Große	Kaiser	24333	1911	
Kaiserin	Kaiser	24333	1911	
König Albert	Kaiser	24333	1912	
Prinzregent Luitpold	Kaiser	24333	1912	
König	König	25391	1912	
Großer Kurfürst	König	25391	1912	
Markgraf	König	25391	1913	
Kronprinz	König	25391	1914	
Derfflinger	Derfflinger	28180	1913	Schlachtkreuzer
Lützow	Derfflinger	26318	1913	Schlachtkreuzer
Hindenburg	Derfflinger	26513	1915	Schlachtkreuzer
Baden	Bayern	28061	1915	
Bayern	Bayern	28061	1915	
Sachsen	Bayern	28345	1916	Nicht fertiggestellt
Württemberg	Bayern	28061	1916	Nicht fertiggestellt
Mackensen	Mackensen	30510	1917	Schlachtkreuzer. Nicht fertiggestellt
Graf Spee	Mackensen	30510	1917	Schlachtkreuzer. Nicht fertiggestellt
Prince Eitel Friedrich	Mackensen	30510	1920	Schlachtkreuzer. Nicht fertiggestellt
Fürst Bismarck	Mackensen	30510		Kiellegung 1915. Nicht fertiggestellt
Ersatz Yorck	Ersatz Yorck	32971		Kiellegung 1916. Nicht fertiggestellt
Ersatz Gneisenau	Ersatz Yorck	32971		CB. Kiellegung 1916. Nicht fertiggestellt
Ersatz Scharnhorst	Ersatz Yorck	32971		CB. Kiellegung 1916. Nicht fertiggestellt
Gneisenau	Scharnhorst	34841	1936	Schlachtkreuzer
Scharnhorst	Scharnhorst	34841	1936	Schlachtkreuzer
Deutschland	Deutschland	13000	1931	Panzerschiff (*Lützow*)
Admiral Scheer	Deutschland	13000	1933	Panzerschiff
Admiral Graf Spee	Deutschland	13880	1934	Panzerschiff
Bismarck	Bismarck	45712	1939	
Tirpitz	Bismarck	46400	1939	
Schlachtschiff H	H-Klasse	55453		Kiellegung 1939. Nicht fertiggestellt
Schlachtschiff J	H-Klasse	55453		Kiellegung 1939. Nicht fertiggestellt

Schiff	Klasse	t	Jahr	Anmerkung
Frankreich				
Danton	Danton	18400	1909	Gemischte Hauptbewaffnung
Mirabeau	Danton	18400	1909	Gemischte Hauptbewaffnung
Condorcet	Danton	18400	1909	Gemischte Hauptbewaffnung
Diderot	Danton	18400	1909	Gemischte Hauptbewaffnung
Voltaire	Danton	18400	1909	Gemischte Hauptbewaffnung
Vergniaud	Danton	18400	1910	Gemischte Hauptbewaffnung
Jean Bart	Courbet	23000	1911	
Courbet	Courbet	23000	1911	
France	Courbet	23000	1912	
Paris	Courbet	23000	1912	
Lorraine	Bretagne	23230	1913	
Provence	Bretagne	23230	1913	
Bretagne	Bretagne	23230	1913	
Normandie	Normandie	24832	1914	Nicht fertiggestellt
Flandre	Normandie	24832	1914	Nicht fertiggestellt
Gascogne	Normandie	24832	1914	Nicht fertiggestellt
Languedoc	Normandie	24832	1915	Nicht fertiggestellt
Béarn	Normandie	24832	1920	1927 als Flugzeugträger fertiggestellt
Dunkerque	Dunkerque	30750	1935	Schlachtkreuzer
Strasbourg	Dunkerque	31400	1936	Schlachtkreuzer
Richelieu	Richelieu	40900	1939	
Jean Bart	Richelieu	40900	1940	
Clemenceau	Richelieu	40900	1940	Nicht fertiggestellt
Großbritannien				
Dreadnought	Dreadnought	18110	1905	
Invincible	Invincible	17420	1907	Schlachtkreuzer
Inflexible	Invincible	17290	1907	Schlachtkreuzer
Indomitable	Invincible	17410	1907	Schlachtkreuzer
Superb	Bellerophon	18800	1907	
Temeraire	Bellerophon	18800	1907	
Bellerophon	Bellerophon	18800	1907	
St. Vincent	Collingwood	19560	1908	
Collingwood	Collingwood	19560	1908	
Vanguard	Collingwood	19560	1909	
Neptune	Colossus	19680	1909	
Hercules	Colossus	20225	1910	
Colossus	Colossus	20225	1910	
Indefatigable	Indefatigable	18500	1909	Schlachtkreuzer
New Zealand	Indefatigable	18500	1911	Schlachtkreuzer
Australia	Indefatigable	18500	1911	Schlachtkreuzer

Schiff	Klasse	t	Jahr	Anmerkung
Orion	Orion	22200	1910	
Monarch	Orion	22200	1911	
Conquerer	Orion	22200	1911	
Thunderer	Orion	22200	1911	
Lion	Lion	26270	1910	Schlachtkreuzer
Princess Royal	Lion	26270	1911	Schlachtkreuzer
Queen Mary	Lion	27300	1912	Schlachtkreuzer
King George V	King George V	23300	1911	
Centurion	King George V	23300	1911	
Ajax	King George V	23300	1912	
Audacious	King George V	23300	1912	
Iron Duke	Iron Duke	25820	1912	
Marlborough	Iron Duke	25820	1912	
Emperor of India	Iron Duke	25820	1913	
Benbow	Iron Duke	25820	1913	
Tiger	Tiger	28430	1913	Schlachtkreuzer
Queen Elizabeth	Queen Elizabeth	29150	1913	
Warspite	Queen Elizabeth	29150	1913	
Barham	Queen Elizabeth	29150	1914	
Valiant	Queen Elizabeth	29150	1914	
Malaya	Queen Elizabeth	29150	1915	
Royal Oak	Royal Sovereign	28000	1914	
Royal Sovereign	Royal Sovereign	28000	1915	
Resolution	Royal Sovereign	28000	1915	
Revenge	Royal Sovereign	28000	1915	
Ramillies	Royal Sovereign	28000	1916	
Erin	Erin	22780	1913	Ehem. türk. *Reshadije*
Agincourt	Agincourt	27500	1913	Der Türkei abgekauft
Canada	Canada	28600	1913	*Almirante Latorre*
Repulse	Renown	27333	1916	Schlachtkreuzer
Renown	Renown	27947	1916	Schlachtkreuzer
Courageous	Courageous	19320	1916	Schlachtkreuzer
Furious	Courageous	19513	1916	Schlachtkreuzer
Glorious	Courageous	19320	1916	Schlachtkreuzer
Hood	Hood	36300	1918	Schlachtkreuzer
Nelson	Nelson	35500	1925	
Rodney	Nelson	35500	1925	
King George V	King George V	38000	1939	
Prince of Wales	King George V	38000	1939	
Howe	King George V	38000	1940	
Duke of York	King George V	38000	1940	
Anson	King George V	38000	1940	
Lion	Lion	40000		Kiellegung 1939. Nicht fertiggestellt
Temeraire	Lion	40000		Kiellegung 1939. Nicht fertiggestellt
Vanguard	Vanguard	44500	1944	

Schlachtschiffe

Italien

Schiff	Klasse	t	Jahr	Anmerkung
Dante Alighieri	Dante Alighieri	19500	1910	
Conte di Cavour	Cavour	23088	1911	
Giulio Cesare	Cavour	23088	1911	
Leonardo da Vinci	Cavour	23088	1911	
Caio Duilio	Duilio	22694	1913	
Andrea Doria	Duilio	22694	1913	
Cristoforo Colombo	Caracciolo	32800		Kiellegung 1915. Nicht fertiggestellt
Francesco Morosini	Caracciolo	32800		Kiellegung 1915. Nicht fertiggestellt
Marcantonio Colonna	Caracciolo	32800		Kiellegung 1915. Nicht fertiggestellt
Francesco Caracciolo	Caracciolo	32800	1920	Nicht fertiggestellt
Italia (Littorio)	Littorio	43835	1937	
Vittorio Veneto	Littorio	43624	1937	
Impero	Littorio	44050	1939	Nicht fertiggestellt
Roma	Littorio	44050	1940	

Japan

Schiff	Klasse	t	Jahr	Anmerkung
Satsuma	Satsuma	19372	1906	Vorgesehene Bewaffnung nicht eingebaut
Aki	Aki	19800	1907	Vorgesehene Bewaffnung nicht eingebaut
Kawachi	Kawachi	20823	1910	
Settsu	Kawachi	21443	1911	
Kongo	Kongo	27500	1912	Schlachtkreuzer. Gebaut in GB
Hiei	Kongo	27500	1912	Schlachtkreuzer
Haruna	Kongo	27613	1913	Schlachtkreuzer
Kirishima	Kongo	27613	1913	Schlachtkreuzer
Fuso	Fuso	30600	1914	
Yamashiro	Fuso	30600	1915	
Ise	Ise	31260	1916	
Hyuga	Ise	31260	1917	
Nagato	Nagato	33800	1919	
Mutsu	Nagato	33800	1920	
Kaga	Tosa	39330	1921	Als Flugzeugträger fertiggestellt
Tosa	Tosa	39330	1921	Nicht fertiggestellt
Amagi	Amagi	41217		Kiellegung 1920. Nicht fertiggestellt
Atago	Amagi	41217		Kiellegung 1921. Nicht fertiggestellt
Takao	Amagi	41217		Kiellegung 1921. Nicht fertiggestellt
Akagi	Amagi	41217	1925	Als Flugzeugträger fertiggestellt
Yamato	Yamato	69100	1940	
Musashi	Yamato	69100	1941	
Shinano	Yamato	69100	1944	Als Flugzeugträger fertiggestellt
Nr. 111	Nr. 111	69100		Kiellegung 1940. Nicht fertiggestellt

Österreich-Ungarn

Schiff	Klasse	t	Jahr	Anmerkung
Viribus Unitis	Tegetthoff	21750	1911	
Prinz Eugen	Tegetthoff	21740	1912	
Tegetthoff	Tegetthoff	21750	1912	
Szent Istvan	Tegetthoff	21750	1914	

Russland

Schiff	Klasse	t	Jahr	Anmerkung
Gangut	Gangut	23000	1911	
Poltava	Gangut	23000	1911	
Sevastopol	Gangut	23000	1911	
Petropavlovsk	Gangut	23000	1911	
Imperatritsa Marija	Imperatritsa Marija	22800	1913	
Ekaterina II.	Imperatritsa Marija	22800	1914	
Imperator Aleksandr III.	Imperatritsa Marija	22800	1915	
Imperator Nikolai I.	Imperatritsa Marija	22800	1916	Nicht fertiggestellt
Borodino	Borodino	32500	1915	Nicht fertiggestellt
Izmail	Borodino	32500	1915	Nicht fertiggestellt
Kinburn	Borodino	32500	1915	Nicht fertiggestellt
Navarin	Borodino	32500	1916	Nicht fertiggestellt
Sovetskij Sojuz	Sovetskij Sojuz	59000		Kiellegung 1938. Nicht fertiggestellt
Sovetskaja Ukraina	Sovetskij Sojuz	59000		Kiellegung 1938. Nicht fertiggestellt
Sevastapol	Kronstadt	35000		Kiellegung 1939. Nicht fertiggestellt
Kronstadt	Kronstadt	35000		Kiellegung 1939. Nicht fertiggestellt
Stalingrad	Stalingrad	42000		Kiellegung 1949. Nicht fertiggestellt

Spanien

Schiff	Klasse	t	Jahr	Anmerkung
Espana	Espana	15500	1912	Gebaut in GB
Alfonso XIII.	Espana	15500	1913	Gebaut in GB
Jaime I.	Espana	15500	1914	Gebaut in GB

Türkei

Schiff	Klasse	t	Jahr	Anmerkung
Fatikh	Fatikh	24700		Kiellegung 1914. Nicht fertiggestellt

Vereinigte Staaten (USA)

Schiff	Klasse	t	Jahr	Anmerkung
South Carolina	South Carolina	16000	1908	BB26
Michigan	South Carolina	16000	1908	BB27
Delaware	Delaware	20380	1909	BB28
North Dakota	Delaware	20000	1908	BB29
Florida	Florida	21825	1910	BB30
Utah	Florida	21825	1909	BB31
Wyoming	Wyoming	26000	1911	BB32
Arkansas	Wyoming	26000	1911	BB33
New York	New York	27000	1912	BB34
Texas	New York	27000	1912	BB35
Nevada	Nevada	27500	1914	BB36
Oklahoma	Nevada	27500	1914	BB37
Pennsylvania	Pennsylvania	31400	1915	BB38
Arizona	Pennsylvania	31400	1915	BB39
New Mexico	New Mexico	32000	1917	BB40
Mississippi	New Mexico	32000	1917	BB41
Idaho	New Mexico	32000	1917	BB42
Tennessee	Tennessee	32300	1919	BB43
California	Tennessee	32300	1919	BB44
Colorado	Colorado	32600	1921	BB45
Maryland	Colorado	32600	1920	BB46
West Virginia	Colorado	32600	1921	BB48
Washington	Colorado	32600	1921	BB47. Nicht fertiggestellt
South Dakota	South Dakota	43200		BB49. Kiellegung 1919. Nicht fertiggestellt
Indiana	South Dakota	43200		BB50. Kiellegung 1919. Nicht fertiggestellt
Montana	South Dakota	43200		BB51. Kiellegung 1919. Nicht fertiggestellt
North Carolina	South Dakota	43200		BB52. Kiellegung 1919. Nicht fertiggestellt
Iowa	South Dakota	43200		BB53. Kiellegung 1919. Nicht fertiggestellt
Massachusetts	South Dakota	43200		BB54. Kiellegung 1920. Nicht fertiggestellt
Lexington	Lexington	43500	1925	CC1. Als Flugzeugträger fertiggestellt
Saratoga	Lexington	43500	1925	CC3. Als Flugzeugträger fertiggestellt
Constitution	Lexington	43500		CC5. Kiellegung 1920. Nicht fertiggestellt
Constellation	Lexington	43500		CC2. Kiellegung 1920. Nicht fertiggestellt
Ranger	Lexington	43500		CC4. Kiellegung 1920. Nicht fertiggestellt
United States	Lexington	43500		CC6. Kiellegung 1920. Nicht fertiggestellt

Schiff	Klasse	t	Jahr	Anmerkung
North Carolina	North Carolina	38000	1940	BB55
Washington	North Carolina	38000	1940	BB56
South Dakota	South Dakota	38000	1941	BB57
Indiana	South Dakota	38000	1941	BB58
Massachusetts	South Dakota	38000	1941	BB59
Alabama	South Dakota	38000	1942	BB60
Iowa	Iowa	48500	1942	BB61
New Jersey	Iowa	48500	1942	BB62
Missouri	Iowa	48500	1944	BB63
Wisconsin	Iowa	48500	1943	BB64
Illinois	Iowa	48500		BB65. Kiellegung 1945. Nicht fertiggestellt
Kentucky	Iowa	48500	1950	BB66. Nicht fertiggestellt
Alaska	Alaska	29000	1943	CB1
Guam	Alaska	29000	1943	CB2
Hawaii	Alaska	29000	1945	CB3. Nicht fertiggestellt

Schlachtschiff-Spezifikationen 1905–1945

Die nachstehende Übersicht enthält die wichtigsten Daten der bedeutendsten Schlachtschiffe und Schlachtkreuzer seit der HMS *Dreadnought* von 1905. Die zum besseren Vergleich herangezogene Standardverdrängung wird definiert als Schiffsmasse einschließlich Rumpf, Maschinen, Panzerung, Bewaffnung sowie Besatzung, Bereitschaftsmunition und Süßwasser für die Besatzung. Nicht enthalten sind Treibstoff, Wasser für die Dampfturbinen und zusätzliche Ausrüstung, die zusätzlich mehrere Tausend Tonnen ausmachen können, weshalb hier oft auch die realistischere Maximalverdrängung angegeben ist.

Eine Liste der Schiffe in den einzelnen Klassen findet sich im **Anhang I** (siehe Seite 280–283).

Großbritannien

HMS Resolution, R-Klasse, Stapellauf 1915

Dreadnought. Daten nach Fertigstellung 1906

Verdrängung:	17 900 t
Länge:	161 m
Breite:	25 m
Tiefgang:	8 m
Antriebsanlage:	18 Kessel. Parsons-Dampfturbinen 4 Wellen. 23 000 WPS
Geschwindigkeit:	21 kn
Panzerung:	Seite 28 cm, Endschotten 20 cm, Decks 10 cm, Türme 28 cm, Barbetten max. 28 cm
Bewaffnung:	Artillerie: 10 x 305 mm (5 x 2), 27 x 76 mm (27 x 1) Torpedos: 5 x 457 mm TR (fest)
Besatzung:	697

Invincible-/Indefatigable-Klasse (Schlachtkreuzer)
Daten nach Fertigstellung 1906 –
Daten der HMS *Invincible* 1908

Verdrängung:	17 250 t
Länge:	173 m
Breite:	24 m
Tiefgang:	8 m
Antriebsanlage:	31 Yarrow-Kessel, Parsons-Turbinen, 4 Wellen. 41 000 WPS
Geschwindigkeit:	25 kn
Panzerung:	Seite 15 cm, Endschotten 18 cm, Decks 5 cm, Türme 18 cm, Barbetten 18 cm
Bewaffnung:	Artillerie: 8 x 305 mm (4 x 2), 16 x 102 mm (16 x 1). Torpedos: 5 x 457 mm TR (fest)
Besatzung:	784
Anmerkung:	Indefatigable-Klasse ähnlich, doch verlängerter Rumpf (180 m) und Verdrängung 18 800 t

Bellerophon-/St.Vincent-/Neptune-Klasse –
Daten der HMS *Neptune* 1911

Verdrängung:	19 900 t
Länge:	166 m
Breite:	26 m
Tiefgang:	8,5 m (max.)
Antriebsanlage:	18 Kessel, Parsons-Turbinen, 4 Wellen. 25 000 WPS
Panzerung:	Seite 25 cm, Endschotten 20 cm, Decks 10 cm, Türme 28 cm, Barbetten 23 cm
Bewaffnung:	Artillerie: 10 x 305 mm (5 x 2), 16 x 102 mm (16 x 1), 4 x 47 mm QF (4 x1). Torpedos: 3 x 457 mm TR (fest)
Besatzung:	755

Anmerkung:	Diese drei Klassen waren schrittweise Verbesserungen des Dreadnought-Designs mit nur geringfügigen Variationen, wenngleich die Verdrängung jeweils leicht anstieg.

Orion-/King-George-V-Klasse – Daten der HMS *Orion* 1912

Verdrängung:	22 500 t
Länge:	177 m
Breite:	27 m
Tiefgang:	8,50 m
Antriebsanlage:	18 Kessel, Parsons-Turbinen, 4 Wellen. 27 000 WPS
Geschwindigkeit:	21 kn
Panzerung:	Seite 30 cm, Endschotten 25 cm, Decks max. 10 cm, Türme 28 cm, Barbetten 25 cm
Bewaffnung:	Artillerie: 10 x 343 mm (5 x 2), 16 x 102 mm (16 x 1), 4 x 47 mm QF (4 x 1). Torpedos: 3 x 533 mm TR (fest)
Besatzung:	752
Anmerkung:	King-George-V-Klasse ähnlich, Verdrängung 23 000 t, Länge 182 m

Lion-Klasse (Schlachtkreuzer) – Daten der HMS *Lion* 1912

Verdrängung:	26 350 t (max. 27 200 t)
Länge:	213 m
Breite:	27 m
Tiefgang:	8,80 m
Antriebsanlage:	42 Yarrow-Kessel, Parsons-Turbinen, 4 Wellen. 70 000 WPS
Geschwindigkeit:	27 kn
Panzerung:	Seite 23 cm, Endschotten 10 cm, Decks 2,5 cm, Türme 23 cm, Barbetten 23 cm
Bewaffnung:	Artillerie: 8 x 343 mm (4 x 2), 16 x 102 mm (16 x 1), 4 x 47 mm QF (4 x 1). Torpedos: 2 x 533 mm TR (fest)
Besatzung:	997

Iron-Duke-Klasse – Daten der HMS *Iron Duke* 1914

Verdrängung:	26 100 t (max. 30 380 t)
Länge:	190 m
Breite:	27,50 m
Tiefgang:	9 m
Antriebsanlage:	18 Kessel, Parsons-Turbinen, 4 Wellen. 29 000 WPS
Geschwindigkeit:	21 kn
Panzerung:	Seite 30 cm, Endschotten 20 cm, Decks 6 cm, Türme 28 cm, Barbetten 25 cm
Bewaffnung:	Artillerie: 10 x 343 mm (5 x 2), 12 x 152 mm (12 x 1), 4 x 47 mm QF (4 x 1). Torpedos: 4 x 533 mm TR (fest)
Besatzung:	952

Tiger-Klasse (Schlachtkreuzer) – Daten der HMS *Tiger* 1914

Verdrängung:	28 500 t
Länge:	214,50 m
Breite:	27,50 m
Tiefgang:	9,75 m
Antriebsanlage:	39 Kessel, Brown-Curtis-Turbinen, 4 Wellen. 108 000 WPS
Geschwindigkeit:	29 kn
Panzerung:	Seite 23 cm, Decks 7,5 cm, Türme 23 cm, Barbetten 23 cm
Bewaffnung:	Artillerie: 8 x 343 mm (4 x 2), 12 x 152 mm (12 x 1), 4 x 47 mm QF. Torpedos: 4 x 533 mm TR (fest)
Besatzung:	1121

Agincourt-Klasse – Daten der HMS *Agincourt* 1914

Verdrängung:	27 500 t
Länge:	204 m
Breite:	27 m
Tiefgang:	9,50 m
Antriebsanlage:	22 Kessel, Parsons-Turbinen, 4 Wellen. 34 000 WPS
Geschwindigkeit:	22 kn
Panzerung:	Seite 23 cm, Querschotten 15 cm, Decks 6 cm, Türme 30 cm, Barbetten 23 cm
Bewaffnung:	Artillerie: 14 x 305 mm (7 x 2), 20 x 152 mm (20 x 1), 10 x 76 mm (10 x 1). Torpedos: 3 x 533 mm TR (fest)
Besatzung:	1115

Queen-Elizabeth-Klasse – Daten der modernisierten HMS *Queen Elizabeth*

Verdrängung:	31 585 t (max. 36 500 t)
Länge:	196 m
Breite:	27,50 m (31,70 m an Torpedowulsten)
Tiefgang:	10,50 m (max. 10,66 m)
Antriebsanlage:	8 Kessel, 4 Wellen, Parsons SR-Getriebeturbinen. 80 000 WPS
Geschwindigkeit:	24 kn
Panzerung:	Seite 33 cm, oberer Gürtel 15 cm,

	Endschotten 15 cm, Schornsteinverkleidung und Lüftungsöffnungen 10 cm, Decks 9 cm, über Magazinen 12,5 cm. Turmfronten 33 cm, -seiten 28 cm, -decken 12,5 cm, Barbetten max. 25 cm. Torpedowulste
Bewaffnung:	8 x 381 mm (4 x 2), 20 x 114 mm D.P. (10 x 2), 32 x 40 mm QF Flak (4 x 8), 16 x 13 mm Flak (4 x 4)
Besatzung:	über 1124
Flugzeuge:	3.1 Katapult

Royal-Sovereign-Klasse –
Daten der HMS *Resolution* 1916

Verdrängung:	27 500 t (max. 31 290 t)
Länge:	190 m
Breite:	27 m
Tiefgang:	8,80 m
Antriebsanlage:	18 Yarrow-Kessel, Dampfturbinen mit Parsons-Getriebe, 4 Wellen. 40 000 WPS
Geschwindigkeit:	23 kn
Bewaffnung:	Artillerie: 8 x 381 mm (4 x 2), 14 x 152 mm (14 x 1), 2 x 76 mm Flak (2 x 1). Torpedos: 4 x 533 mm TR (fest)
Besatzung:	936

Renown-Klasse (Schlachtkreuzer) –
Daten der 1940 modernisierten HMS *Renown*

Verdrängung:	32 000 t (max. 37 410 t)
Länge:	229 m
Breite:	26,50 m (31 m an Torpedowulsten)
Tiefgang:	9,60 m (max.)
Antriebsanlage:	42 Kessel, 4 Wellen, Brown-Curtis-Turbinen. 112 000 WPS
Geschwindigkeit:	29 kn
Panzerung:	Seite 23 cm, Querschotten 10 cm, Hauptdeck max. 12,5 cm, Türme 28 cm, Fronten und Barbetten max. 18 cm. Außenwulste
Bewaffnung:	Artillerie: 6 x 381 mm (3 x 2), 20 x 114 mm D.P. (10 x 2), 24 x 40 mm QF Flak (3 x 8), 16 x 13 mm Flak (4 x 4). Torpedos: 8 x 457 mm fest (4 x 2)
Besatzung:	1309
Flugzeuge:	4.1 Katapult querschiffs

Hood (Schlachtkreuzer) – Daten von Mai 1941

Verdrängung:	42 100 t (max. 46 200 t)
Länge:	262 m
Breite:	29 m
Tiefgang:	9,60 m (max.)
Antriebsanlage:	24 Yarrow-Kessel, 4 Wellen, Brown-Curtis-Turbinen. 144 000 WPS
Geschwindigkeit:	31 kn
Panzerung:	Seite max. 30 cm, Querschotten 23 cm, Decks 7,5 cm, Turmfronten 38 cm, -seiten max. 30 cm, -decken 12,5 cm, Barbetten max. 30 cm. Außenwulste
Bewaffnung:	Artillerie: 8 x 381 mm (4 x 2), 14 x 102 mm Flak (7 x 2), 24 x 40 mm QF Flak (3 x 8), 6 x 20 mm Flak (6 x 1). Raketen: 5 x UP 20fach-Raketenwerfer. Torpedos: 4 x 533 mm TR (fest)
Besatzung:	1420

Nelson-Klasse – Daten der HMS *Nelson* 1939

Verdrängung:	33 950 t (max. 38 000 t)
Länge:	216 m
Breite:	32 m
Tiefgang:	9,60 m (max.)
Antriebsanlage:	8 Kessel, 2 Wellen, Brown-Curtis SR-Getriebeturbinen. 45 000 WPS
Geschwindigkeit:	23 kn
Panzerung:	Seite 36 cm, Querschotten 23 cm, Mitteldeck max. 15 cm, Turmfronten 41 cm, -seiten 30 cm, -decken 23 cm, Barbetten 36 cm. Innenliegender Seitenpanzer
Bewaffnung:	Artillerie: 9 x 406 mm (3 x 3), 12 x 152 mm (6 x 2), 6 x 120 mm Flak (3 x 2), 32 x 40 mm QF Flak (3 x 8 und 8 x 1), 16 x 13 mm Flak (4 x 4). Torpedos: 2 x 622 mm TR (2 x1) fest
Besatzung:	1314
Flugzeuge:	1 (*Rodney*: 2)

King-George-V-Klasse – Daten laut Entwurf

Verdrängung:	35 000 t (max. 40 000 t)
Länge:	227 m
Breite:	31 m
Tiefgang:	9,60 m (max.)
Antriebsanlage:	8 Kessel, 4 Wellen, Parsons SR-Getriebeturbinen. 110 000 WPS
Geschwindigkeit:	29 kn
Panzerung:	Seite max. 38 cm, Querschotten 30 cm, Hauptdeck 15 cm. Turmfronten 33 cm, -seiten 23 cm, -rückseiten 18 cm, -decken 15 cm. Barbetten 33 cm. Innenliegender Seitenpanzer
Bewaffnung:	10 x 356 mm (2 x 4, 1 x 2), 16 x 133 mm D.P. (8 x 2), 32 x 40 mm QF Flak (4 x 8), 16 x 13 mm Flak (4 x 4)
Besatzung:	1612
Flugzeuge:	3. Festes Katapult querschiffs

Vereinigte Staaten

USS New York (BB34) im Jahr 1935

South-Carolina-Klasse –
Daten der USS *South Carolina (BB26)* 1910

Verdrängung:	16 000 t
Länge:	138 m
Breite:	24,50 m
Tiefgang:	7,50 m
Antriebsanlage:	12 Kessel, VTE-Kolbenmotoren, 2 Wellen. 16 500 PSi
Geschwindigkeit:	18,5 kn
Panzerung:	Seite 28 cm, Endschotten 25 cm, Decks 7,5 cm, Türme 30 cm, Barbetten 25 cm
Bewaffnung:	8 x 305 mm (4 x 2), 22 x 76 mm (22 x 1). Torpedos: 2 x 533 mm TR (fest)
Besatzung:	869

Delaware-/Florida-Klasse –
Daten der USS *Delaware (BB28)* 1910

Verdrängung:	20 380 t
Länge:	158 m
Breite:	26 m
Tiefgang:	8,80 m
Antriebsanlage:	14 Kessel, VTE-Kolbenmotoren, 2 Wellen. 25 000 PSi
Geschwindigkeit:	21 kn
Panzerung:	Seite 28 cm, Türme 30 cm, Barbetten 25 cm
Bewaffnung:	Artillerie: 10 x 305 mm (5 x 2), 14 x 127 mm (14 x 1), 2 x 47 mm QF (2 x1). Torpedos: 2 x 533 mm TR (fest)
Besatzung:	945
Anmerkung:	Florida-Klasse ähnlich, doch mit Turbinenantrieb, 4 Wellen, 28 000 WPS, 20,75 kn

Wyoming-Klasse –
Daten der USS *Wyoming (BB32)* 1912

Verdrängung:	26 000 t
Länge:	171 m
Breite:	28,50 m
Tiefgang:	8,80 m
Antriebsanlage:	12 Kessel, Parsons-Turbinen, 4 Wellen. 26 000 WPS
Geschwindigkeit:	20,5 kn
Panzerung:	Seite 28 cm, Endsschotten 28 cm, Türme 30 cm, Barbetten 28 cm
Bewaffnung:	Artillerie: 12 x 305 mm (6 x 2), 21 x 127 mm (21 x 1). Torpedos: 2 x 533 mm TR (fest)
Besatzung:	1063

Texas-Klasse – Daten der USS *Texas* 1944

Verdrängung:	27 000 t (max. 32 000 t)
Länge:	174,50 m
Breite:	30 m
Tiefgang:	9,60 m (max.)
Antriebsanlage:	6 Kessel, VTE-Kolbenmotoren, 2 Wellen. 28 100 PSi
Geschwindigkeit:	21 kn
Panzerung:	Seite max. 30 cm, Querschotten

25 cm, Hauptdeck max. 6 cm, unteres Deck max. 9 cm. Türme max. 36 cm, Barbetten 30 cm. Außenwulste
Bewaffnung: 10 x 356 mm (5 x 2), 6 x 127 mm (6 x 1), 10 x 76 mm Flak (10 x 1), 40 x 40 mm Flak (10 x 4), 40 x 20 mm Flak (40 x 1)
Besatzung: 1530
Flugzeuge: 3. Katapult auf Q-Turm mittschiffs

Nevada-Klasse –
Daten der USS *Oklahoma (BB37)* 1940
Verdrängung: 29 000 t (max. 34 000 t)
Länge: 177,50 m
Breite: 29 m (33 m an Torpedowulsten)
Tiefgang: 9,75 m (max.)
Antriebsanlage: *Oklahoma:* 6 Kessel, VTE-Kolben dampfmaschinen, 2 Wellen. 24 800 PSi (*Nevada*: Getriebeturbinen, 26 500 WPS)
Geschwindigkeit: 20,5 kn
Panzerung: Seite 33 cm, Querschotten 33 cm, Decks max. 7,5 cm. Turmfronten 45 cm, -seiten 25 cm, -rückseiten 23 cm, -decken 12,5 cm. Barbetten 34 cm (über Decks). Außenwulste
Bewaffnung: 10 x 356 mm (2 x 3, 2 x 2), 12 x 127 mm L/51 (12 x 1), 8 x 127 mm L/25 Flak (8 x 1)
Besatzung: ca. 2000
Flugzeuge: 3.2 Katapulte (achtern und auf Q-Turm)

Pennsylvania-Klasse –
Daten der USS *Pennsylvania (BB38)* 1943
Verdrängung: 33 100 t (max. 36 500 t)
Länge: 185 m
Breite: 29,50 m (32 m an Torpedowulsten)
Tiefgang: 10 m (max.)
Antriebsanlage: 6 Kessel, Getriebeturbinen, 4 Wellen. 31 500 WPS
Geschwindigkeit: 21 kn
Panzerung: Seite 36 cm, Querschotten 36 cm, Decks 10 cm, Schornstein und Kessellüftungen 18 cm. Turmfronten 46 cm, -seiten 25 cm, -rückseiten 23 cm, -decken 12,5 cm. Barbetten 36 cm. Außenwulste
Bewaffnung: 12 x 356 mm (4 x 3), 16 x 127 mm D.P. (8 x 2), 40 x 40 mm Flak (10 x 4), 50 x 20 mm Flak (50 x 1)
Besatzung: 2290
Flugzeuge: 3.1 Heckkatapult

New-Mexico-/Tennessee-Klasse –
Daten der USS *New Mexico (BB40)* 1940
Verdrängung: 33 400 t (max. 36 000 t)
Länge: 190 m
Breite: 29,50 m (32 m an Torpedowulsten)
Tiefgang: 10,25 m (max.)
Antriebsanlage: 4 (*Mississippi* und *Idaho*: 6) Kessel, Getriebeturbinen, 4 Wellen. 40 000 WPS
Geschwindigkeit: 21,5 kn
Reichweite: ca. 7800 sm bei 12 kn
Panzerung: Seite 36 cm, Querschotten 36 cm, Schornstein und Lüftungen 41 cm, Decks max. 15 cm. Türme 46 cm, Barbetten 36 cm. Torpedowulste
Bewaffnung: 12 x 356 mm (4 x 3), 12 x 127 mm L/ 51 (12 x 1), 8 x 127 mm L/25 Flak (8 x 1), 12 x 28 mm Flak (3 x 4)
Besatzung: 1930
Flugzeuge: 3.2 Katapulte

Colorado-Klasse –
Daten der USS *Maryland (BB46)* Zustand 1944/45
Verdrängung: 31 500 t (max. 39 100 t)
Länge: 190 m
Breite: 29,50 m (33 m an Torpedowulsten)
Tiefgang: 10,50 m (max.)
Antriebsanlage: 8 Kessel, Curtis-Getriebeturbinen (28 900 WPS), Elektromotoren (27 200 WPS), 4 Wellen
Geschwindigkeit: 21 kn
Panzerung: Seite 41 cm, Querschotten 36 cm, Lüftungsöffnungen 41 cm, Decks 6 cm, Türme 46 cm, Barbetten max. 41 cm. Torpedowulste
Bewaffnung: 8 x 381 mm (4 x 2), 16 x 127 mm D.P. (8 x 2), 40 x 40 mm (10 x 4), 36 x 20 mm Flak (36 x 1)
Besatzung: ca. 2000
Flugzeuge: 3. Heckkatapult

North-Carolina-Klasse – Daten der USS *Washington (BB56)* nach Fertigstellung 1941

Verdrängung:	35 000 t (max. 45 370 t)
Länge:	222 m
Breite:	33 m
Tiefgang:	10,50 m
Antriebsanlage:	8 Kessel, General Electric Getriebeturbinen, 4 Wellen. 121 000 WPS
Geschwindigkeit:	28 kn
Panzerung:	Seite max. 41 cm, Querschotten 41 cm, Hauptdeck 15 cm, unteres Deck 10 cm, Türme max. 46 cm, Barbetten 41 cm
Bewaffnung:	9 x 406 mm (3 x 3), 20 x 127 mm D.P. (10 x 2), 16 x 28 mm Flak (4 x 4), 12 x 13 mm Flak (12 x 1)
Besatzung:	2339
Flugzeuge:	3.2 Heckkatapulte

South-Dakota-Klasse – Daten der USS *Indiana (BB50)* nach Fertigstellung 1942

Verdrängung:	35 000 t (max. 44 370 t)
Länge:	207,25 m
Breite:	33 m
Tiefgang:	11 m (max.)
Antriebsanlage:	8 Kessel, Getriebeturbinen, 4 Wellen. 130 000 WPS
Geschwindigkeit:	28 kn
Panzerung:	Seite max. 41 cm, Querschotten 41 cm, Hauptdeck 15 cm, unteres Deck 10 cm, Türme max. 46 cm, Barbetten 41 cm
Bewaffnung:	9 x 406 mm (3 x 3), 20 x 127 mm D.P. (10 x 2), 56 x 40 mm Flak (14 x 4), 40 x 20 mm Flak (40 x 1)
Besatzung:	ca. 2300
Flugzeuge:	3.2 Heckkatapulte

Iowa-Klasse – Daten der USS *New Jersey (BB62)* nach Fertigstellung 1943

Verdrängung:	45 000 t (max. 57 450 t)
Länge:	270 m
Breite:	33 m
Tiefgang:	11 m (max.)
Antriebsanlage:	8 Kessel, Getriebeturbinen, 4 Wellen. 212 000 WPS
Geschwindigkeit:	33 kn
Panzerung:	Seite max. 41 cm, Querschotten 41 cm, Hauptdeck 15 cm, unteres Deck 10 cm, Türme max. 46 cm, Barbetten 41 cm
Bewaffnung:	9 x 406 mm (3 x 3), 20 x 127 mm D.P. (10 x 2), 64 x 40 mm Flak (16 x 4), 60 x 20 mm Flak (60 x 1)
Besatzung:	2750–3000
Flugzeuge:	3.2 Heckkatapulte

Alaska-Klasse (Schlachtkreuzer) – Daten der USS *Alaska (CB1)* nach Fertigstellung

Verdrängung:	27 500 t (max. 34 250 t)
Länge:	246 m
Breite:	27,75 m
Tiefgang:	9,75 m (max.)
Antriebsanlage:	8 Kessel, Getriebeturbinen, 4 Wellen. 150 000 WPS
Geschwindigkeit:	33 kn
Panzerung:	Seite max. 23 cm, Querschotten 23 cm, Decks 11 cm. Turmfronten 32 cm, -seiten, -rückseiten, -decken 12,5 cm, Barbetten 23 cm
Bewaffnung:	9 x 305 mm (3 x 3), 12 x 127 mm D.P. (6 x 2), 56 x 40 mm Flak (14 x 4), 34 x 20 mm (34 x 1)
Besatzung:	2250
Flugzeuge:	4.2 Katapulte

Frankreich

Courbet-Klasse – Daten der *Courbet* 1913
Verdrängung: 23 190 t
Länge: 168 m
Breite: 27,75 m
Tiefgang: 9 m
Antriebsanlage: 24 Belville-Kessel, Parsons-Turbinen, 4 Wellen. 28 000 WPS
Geschwindigkeit: 21 kn
Panzerung: Seite 30 cm, Decks 7,5 cm, Türme 32 cm, Barbetten 28 cm
Bewaffnung: Artillerie: 12 x 305 mm (6 x 2), 22 x 140 mm (22 x 1). Torpedos: 4 x 450 mm TR (fest)
Besatzung: 1108

Bretagne-Klasse – Daten der *Lorraine* 1916
Verdrängung: 23 320 t (max. 28 500 t)
Länge: 166 m
Breite: 27 m
Tiefgang: 9,75 m
Antriebsanlage: 24 Kessel, Parsons-Turbinen, 4 Wellen. 29 000 WPS
Geschwindigkeit: 20 kn
Panzerung: Seite 28 cm, Decks 5 cm, Türme 43 cm, Barbetten 28 cm
Bewaffnung: Artillerie: 10 x 340 mm (5 x 2), 22 x 140 mm (22 x 1), 4 x 47 mm Flak. Torpedos: 4 x 450 mm TR (fest)
Besatzung: 1113

Dunkerque-Klasse –
Daten der *Dunkerque* nach Fertigstellung
Verdrängung: 26 500 t (max. 33 000 t)
Länge: 214,50 m
Breite: 31 m
Tiefgang: 9,60 m (max.)
Antriebsanlage: 6 Kessel, 4 Wellen, Parsons SR-Getriebeturbinen. 112 500 WPS
Geschwindigkeit: 29,5 kn
Panzerung: Seite max. 25 cm, Querschotten max. 23 cm, Hauptdeck 12,5 cm. Turmfronten 33 cm, -seiten 25 cm, -decken 15 cm. Torpedoschotten
Bewaffnung: 8 x 330 mm (2 x 4), 16 x 130 mm D.P. (3 x 4, 2 x 2), 8 x 37 mm Flak (4 x 2), 32 x 13,2 mm Flak (8 x 4)
Besatzung: 1431
Flugzeuge: 4. Heckkatapult

Richelieu-Klasse – Daten der *Richelieu* 1939
Verdrängung: 35 000 t (max. 47 500 t)
Länge: 248 m
Breite: 33 m
Tiefgang: 9,50 m (max.)
Antriebsanlage: 6 Kessel, 4 Wellen, Parsons SR-Getriebeturbinen. 150 000 WPS
Geschwindigkeit: 30 kn
Panzerung: Seite 34 cm, Querschotten 38 cm, Hauptdeck 17 cm. Turmfronten 45 cm, -seiten 27 cm, -decken 19 cm
Bewaffnung: 8 x 380 mm (2 x 4), 9 x 152 mm D.P. (3 x 3), 12 x 100 mm Flak (6 x 2), 12 x 37 mm Flak (6 x 2), 24 x 13,2-mm Flak (6 x 4)
Besatzung: 1550
Flugzeuge: 3.2 Heckkatapulte

Deutschland

SMS Westfalen,*m Nassau-Klasse, Stapellauf 1908*

Nassau-Klasse – Daten der *Nassau* 1909
Verdrängung: 18 875 t
Länge: 146 m
Breite: 27 m
Tiefgang: 8,80 m
Antriebsanlage: 12 Kessel, VTE-Kolbendampfmaschinen, 3 Wellen. 22 000 PSi
Geschwindigkeit: 19,5 kn
Panzerung: Seite 29 cm, Decks 8 cm, Türme 28 cm, Barbetten 28 cm.
Bewaffnung: Artillerie: 12 x 280 mm (6 x 2), 12 x 150 mm (12 x 1), 16 x 88 mm. Torpedos: 6 x 450 mm TR (fest)
Besatzung: 1008

Von-der-Tann-Klasse (Schlachtkreuzer) –
Daten der *Von der Tann* 1910

Verdrängung:	19 370 t
Länge:	171,50 m
Breite:	26,50 m
Tiefgang:	9 m
Antriebsanlage:	18 Kessel, Parsons-Turbinen, 4 Wellen. 42 000 WPS
Geschwindigkeit:	24,75 kn
Panzerung:	Seite 25 cm, Decks 7,5 cm, Türme 23 cm, Barbetten 23 cm.
Bewaffnung:	Artillerie: 8 x 280 mm (4 x 2), 10 x 150 mm (10 x 1), 16 x 88 mm (16 x 1). Torpedos: 4 x 450 mm TR (fest)
Besatzung:	910

Helgoland-Klasse – Daten der *Helgoland* 1911

Verdrängung:	22 800 t
Länge:	167 m
Breite:	28,50 m
Tiefgang:	9 m
Antriebsanlage:	15 Kessel, VTE-Kolbendampfmaschinen, 3 Wellen. 28 000 PSi
Geschwindigkeit:	20,3 kn
Panzerung:	Seite 29,5 cm, Decks 6 cm, Türme 29,5 cm, Barbetten 27 cm
Bewaffnung:	Artillerie: 12 x 305 mm (6 x 2), 14 x 150 mm (14 x 1), 14 x 88 mm (14 x 1). Torpedos: 6 x 500 mm TR (fest)
Besatzung:	1100

Moltke-/Seydlitz-Klasse (Schlachtkreuzer) –
Daten der *Moltke* 1911

Verdrängung:	22 980 t
Länge:	186,50 m
Breite:	29,50 m
Tiefgang:	9 m
Antriebsanlage:	24 Kessel, Parsons-Turbinen, 4 Wellen. 52 000 WPS
Geschwindigkeit:	25,5 kn
Panzerung:	Seite 28 cm, Decks 6 cm, Türme 25 cm, Barbetten 25 cm
Bewaffnung:	Artillerie: 10 x 280 mm (5 x 2), 12 x 150 mm (12 x 1), 12 x 88 mm (12 x 1). Torpedos: 4 x 500 mm TR (fest)
Besatzung:	1107
Anmerkung:	*Seydlitz* ähnlich, jedoch größer: 24 990 t, 67 000 WPS, 26,5 kn

Kaiser-/König-Klasse –
Daten der *Friedrich der Große* 1912

Verdrängung:	24 725 t
Länge:	172,50 m
Breite:	30 m
Tiefgang:	9 m
Antriebsanlage:	16 Kessel, Parsons-Turbinen, 3 Wellen. 31 000 WPS
Geschwindigkeit:	21 kn
Panzerung:	Seite 34 cm, Decks 7,5 cm, Türme 29,5 cm, Barbetten 29,5 cm
Bewaffnung:	10 x 305 mm (5 x 2), 14 x 150 mm (14 x 1), 8 x 88 mm (8 x 1). Torpedos: 5 x 500 mm TR (fest)
Besatzung:	1088
Anmerkung:	König-Klasse ähnlich, doch sämtliche Artillerietürme auf der Mittellinie

Derfflinger-Klasse (Schlachtkreuzer) –
Daten der *Derfflinger* 1914

Verdrängung:	26 600 t
Länge:	210 m
Breite:	29 m
Tiefgang:	9,50 m
Antriebsanlage:	14 kohle- und 2 ölgefeuerte Doppelenderkessel, Parsons-Getriebeturbinen, 4 Wellen. 63 000 WPS
Geschwindigkeit:	26,5 kn
Panzerung:	Seite 30 cm, Decks 6 cm, Türme 28 cm, Barbetten 27 cm
Bewaffnung:	Artillerie: 8 x 305 mm (4 x 2), 12 x 150 mm (12 x 1), 12 x 88 mm (12 x 1). Torpedos: 4 x 500 mm TR (fest)
Besatzung:	1215

Bayern-Klasse – Daten der *Baden* 1916

Verdrängung:	28 600 t (max. 32 200 t)
Länge:	180 m
Breite:	30 m
Tiefgang:	9,50 m
Antriebsanlage:	11 Kessel, Parsons-Getriebeturbinen, 3 Wellen. 35 000 WPS
Geschwindigkeit:	22 kn
Panzerung:	Seite 34 cm, Decks 10 cm, Türme 34 cm, Barbetten 34 cm
Bewaffnung:	Artillerie: 8 x 380 mm (4 x 2), 16 x 150 mm (16 x 1), 8 x 88 mm (8 x 1), Torpedos: 5 x 600 mm TR (fest)
Besatzung:	1171

Deutschland-Klasse (Panzerschiffe) –
Daten der *Deutschland* 1933

Verdrängung:	11 700 t (max. 15 900 t)
Länge:	187,75 m
Breite:	20,75 m
Tiefgang:	7 m (max.)
Antriebsanlage:	2 Wellen. 8 Dieselmotoren (4 pro Welle). 56 800 bhp
Geschwindigkeit:	26 kn
Panzerung:	Seite max. 8 cm, Hauptdeck 4 cm (7,5 cm über Magazinen). Turmfronten 14 cm, -seiten 10 cm. Barbetten 10 cm. Torpedowulste
Bewaffnung:	Artillerie: 6 x 280 mm (2 x 3), 8 x 150 mm (8 x 1), 6 x 104 mm Flak (3 x 2), 8 x 37 mm Flak, 10 x 20 mm Flak. Torpedos: 8 x 533 mm TR (2 x 4)
Besatzung:	1150
Flugzeuge:	2.1 Katapult

Scharnhorst-Klasse (Schlachtkreuzer) –
Daten nach Fertigstellung

Verdrängung:	31 800 t (max. 38 900 t)
Länge:	235 m
Breite:	30,50 m
Tiefgang:	9,75 m (max.)
Antriebsanlage:	12 Hochdruckkessel, Brown-Boveri-Getriebeturbinen, 3 Wellen. 160 000 WPS
Geschwindigkeit:	32 kn
Panzerung:	Seite mittschiffs 34 cm. Hauptdeck max. 12 cm. Turmfronten 36 cm, -seiten 25 cm, -rückseiten 10 cm. Barbetten 36 cm. Barbetten Mittelartillerie 15 cm
Bewaffnung:	Artillerie: 9 x 280 mm (3 x 3), 12 x 150 mm (4 x 2 und 4 x 1), 14 x 104 mm Flak (7 x 2), 16 x 37 mm Flak (8 x 2). Torpedos: 6 x 533 mm TR (2 x 3)
Besatzung:	1800
Flugzeuge:	4.2 Katapulte

Bismarck-Klasse – Daten der *Bismarck* 1940

Verdrängung:	41 700 t (max. 50 900 t)
Länge:	251 m
Breite:	36 m
Tiefgang:	10 m (max.)
Antriebsanlage:	12 Kessel, Brown-Boveri-Getriebe turbinen, 3 Wellen. 138 000 WPS
Geschwindigkeit:	29 kn
Panzerung:	Seite max. 32 cm, Decks 12 cm. Turmfronten 36 cm, -seiten 22 cm, -decken 12,5 cm. Barbetten 34 cm
Bewaffnung:	Artillerie: 8 x 280 mm (4 x 2), 12 x 150 mm (6 x 2), 16 x 105 mm Flak (8 x 2), 16 x 37 mm Flak (8 x 2), 36 x 20 mm Flak (4 x 4, 6 x 2, 8 x 1) Torpedos: 8 x 533 mm TR (2 x 4) (nur *Tirpitz)*
Besatzung:	2200
Flugzeuge:	6. Festes Doppelkatapult mittschiffs

Italien

Doria-/Cavour-Klasse –
Daten der *Andrea Doria* nach Modernisierung 1940

Verdrängung:	25 924 t (max. 29 000 t)
Länge:	187 m
Breite:	28 m
Tiefgang:	8,80 m (max.)
Antriebsanlage:	8 Kessel, Belluzo-Getriebeturbinen, 2 Wellen. 85 000 WPS
Geschwindigkeit:	27 kn
Panzerung:	Seite max. 24,5 cm, Decks 9 cm, Turmfronten 28 cm, Barbetten 28 cm
Bewaffnung:	10 x 320 mm (2 x 3, 2 x 2), 12 x 135 mm (4 x 3), 10 x 88 mm Flak (10 x 1), 19 x 37 mm Flak, 12 x 20 mm Flak
Besatzung:	1490

Vittorio-Veneto-Klasse –
Daten der *Littorio* nach Fertigstellung 1940

Verdrängung:	41 377 t (max. 46 000 t)
Länge:	237 m
Breite:	32,50 m
Tiefgang:	9,75 m (max.)
Antriebsanlage:	8 Kessel, Belluzo-Getriebeturbinen, 4 Wellen. 139 000 WPS
Geschwindigkeit:	30 kn
Besatzung:	ca. 1900

Panzerung:	Seite 30 cm, Decks max. 15 cm, Türme max. 34 cm, Barbetten 34 cm. Pugliese-Torpedoverteidigungssystem
Bewaffnung:	9 x 381 mm (3 x 3), 12 x 152 mm (4 x 3), 12 x 88 mm Flak (12 x 1), 20 x 37 mm Flak (10 x 2), 20 x 20 mm Flak (10 x 2)
Besatzung:	ca. 1900
Flugzeuge:	3.1 Heckkatapult

Japan

Japanisches Schlachtschiff Ise, *Stapellauf 1916*

Kongo-Klasse – Daten der *Kongo* 1940

Verdrängung:	31 720 t (max. 36 300 t)
Länge:	222 m
Breite:	29 m
Tiefgang:	9,75 m (max.)
Antriebsanlage:	8 Kessel, Kanpon-Getriebeturbinen, 4 Wellen. 136 000 WPS
Geschwindigkeit:	30,5 kn
Panzerung:	Seite 20 cm, Deck 7 cm, Türme 23 cm
Bewaffnung:	Artillerie: 8 x 356 mm (4 x 2), 14 x 152 mm (14 x 1), 8 x 127 mm Flak (4 x 2), 20 x 25 mm Flak (10 x 2)
Besatzung:	1437
Flugzeuge:	3.1 Katapult achtern zum X-Turm

Fuso-/Ise-Klasse – Daten der *Ise* 1937

Verdrängung:	35 800 t (max. 40 100 t)
Länge:	215,75 m
Breite:	32 m
Tiefgang:	9 m (max.)
Antriebsanlage:	8 Kessel, Kanpon-Getriebeturbinen, 4 Wellen. 80 825 WPS
Geschwindigkeit:	25,25 kn
Panzerung:	Seite max. 30 cm, Decks 6 cm. Turmfronten 30 cm, -seiten 20 cm.
Bewaffnung:	12 x 356 mm (6 x 2), 16 x 140 mm (16 x 1), 8 x 127 mm Flak (4 x 2), 20 x 25 mm Flak (10 x 2)
Besatzung:	1376
Flugzeuge:	3.1 Heckkatapult

Nagato-Klasse – Daten der *Nagato* 1944

Verdrängung:	39 130 t (max. 46 350 t)
Länge:	223,75 m
Breite:	34,5 m
Tiefgang:	9,50 m (max.)
Antriebsanlage:	10 Kessel, Kanpon-Getriebeturbinen, 4 Wellen. 82 300 WPS
Geschwindigkeit:	25 kn
Panzerung:	Seite max. 33 cm, Decks max. 12 cm. Turmfronten 36 cm. Torpedowulste
Bewaffnung:	8 x 406 mm (4 x 2), 16 x 140 mm (16 x 1), 8 x 127 mm Flak (4 x 2), 90 x 25 mm Flak
Besatzung:	1368
Flugzeuge:	3.1 Katapult achtern zum Hauptmast, backbords

Yamato-Klasse –
Daten der *Yamato* nach Fertigstellung 1941

Verdrängung:	64 170 t (max 71 660 t)
Länge:	263 m
Breite:	40 m
Tiefgang:	11 m
Antriebsanlage:	12 Kessel, Kanpon-Getriebeturbinen, 4 Wellen. 150 000 WPS
Geschwindigkeit:	27,5 kn
Panzerung:	Seite 41 cm, Decks 20 cm, Türme 63 cm
Bewaffnung:	9 x 457 mm (3 x 3), 12 x 155 mm D.P. (6 x 2), 12 x 127 mm Flak (6 x 2), 24 x 25 mm (8 x 3), 4 x 13 mm MG (2 x 2)
Besatzung:	ca. 2500
Flugzeuge:	6.2 Heckkatapulte

Die großen Geschütze

Sinn und Zweck eines Schlachtschiffs war der Einsatz von schweren Geschützen mit großer Reichweite. Somit hing die relative Stärke eines Schlachtschiffs von der Anzahl und Leistungsfähigkeit seiner großkalibrigen Geschütze ab. Die folgende Übersicht informiert über ausgewählte Großkaliber einiger Schlachtschiffe und Schlachtkreuzer seit 1905.

Kaliber	Geschossgewicht *(kg)*	Reichweite *(m)*	Anmerkung
Deutschland			
280 mm L/51	330	40.930	*Scharnhorst, Gneisenau*
305 mm L/47	284	38.600	*Moltke, Seydlitz* (1. WK)
380 mm L/42	750	20.300	Bayern-Klasse (1. WK)
380 mm L/48	800	35.550	*Bismarck, Tirpitz*
Frankreich			
305 mm L/45	308	26.300	Courbet-Klasse
330 mm L/50	560	41.700	*Dunkerque, Strasbourg*
340 mm L/46	575	26.600	Bretagne-Klasse
380 mm L/45	884	41.700	*Richelieu, Jean Bart*

Kaliber	Geschossgewicht (kg)	Reichweite (m)	Anmerkung
Großbritannien			
305 mm L/50	386	19.200	St.-Vincent-, Neptune-, Colossus-Klasse
343 mm L/45	635	21.710	Orion- bis Iron-Duke-Klasse und einige Schlachtkreuzer
356 mm L/45	721	35.260	King-George-V-Klasse
381 mm L/42	879	30.680	Daten für modifizierte Lafetten mit Richthöhe 30 Grad
406 mm L/45	929	36.375	*Nelson, Rodney*
Italien			
305 mm L/46	445	24.000	Dante-Alighieri-, Duilio- und Conte-di-Cavour-Klasse
320 mm L/44	525	28.600	modernisierte Duilio- und Conte-di-Cavour-Klasse
381 mm L/50	885	42.260	Vittorio-Veneto-Klasse
Japan			
305 mm L/50	386	25.250	Kawachi-Klasse
356 mm L/45	673	35.450	Kongo-, Fuso-, Ise-Klasse
406 mm L/45	1020	38.400	*Nagato, Mutsu*
457 mm L/45	1460	42.030	*Yamato/Musashi*
Vereinigte Staaten (USA)			
305 mm L/50	395	21.490	Wyoming-Klasse
356 mm L/50	680	33.190	New-Mexico-, California-Klasse
406 mm L/45	1225	33.740	North-Carolina-, South-Dakota-Klasse
406 mm L/50	1225	38.720	Iowa-Klasse

Flugzeuge auf Schlachtschiffen

Die nachstehende Tabelle entält Daten zu einigen ausgewählten, von Schlachtschiffen aus eingesetzten Wasserflugzeugen. In den meisten Fällen erfolgte der Start per Katapult und die Landung auf dem Wasser, mit Bergung per Kran. Hierzu folgende Anmerkungen:

Flugzeug: Hersteller und Bezeichnung. Spezielle Ausführungen sind mit einem Hinweis gekennzeichnet.

Typ: Hierzu werden Buchstaben als Kürzel verwendet: M = Eindecker, B = Doppeldecker. Nachfolgende Zeichen: 1F = Einfachschwimmer mit stabilisierenden Schwimmern an den Flügelspitzen, 2F = Doppelschwimmer, FB = Flugboot.

Crew: Besatzung einschließlich Pilot

Spannweite und Länge: Abmessungen in Meter

Geschwindigkeit: Höchstgeschwindigkeit in Kilometern pro Stunde (km/h). Diese wurde in der Praxis nur selten erreicht. Die typische Reisegeschwindigkeit lag zwischen der Hälfte und zwei Dritteln des angegebenen Werts.

MAXFG: Maximales Fluggewicht

Jahr: Jahr des Jungfernflugs

Triebwerk: Alle Triebwerke mit Zugpropeller, sofern keine anderslautende Angabe. Sternmotoren sind luftgekühlt.

Flugzeug	Typ	Crew	Spannweite (m)	Länge (m)	Geschwindigkeit (km/h)	MAXFG (kg)	Jahr
Großbritannien (Royal und Commonwealth Navies)							
Fairey IIID	B2F	3	14,05	11	188	2290	1920
Fairey Flycatcher	B2F	1	8,83	8,83	203	1602	1922
Fairey IIIF	B2F	3	13,97	11	193	2858	1926
Hawker Osprey	B2F	2	11,27	8,93	272	2527	1930
Fairey Swordfish	B2F	2/3	13,88	12,34	206	3679	1933
Supermarine Walrus	BFB	3/4	13,97	11,43	217	3266	1933
Blackburn Shark	B2F	3	14,02	11,63	230	3722	1934
Frankreich							
Gourdou-Leseurre GL810	M2F	3	16	10,49	180	2460	1926
Loire 130	MFB	3	16	11,30	220	3260	1934

Eine Supermarine Walrus (Doppeldecker-Flugboot) wird von der HMS Rodney *geborgen..*

Anmerkung	Triebwerk
erstes Standard-Flugzeugkatapult der RN	450 PS Napier Lion Reihen-V-12-Zylinder, flüssigkeitsgekühlt
Start von Plattform oder per Katapult	400 PS Armstrong Siddeley Jaguar III Sternmotor
Daten für Mk.IIIB	570 PS Napier Lion XIA Reihenmotor, flüssigkeitsgekühlt
Daten für Osprey IV	640 PS Rolls-Royce Kestrel V Reihenmotor, flüssigkeitsgekühlt
	870 PS Bristol Pegasus 30 9-Zylinder-Sternmotor
Standard im 2. WK	775 PS Bristol Pegasus VI 9-Zylinder-Sternmotor (vor Druckpropeller)
	746 PS Armstrong Siddeley Tiger VIc 14-Zylinder-Sternmotor
GL811 und GL812 ähnlich	420 PS Gnôme-Rhône 9Ady Jupiter 9-Zylinder-Sternmotor
über 100 Stück gebaut	720 PS Hispano-Suiza 12Xirl Reihen-12-Zylinder (vor Druckpropeller)

Schlachtschiffe

Flugzeug	Typ	Crew	Spannweite (m)	Länge (m)	Geschwindigkeit (km/h)	MAXFG (kg)	Jahr
Deutschland							
Heinkel He 60	B2F	2	13,50	11,50	240	3400	1933
Heinkel He 114	B2F	2	13,58	11,06	335	3480	1936
Arado Ar 196	M2F	2	12,44	11	311	3719	1938
Italien							
I.M.A.M. Ro.43	B1F	2	11,55	9,69	300	2400	1936
Reggiane Re.2000 Falco 2	M	1	11	8	525	2596	1938
Japan (alliierte Codenamen in Klammern)							
Aichi HD25	B2F	2	13,97	9,68	204	2350	1926
Nakajima Typ 15 (E2N1/2)	B2F	2	13,50	9,54	172	1950	1926
Nakajima E4N2/3	B1F	2	10,97	8,86	232	1800	1930
Nakajima E8N1/2 (Dave)	B1F	2	10,05	8,78	296	2050	1934
Mitsubishi F1M1/2 (Pete)	B1F	2	11	9,49	370	2550	1936
Aichi E13A1 (Jake)	M2F	3	14,17	11,32	377	4000	1938
Aichi E16A1 Zui-un (Paul)	M2F	2	12,80	10,82	439	4500	1942
Vereinigte Staaten (USA)							
Vought VE-7SF	B1F	1	10,39	7,44	188	953	1918
Vought UO	B1F	2	10,45	7,44	200	1046	1921
Vought FU-1	B1F	1	10,48	8,63	196	1258	1926
Vought O2U-1 Corsair	B1F	2	10,51	7,46	241	1649	1926
Vought O3U Corsair	B1F	2	10,97	8,30	264	2019	1930
Curtiss SOC-1 Seagull	B1F	2	10,97	9,61	266	2466	1934
Vought OS2U-1 Kingfisher	M1F	2	10,95	10,13	264	2722	1938
Curtiss SC-1 Seahawk	M1F	1	12,49	11,06	504	3600	1944

Anmerkung	Triebwerk
	600 PS BMW VI 6.0 ZU 12 Zylinder, flüssigkeitsgekühlt
begrenzte Katapultverwendung	970 PS BMW 132K 9-Zylinder-Sternmotor
Standard im 2. WK	970 PS BMW 132K 9-Zylinder-Sternmotor
Standard im 2. WK	700 PS Piaggio P.XR 9-Zylinder-Sternmotor
einsitziges Jagdflugzeug für Littorio-Klasse	1025 PS Piaggio P.XIbis R.C.40 Sternmotor
Navy-Typ 2	500 PS Napier Lion 12-Zylinder-Y-Motor, flüssigkeitsgekühlt
Daten für E2N1	300 PS Mitsubishi Typ Hi Reihen-8-Zylinder, flüssigkeitsgekühlt
modifizierte Version der Vought O2U Corsair	460–580 PS Nakajima Kotobuki 2-kai I 9-Zylinder-Sternmotor
Daten für E8N2	580 PS Nakajima Kotobuki 2-kai I 9-Zylinder-Sternmotor
Daten für F1M2	875 PS Mitsubishi MK2 Zuizei 13 14-Zylinder
in der Kaiserlich Japanischen Marine weit verbreitet	1080 PS Mitsubishi MK8 Kinsei 43 14-Zylinder-Sternmotor
	1300 PS Mitsubishi Kinsei 54 14-Zylinder-Sternmotor
zweisitzige VE-7H und VE-9H ähnlich	180 PS Wright-Hispano E-2 Reihen-8-Zylinder, flüssigkeitsgekühlt
basiert auf der älteren VE-9	200 PS Wright/Lawrence J-1 oder J-3 9-Zylinder-Sternmotor
einsitzige Jägerversion der Vought UO	220 PS Wright J-5 9-Zylinder-Sternmotor
Standard-Typ der US Navy	450 PS Pratt & Whitney R-1340-88 Wasp 9-Zylinder-Sternmotor
verbesserte O2U	550 PS Pratt & Whitney R-1340-12 Wasp 9-Zylinder-Sternmotor
im 2. WK weit verbreitet	600 PS Pratt & Whitney R-1340-18 Wasp 9-Zylinder-Sternmotor
im 2. WK weit verbreitet	450 PS Pratt & Whitney R-985-AN-2 Wasp Junior 9-Zylinder-Sternmotor
letztes Schwimmerflugzeug der US Navy	1350 PS Wright R-1820-62 Cyclone 9-Zylinder-Sternmotor

Auswahl-Bibliographie

Archibald, E. H. H.: *The Metal Fighting Ship in the Royal Navy* 1860–1970, Blandford Press 1971

Bauernfeind, Ingo: *Schlachtschiffe der US Navy. Großkampfschiffe seit 1895*, Motorbuch Verlag 2011

Bennett, Geoffrey: *Naval Battles of the First World War*, B.T. Batsford Ltd 1968

Breyer, Siegfried: *Schlachtschiffe und Schlachtkreuzer 1905–1970*, J.F. Lehmanns 1970

Ders.: *Schlachtschiffe 1905–1992*, Bd. 1: *Von der Dreadnought bis zum Washington-Vertrag*, Podzun-Pallas 1992; Bd. 2: *Die Zeit zwischen den beiden Weltkriegen*, Podzun-Pallas 1993

Ders.: *Schlachtschiffe und Schlachtkreuzer 1921–1997. Internationaler Schlachtschiffbau*, Bernard & Graefe 2001

Ders.: *Schlachtschiff Bismarck*, Dörfler 2009

Brown, D. K.: *The Grand Fleet, Warship Design and Development 1906–1922*, Chatham Publishing 1999

Campbell, John: *Naval Weapons of World War Two*, Conway Maritime Press 1985

Greger, René: *Schlachtschiffe der Welt*, Motorbuch Verlag 1993

Gröner, Erich/Mickel, Peter/Mrva, Franz: *Die deutschen Kriegsschiffe 1815–1945*, 8 Bde. in 9 Teil-Bdn., Bd. 1: *Panzerschiffe, Linienschiffe, Schlachtschiffe, Flugzeugträger, Kreuzer, Kanonenboote*, Bernard & Graefe 3. Aufl. 1982

Hodges, Peter: *The Big Gun, Battleship Main Armament 1860–1945*, Conway Maritime Press 1981

Jane, Fred T.: *Janes Fighting Ships 1906–7*, David and Charles 1970

Labayle Couhat, Jean: *French Warships of World War I*, Ian Allan 1974

Morison, Samuel Elliott: *The Two Ocean War, A short history of the US Navy in the Second World War*, Galahad Books 1997

Narrative of the Battle of Jutland, HMSO 1924

Navies of the Second World War, Macdonald 1966–1973

Padfield, Peter: *The Battleship Era*, Rupert Hart-Davies Ltd 1972

Rohwer, J. und Hummelchen, G.: *Chronology of the War at Sea, 1939–1945*, Greenhill Books 1992

Silverstone, Paul: *US Warships of World War I*, Ian Allan 1970

Silverstone, Paul: *Directory of the World's Capital Ships*, Ian Allan 1984

Taylor, John C.: *German Warships of World War I*, Ian Allan 1969

Terzibaschitsch, Stefan: *Schlachtschiffe der U.S. Navy im Zweiten Weltkrieg*, Bernard & Graefe 2. Aufl. 2000

Whitley, Mike: *Schlachtschiffe des 2. Weltkriegs: Klassen, Baudaten, Technik*, Motorbuch Verlag 2003

Willmott, H. P.: *Battleship*, Cassell 2002

Wingate, John DSC: *Warship Profile 1: HMS Dreadnought*, Profile Publications 1970

Abkürzungen

A, B	In der Royal Navy Bezeichnung für die vor der Brücke befindlichen Geschütztürme
AA	Anti-aircraft – Flugabwehr(kanone)
AMC	Armed Merchant Cruiser – Hilfskreuzer, Handelsstörer
BB	Bezeichnung der US Navy für Schlachtschiff
BCS	Battlecruiser Squadron – Schlachtkreuzer-Geschwader
bhp	brake horsepower – Maß für die Leistung ohne Nebenaggregate (entspricht 1,014 DIN-PS)
BL	Breech-loading – Hinterlade...
BS	Battle Squadron – Schlachtgeschwader
CB	Bezeichnung der US Navy für Schlachtkreuzer
C-in-C	Commander in Chief – Befehlshaber, Oberkomandierender
CSS	Confederate States Ship – Schiff der Konföderierten Staaten
DCT	Director Control Tower – Artillerieleitstand
D.P.	Dual-purpose gun – Universal- oder Mehrzweckgeschütz
DSO	Distinguished Service Order – britischer Kriegsverdienstorden
HMAS	His/Her Majesty's Australian Ship
HMS	His/Her Majesty's Ship
Kaliber	Innendurchmesser eines Laufs oder Geschützrohrs. Auch wird die Länge eines Geschützrohrs durch ein Vielfaches des Kalibers ausgedrückt. So bedeutet L/40 ein Geschütz, bei dem die Rohrlänge 40 Mal so groß ist wie das Kaliber.
kn	Knoten – Geschwindigkeitsmaß in der Seefahrt: 1 Knoten = 1 Seemeile/h = 1,852 km/h
MG	Maschinengewehr
ML	Muzzle-loading – Vorderlade...
MLR	Muzzle-loading rifle – Vorderlader (Gewehr, auch Geschütz)
P, Q, R	In der Royal Navy Bezeichnung für die in Schiffsmitte befindlichen Geschütztürme
PSi	indizierte PS (indirekt ermittelte Leistung bei Kolbendampfmaschinen)
RAF	Royal Air Force
RMLI	Royal Marine Light Infantry
RN	Royal Navy
SG	Scouting Group – Aufklärungsgruppe
SW	surface warning (radar) – Oberflächenwarnradar (für bodennahe Ziele)
t	Tonne – Maßeinheit (für Gewicht bzw. Verdrängung)
TF	Task Force – Einsatzgruppe
TR	Torpedorohr
TT	Torpedo Tube – Torpedorohr
USN	United States Navy
USS	United States Ship
VC	Victoria Cross – das Viktoriakreuz ist die höchste Tapferkeitsauszeichnung des Vereinigten Königreichs für alle Dienstgrade.
VTE	Vertical, triple expansion – Dreifachexpansions(kolbendampfmaschine)
X, Y	In der Royal Navy Bezeichnung für die Geschütztürme achtern
WK	Weltkrieg
WPS	Wellen-PS (Leistung an der Ausgangswelle bei Turbinenanlagen)

Bildnachweise

Bildmaterial von Cody Images

Sämtliche Umschlagbilder und Seiten 1, 2, 4, 6/7, 8, 9, 10, 11 oben, 14/15, 16, 20 klein, 20/21, 22, 24/25, 26, 27 oben, 33, 34, 35, 36, 37, 39 unten, 40 klein, 41 klein, 42, 44 klein, 46/47, 48/49, 50/51, 58/59, 62/63, 64/65, 66, 67 oben rechts, 68 oben, 70/71, 72, 73, 76/77, 83, 84, 85, 86 klein, 86/87, 89, 90 94/95, 98 klein, 98/99, 100/101, 101 klein, 102/103, 105, 108/109, 120, 121, 126, 127 unten, 128 klein, 130/131, 133 oben, 134/135, 136/137, 140/141, 142/143, 142 klein, 144, 146/147, 152, 153, 154/155, 156/157, 158, 159, 160, 161, 172, 184/185, 186, 187, 188/189, 190, 191, 192, 196/197, 199 klein, 200/201, 204/205, 218/219, 218 klein, 224/225, 227, 228, 231, 232, 233, 239, 240, 242/243, 244, 249 unten, 252, 252 klein, 257, 258, 259, 260, 261, 22/262, 264, 267, 271, 274, 276/277, 278, 294/295.

Bildmaterial von Air Sea Media Services

Seiten 11 unten, 12/13, 17, 18/19, 23, 27 unten, 28, 29, 30/31, 32, 38, 39 oben, 40/41, 43, 44/45, 52, 53, 54/55, 56/57, 60/61, 74, 75, 78, 79, 81, 82, 89 klein, 91, 92/93, 96/97, 104, 106/107, 107 klein, 110, 112, 113, 114, 115,116, 117/118, 122, 123, 124, 125, 127 oben, 128/129, 132, 133 unten, 138/139, 145, 148/149, 150 klein, 150/151, 162, 163, 164, 165, 166/167, 168/169, 170, 171, 173, 174, 175, 176/177, 178/179, 180, 181, 182 klein, 182/183, 193, 194, 195, 198/199, 202/203, 202 klein, 206, 208, 208/209, 210, 211, 212, 214,/215, 216/217, 217 klein, 220/221, 222/223, 222 klein, 226, 229, 230, 234/235, 236, 237, 238, 241/242, 242 klein, 245/246, 247, 248, 249 oben, 50, 251, 253, 254, 255, 265, 268, 270, 272, 279, 284, 287, 288, 290, 293, 297.

Rechtefreie Bilder: Seiten 67, 273.

World Ship Society, Sammlung D.K. Brown: Seiten 67, 28 unten, 269.

Packaged by BlueRed Press Ltd

Register

Schiffsnamen können sich auf unterschiedliche Schiffe beziehen.

Aboukir, HMS 28
Achilles, HMS 219, 223
Admiral Duperre 34–35
Admiral Graf Spee 181, 182, 219, 221, 223, 254, 264
Admiral Scheer 181, 264
Admiräle: Erster Weltkrieg 158–161; Zweiter Weltkrieg 257–261
Admiral-Klasse 42, 150, 152
Agamemnon, HMS 38, 48, 124
Agincourt, HMS (*Sultan Osman I.*) 130–131
Ajax, HMS 38, 115, 219, 223
Akagi 171, 176, 209
Akagi-Klasse 176
Alabama, USS 194, 268, 274, 275
Alabama-Klasse 52
Alaska, USS 238, 239
Alaska-Klasse 239
Alecto 115
Alexander II., Zar 49
Alexandra, HMS 35
Almirante Latorre (HMS *Erin*) 131, 279
Amagi 171, 176, 209
Amethyst, HMS 75
Andrea Doria 98, 264
Andromeda, HMS 75
Anglo-Persian Oil Company 89
Anson, HMS 191, 193, 245
Antriebsanlagen 113–117; turboelektrische 104–105; Dreifachexpansionsmaschinen 115
Archerfish, USS 251
Ariadne 132
Arizona, USS 236, 237, 267
Ark Royal, HMS 224, 226, 232–233
Arkansas, USS 267
Ärmelkanal, deutscher Vorstoß 241–243
Artillerieleitstand 248
Atago 171, 248
Atombombentests (Bikini-Atoll) 263, 264, 267
Australia, HMAS 80
australische Kriegsmarine 80
Baden 93, 95, 156
Balkan 108
Barbette 35
Barham, HMS 143, 198, 230, 241, 266
Barnaby, Sir Nathaniel 37, 42, 68–69
Battenberg, Adm. Prince Louis of 108
Bayern 93, 95, 154
Bayern-Klasse 93
Béarn 209
Beatty, Adm. Sir David 131–134, 136, 138–140, 143–144, 146, 148, 159–161
Bellerophon, HMS 67, 77, 83, 85
Bellerophon-Klasse 78
Benbow, HMS 42
Bewaffnung: Flugabwehrgeschütze 92, 191, 210–213; Mehrzweckgeschütze 193–194, 210–212; 234-mm-Geschütze 46–47; 305-mm-Geschütze 78–79; 343-mm-Geschütze 83–85, 90; 356-mm-Geschütze 190, 191; 406-mm-Geschütze 163, 164, 193, 194, 233; 413-mm-Geschütze 42, 43, 63–65; 70-Pfünder Hinterlader 28; Schnellfeuer-Hinterlader 38–39; Vorausfeuer 34, 37; Gatling Guns 41, 271; Raketen 268, 270, 271; 406-mm-Granaten 163; Torpedos 179
Bismarck 21, 186–187, 189, 191, 217, 231–233, 236, 241, 257, 264
Bismarck, Otto Fürst von 108
Black Prince, HMS 28, 120, 143
Blücher 133, 134, 135, 223
Bône 121
Bouvet 124–125
Brandenburg-Klasse 49, 50
Braunschweig und Braunschweig-Klasse 50
Breslau 121–123, 125, 126
Bretagne 224, 226
Bretagne-Klasse 175, 197
Brin, Benedetto 37
Bristol, HMS 127
Brown, John 111
Caio Duilio 36, 37, 98, 228, 264
California, USS 167, 236, 256
Cammell Laird 111
Camperdown, HMS 34, 62–65, 75
Canada, HMS (*Reshadie*) 113, 130, 131
Canopus, HMS 46, 127, 129
Canopus-Klasse 44, 69
Captain, HMS 9, 32–33, 68
Carden, Vizeadm. S. H. 123–124
Carnarvon, HMS 127
Cavour-Klasse 98, 196, 197, 228
Centurion, HMS 198
Cervera, Adm. 56
chinesische Flotte 57
Churchill, Winston 108, 123, 126, 152, 216, 224, 226
Clémenceau 182, 184
Cobra, HMS 75
Coles, Captain Cowper Phipps 9, 32, 33, 68
Collingwood, HMS 42, 69
Collingwood-Klasse 69
Cöln 132
Colorado, USS 169, 253
Colorado-Klasse 105, 117
Colossus, HMS 38, 39, 83
Commonwealth Defence Program 80
Connecticut-Klasse 53
Constellation, USS 170
Constitution, USS 170
Conte di Cavour 98, 228, 264
Cornwall, HMS 127
Coronel, Seegefecht bei 126
Courageous, HMS 151, 153, 176, 207, 216
Courageous-Klasse 152–153
Courbet-Klasse 99, 197
Craddock, Konteradm. Sir Christopher 126
Cuniberti, Vittorio 76, 97
Cunningham, Adm. Andrew 226, 228, 230, 231, 257
Curtiss-Flugzeuge 298–299
Curtis-Turbinen 116–117
Dampfantrieb eingeführt 28
dampfgetriebenes Kriegsschiff, erstmals in der Royal Navy 113, 115
Dampfturbinen eingeführt 75, 116–117
Dandalo 36, 37
Dänemarkstraße, Schlacht in der 231–232
Dante Alighieri 97–98
Danton-Klasse 95, 97
Dardanellen-Kampagne 123–125
de Robeck, Konteradm. John 124, 125
Defence, HMS 120, 143
Delaware, USS 99
Delaware-Klasse 100
Derfflinger 133, 140, 143–145
Derfflinger-Klasse 94–95
deutsche Kriegsmarine 219
deutsche Marine, kaiserliche 49, 50; Schlachtgeschwader 1–3 136; und Dreadnoughts 80, 82–84; Erstarken 90; Hochseeflotte 119, 129, 131–132, 136, 137, 140, 143, 145, 146, 148, 153–157, 160, 161; 1. Aufklärungsgruppe 133, 136
Deutsch-Französischer Krieg 49
Deutschland (spätere *Lützow*) 140, 143–145, 180, 264
Deutschland-Klasse 50, 80, 145; Panzerschiffe 117, 180–181
Devastation, HMS 25, 33, 68
Dieselantrieb 117
Doggerbank, Gefecht auf der 133–134, 136, 160, 161
Dreadnought, HMS 11, 42, 69, 71–77, 80, 83, 84, 99, 117
Dreadnought-Klasse 162
Dresden 126, 129–130
Dreyer-Feuerleittisch 84–85
Duilio-Klasse 196, 197
Duke of Edinburgh, HMS 120
Duke of York, HMS 22, 192, 193, 243, 245, 253, 256
Dumaresq-Analogrechner 84
Duncan-Klasse 44, 47, 69, 115
Dunkerque 181–182, 226
Dunkerque-Klasse 181–182
Dünkirchen 224
Dunning, Sqn Cdr Edwin 153, 206
Eagle, HMS 207, 209, 226
Edinburgh, HMS 38
Edward VII., König 72
Engadine, HMS 138–139
Enterprise, USS 246, 247, 259
Ericsson, John 30
Erin, HMS (*Almirante Latorre*) 131, 279
Evan-Thomas, Konteradm. 138, 143
Exeter, HMS 219, 223
Falklandschlacht (1914) 127–130, 150, 160–161
Ferdinand Max 34
Feuerleitgerät Mark 37 HA 211, 255
Feuerleitsystem 84–85
Feuerleittisch, Dreyer- 84–85
Feuerleitung, zentrale 84
Fisher, Adm. Sir John „Jackie" 72–77, 85, 123, 126, 130, 152, 158, 160
Fiume 230
Florida, USS 103
Florida-Klasse 99
Flugabwehr 210–213
Flugzeuge: Aichi „Val" 236; Avro Lancaster 245; Katapultsystem 198, 202, 203, 205; Fairey Swordfish 222, 223, 228, 232–233, 242; 1. Start/Landung auf fahrendem Schiff 153, 206; Loire 130 Flugboot 182; Nakajima „Kate" 236; Short Wasserflugzeug 88; Sopwith Pup 206; Supermarine Walrus 297; Bedrohung aus der Luft 205; Vought OS2U Corsair 202
Formidable, HMS 229, 230
Formidable-Klasse 44, 69
Frankreich 49, 66, 95, 97; Schlacht um 224; Erstarken 181–182, 184
Franz Ferdinand, Erzherzog 108, 121
französische Kriegsmarine 39, 41, 224, 226
französisch-russisches Bündnis 49
Fraser, Adm. Sir Bruce 245, 253, 258
Furious, HMS 152, 153, 176, 206–207
Fuso 106, 107, 250
Fuso-Klasse 198
G3 Schlachtkreuzerentwurf 172–173, 175
Galatea, HMS 138
Gallipoli 125
Gambier Bay, USS 251
Gangut 270
Gascogne 182, 184
Gelbes Meer, Seeschlacht 58, 61
gepanzerte Kriegsschiffe eingeführt 28
Geschütztürme: Monitor der Federal Navy 29; HMS *Captain* 32; Drehtürme eingeführt 32, 67; überhöhte Aufstellung eingeführt 76; Inneres 162–165
Giulio Cesare (spätere *Novorossijsk*)

228, 264–265
Glasgow, HMS 126, 127
Glorious, HMS 153, 176, 207, 216, 223–224
Gloucester, HMS 121, 122, 270
Gneisenau 126, 129, 186, 222–224, 241–243, 264
Goeben 82–83, 120–123, 125–126, 266
Golfkrieg 270, 279
Goliath, HMS 125
Good Hope, HMS 126
Großer Kurfürst 145
Guadalcanal, Seeschlachten von 246–248, 260–261
Guam, USS 239
Guépratte, Adm. 124
Halsey, Adm. William 250
Hamideh 123
Hampton Roads, Schlacht von 30, 32
Harding, Präsident 173
Hardy, HMS 223
Hartlepool 133
Haruna 105–106, 199, 250, 264
Harvey, H. A. 111
Harvey, Maj. F., VC, RMLI 141
Harwood, Commodore Henry 219, 223
Havanna 53, 56
Hawaii, USS 239
Heizöl, Umstellung auf 89
Helgoland, Schlacht bei 132, 160
Helgoland-Klasse 80, 82, 83
Hercules, HMS 83
Hiei 105–106, 197, 246–247
Hindenburg 94–95, 155, 157
Hipper, Adm. Franz von 131–134, 136, 137, 139–140, 143–145, 149, 161
Hiroshima 253
Hitler, Adolf 216, 241
H-Klasse „Superschlachtschiffe" 216
Holland, Vizeadm. Lancelot 231
Hood, HMS 8, 15, 21, 43, 44, 117, 152, 172, 198, 203, 224, 231–232, 236
Howe, HMS 193, 217
Hughes, Charles 174
Hunter, HMS 223
Hyuga 106, 249, 264
Iachino, Adm. Angelo 228
Idaho, USS 105, 253, 267
Illinois, USS 239
Illustrious, HMS 228
Impero 184
Indefatigable, HMS 79, 80, 120, 121, 123, 140, 141, 161, 172
Indefatigable-Klasse (Schlachtkreuzer) 80
Indiana, USS 110, 170, 194, 268
Indiana-Klasse 51–52
Indomitable, HMS 77, 120, 121, 123, 134, 143, 172, 239
Inflexible, HMS 37–38, 69, 77, 120, 123–127, 129, 143, 145, 150, 161, 172
Ingenohl, Adm. von 131, 132, 135, 136
Invincible, HMS 77, 126–127, 129, 143, 150, 172
Iowa, USS 52, 56, 170, 212, 268, 269, 270, 275
Iowa-Klasse 116, 117, 163, 237, 239, 268, 270, 271
Iron Duke, HMS 90, 109, 138, 198
Iron-Duke-Klasse 87, 92
Irresistible, HMS 125
Ise 106, 249, 264, 293
Ise-Klasse 198, 249
Italia (ehemalige *Littorio*) 37, 186, 227, 228, 264, 265
Italien 97–98; Erstarken 184–185
italienische Kriegsmarine 33–34, 226–228
Jane's Fighting Ships 76
Japan 57; Kapitulation 253, 258, 260; Krieg mit Russland 58
Japanisch-Chinesischer Krieg 57
Japanische Kriegsmarine, Kaiserlich 57–59, 249–250; 11. Schlachtgeschwader 246; „8 zu 8"-Programm 170–171; 2. Flotte 247, 261; Erstarken 105–106, 189; 1. Kampfverband 250, 251
Jean Bart 182, 184, 224, 245–247, 265–266
Jellicoe, Adm. Sir John 85, 131, 132, 136, 138, 140, 143–145, 149, 159, 160, 161
John Brown Company 111
Justice 74
Kaga 170–171, 176, 209
Kaiser-Friedrich-III.-Klasse 49–51
Kaiser-Klasse 90, 92
Kaiser-Wilhelm-Kanal 80
Kalabrien, Schlacht vor 226, 228
Kawachi-Klasse 105
Kearsage, USS 52
Kent, HMS 129
Kentucky, USS 52, 239
Kessel 113, 117
Kiel und Kaiser-Wilhelm-Kanal 80
Kind Hearts and Coronets (Film, dt.: Adel verpflichtet) 62
King George V, HMS 88, 193, 210, 232, 233, 253, 256
King, Adm. Ernest „Ernie" 260
King-Edward-VII-Klasse 44, 46, 69, 133
King-George-V-Klasse 87, 189, 190, 191, 193, 203, 210, 216, 217, 266
Kirishima 105–106, 246, 247, 248, 256, 260
Kirow-Klasse 271
Knjas Suworow 59
Kondo, Adm. 247, 248
Kongo 85, 86, 105–106, 250, 251
Kongo-Klasse 197–198
König 145
König-Klasse 92
Konvois: JW55B 245; PQ17 243
Korallenmeer, Schlacht im 209, 246
Koreakrieg 268, 269
Krimkrieg 28
Krupp 112
Kuba 56
Kurfürst Friedrich Wilhelm 50
Kurita, Vizeadm. Takeo 250, 251, 261
La Gloire 27, 28, 110, 111
Langsdorff, Kapt. 223
Lee, Konteradm. Willis „Ching" 247–250, 260–261
Leipzig 126
Leonardo da Vinci 98
Lepanto 37
Lexington, USS 170, 176, 207, 209
Lexington-Klasse 169–170, 175, 207, 209, 239
Leyte, Schlacht um 249–251, 261
Lion, HMS 85, 87, 134, 140–141, 143
Lion-Klasse 216–217
Lissa, Seeschlacht um 33–34, 99
Littorio (spätere *Italia*) 37, 186, 227, 228, 264, 265
Londoner Konferenz/Vertrag (1935) 189, 191, 195
Londoner Vertrag (1930) 179–180, 181, 184, 189
Lord Nelson, HMS 48, 124
Lord-Nelson-Klasse 46–47
Lorraine 175, 197, 199, 265, 266
Lowestoft 136
Lüshunko (ehemals Port Arthur) 26, 49, 57, 58
Lützow (ehemalige *Deutschland*) 140, 143–145, 180, 264
Macedonia, HMS 127
Mackensen-Klasse 95, 150, 152
Madden, Adm. 154, 155
Mahan, Captain Alfred 55
Maine, USS 11, 51, 53, 56
Maine-Klasse 52
Majestic, HMS 44, 124, 125
Majestic-Klasse 43–44, 47, 69
Malaya, HMS 89, 198, 226
Malaya, Invasion von 239
Manila, Bucht von 56
Manual of Naval Architecture, The 69
Marat-Klasse 270
Markgraf 145
Markham, Konteradm. Albert Hastings 62–65
Marlborough 142
Maryland, USS 112, 169, 236
Maryland-Klasse 169, 175, 204, 267
Maschinenkontrollraum 116
Massachusetts, USS 170, 194, 245, 268, 275
Matapan, Schlacht bei 229–231, 257
Matsushima 57
Mauretania, RMS 69
Mecklenburg-Klasse 50
Merrimack 29–30, 32
Mers-el-Kébir, Aktion von 224, 226
Messina 121
Midway, Schlacht um 209, 246, 261
Mikasa 58, 59, 279
Milne, Adm. Sir Berkeley 120, 121
Mississippi, USS 55, 251, 253, 267, 268
Mississippi-Klasse 53, 55
Missouri, USS 253, 258, 268, 270, 275, 277
Mogami 250
Moltke 82–83, 133, 139, 140, 155
Monarch, HMS 32, 67
Monitor, USS 30, 32
Monmouth, HMS 126
Montana, USS 170
Montana-Klasse 239
Munition, Laden von 134, 136, 162–163
Musashi 250, 261
Museumsschiffe 272–279
Mussolini, Benito 224
Mutsu 170, 264
N3 (Projekt) 173, 175
Nagasaki 253
Nagato 170, 250, 263, 264
Nagato-Klasse 171, 191, 198
Nagumo, Adm. 209
Narvik, Schlacht um 222, 223
Nassau-Klasse 79, 80, 290
Navy Times 163
Nelson, Adm. Lord 26
Nelson, HMS 16, 177, 179, 219, 254, 266
Nelson-Klasse 178, 179, 198, 210
Neptune, HMS 67, 79–80
Nevada, USS 104, 237, 267
Nevada-Klasse 101, 104
New Hampshire, USS 162
New Jersey, USS 213, 237, 255, 268, 269, 270, 275
New Mexico, USS 104, 117, 253, 267
New York, USS 56, 256, 267, 287
New Zealand, HMS 80, 134, 140
New-Mexico-Klasse 104, 105
New-York-Klasse 100
Nikolaus II., Zar 49
Nimitz, Adm. Chester 253, 258–260
Nishimura, Adm. Shoji 250
Nordkap, Schlacht beim 245, 258
Norfolk, HMS 231, 232
Normandie-Klasse 97, 209
North Carolina, USS 170, 194, 205, 246, 268, 275
North Dakota, USS 54, 99, 100
North-Carolina-Klasse 193, 194, 267
Northumberland, HMS 34
Norwegen, Invasion von 222, 223–224, 261
Novorossijsk (ehemalige *Giulio Cesare*) 228, 264–265
Nürnberg 126
Ocean, HMS 125
Oklahoma, USS 104, 236, 267
Oldendorf, Konteradm. Jesse 249, 250
Operationen: Desert Storm 270, 279; Goodwood 245; Mascot 245; Seelöwe 261; Torch 245; Tungsten 245
Oregon, USS 56
Orion, HMS 133, 230
Orion-Klasse 84, 85
österreichisch-ungarische Flotte 33, 34, 99
Ostfriesland 81
Otranto, HMS 126
Panamakanal 100, 170
Panzerkreuzer, frühes 20. Jahrhundert 76–77
Panzerschiff, Bezeichnung eingeführt 110
Panzerschutz 110–112
Paris 265, 266
Parsons, Charles 116
Pearl Harbor, Hawaii 215, 275, 277; Überfall auf 209, 234, 236–237, 267
Pennsylvania, USS 254, 267, 268
Pennsylvania-Klasse 104, 105
Persano, Adm. Conte di 33
Philippinensee, Schlacht in der 249

Phillimore, Adm. 155
Phillips, Adm. Tom 239
Pohl, Adm. von 136
Pola 230, 231
Pola/Pula (Stadt) 121
Pommern 145, 146
Port Arthur (heute Lüshunko) 26, 49, 57, 58
Portland, USS 247
Portsmouth, Schiffsbauschule 66
Preußen 9, 129
Pridham-Whipple, Vizeadm. H. D. 229, 230
Prien, Kapitänleutnant Günther 217–219
Prince Albert, HMS 32
Prince George, HMS 124
Prince of Wales, HMS 193, 231, 232, 239–241, 256, 266
Princess Royal, HMS 85, 140
Prinz Eugen 21, 231, 232, 241
Prinzregent Luitpold 90, 93
Projekt-13-Klasse 176
Provence 226
Queen Elizabeth, HMS 91, 123, 124, 201, 203, 210, 241
Queen Mary, HMS 85, 140, 143, 161
Queen-Elizabeth-Klasse 89, 131, 138, 171, 172, 198, 266
Querschotten eingeführt 75
R (Revenge)-Klasse 88–90, 198, 203, 266, 284
Radar 254–256
Raeder, Adm. Erich 216, 261
Ramillies, HMS 89–90, 232
Rammtaktik 34, 64
Ranger, USS 170
Rattler, HMS 113, 115
Re d'Italia 34
Reagan, Präsident Ronald 268, 275
Rebeur-Paschwitz, Vizeadm. 125
Reed, Sir Edward James 32, 33, 66–68
Renown, HMS 150, 154, 172, 173, 198, 203, 210, 223, 232, 266
Repulse, HMS 20, 150, 154, 155, 172, 198, 203, 239, 240, 241, 266
Reshadie (HMS *Canada*) 113, 130, 131
Resolution, HMS 203, 224, 284
Reuter, Adm. von 156
Revenge, HMS 232
Richelieu 182, 184, 224, 246, 265
Richelieu-Klasse 182, 183, 184
Rio de la Plata, Schlacht am 219, 221, 223
Rodney, HMS 179, 223, 232, 233, 266, 297
Roma 184, 186, 264
„Room 40“ 134
Roschestwenski, Adm. 58
Royal Navy 26 27, 1. Schlachtgeschwader 154; 4. Schlachtgeschwader 160; 5. Schlachtgeschwader 138, 139, 141, 143; 6. Schlachtgeschwader 148–149; 1. Schlachtkreuzergeschwader 87; 3. Schlachtkreuzergeschwader 138; Committee on Designs 75; 1. Kreuzergeschwader 120–122, 143; 12. Zerstörerflottille 146; Force H 224, 226, 232; Grand Fleet 89, 109, 120, 126, 130–132, 136–137, 146, 148–149, 159, 161; Home Fleet 108, 158, 219, 231, 242, 243, 245, 257, 258, 266; Mittelmeerflotte 62–63, 120, 121, 226, 228–231, 241, 257; Aufrüstung vor dem 2. WK 189, 191; Royal Marine (Geschützcrew) 210; Kampfstärke 48–49, 130–131; Surveyor of the Navy 66; und Torpedos 41, 42
Royal Oak, HMS 203, 218, 219, 266
Royal Sovereign, HMS 88, 226
Royal-Sovereign-Klasse 43, 47, 69
Russische Kriegsmarine 49, 58, 59, 270–271
Russische Pazifikflotte 58
Russisch-Japanischer Krieg 58
Russland 49; Invasion von 243
Sachsen 117
Saipan (Operation) 249
San Francisco, USS 247
Sans Pareil, HMS 42
Santa-Cruz-Inseln, Schlacht bei den 246, 247
Santiago, Seeschlacht vor 56, 57
Saratoga, USS 170, 176, 207, 209
Scapa Flow 11, 91, 120, 126, 130, 148, 154, 156, 157, 218, 219
Scarborough 133, 161
Scharnhorst 22, 126, 186, 192, 222–224, 241–243, 245, 256, 258, 264
Scheer, Adm. Reinhard 135–136, 140, 144–146, 149, 154, 155, 161
Schiffskonstrukteure, viktorianische 66–69
Schlachtkreuzer eingeführt 77–79, 80, 85, 94
Schlachtschiff, Aufkommen des Begriffs 43
Schneider 111
Schraubenantrieb eingeführt 27–28, 115
Scott, Adm. Sir Percy 84
Sealion, USS 251
Seemacht, historischer Einfluss 55
Sendai 247
Sevastopol 270
Sewastopol 264
Seydlitz 94, 96, 132, 133, 134, 140, 143, 145, 146
Sezessionskrieg 28–30, 32, 50
Sheffield, HMS 232, 233, 254
Shigure 250
Shinano 251
Sibuyan-See, Schlacht in der 250
Skagerrakschlacht 139–141, 143–149, 159, 160, 161, 163, 193
Somerville, Vizeadm. James 224, 226
Souchon, Konteradm. 121, 123
South Carolina, USS 174
South Dakota, USS 170, 194–195, 246–248, 260, 275
Southampton, HMS 143
South-Carolina-Klasse 76, 99
South-Dakota-Klasse 169–170, 175, 194, 237, 239, 267
Spanisch-Amerikanischer Krieg 56
spanische Kriegsmarine 56
Spee, Vizeadm. Maximilian Graf von 126–130, 160
Spithead (Parade) 108, 116
St.-Andrew-Klasse 173
St.-Vincent-Klasse 78–79
Stalingrad 271
Stiletto, USS 41
Strasbourg 181–182, 226
Sturdee, Vizeadm. Sir Doveton 127–130, 160–161
Suffolk, HMS 231, 232
Suffren 123
Sultan Osman I. (HMS *Agincourt*) 130, 131
Sultan, HMS 66
Super-Dreadnoughts 84, 85
Surigao, Schlacht von 250–251, 256
Swiftsure, HMS 48
Swiftsure-Klasse 47
Takao 171, 248
Tarent, Hafen von 98; Angriff auf 227, 228, 257
Tegetthoff, Konteradm. 33, 34
Tegetthoff-Klasse 33, 34, 99, 101
Tennessee, USS 6, 117, 237, 256
Tennessee-Klasse 105, 117, 169, 204, 267
Texas, USS 50–52, 56, 163, 165, 245, 256, 267, 273, 275
Thunderer, HMS 84, 85
Tiger, HMS 85–87, 95, 106, 140, 212
Tirpitz 18, 186–187, 189, 217, 242–245, 264
Tirpitz, Adm. Alfred von 49, 80, 83, 161
Togo, Adm. 26, 58–59
Torpedo eingeführt 39–41
Torpedoboote eingeführt 39, 41–42
Torpedobootzerstörer 42
Tosa 170–171
Tosa-Klasse 176
Tovey, Adm. John 231, 233, 257
Trafalgar, Seeschlacht bei 26
Transsibirische Eisenbahn 57–58
Triumph, HMS 124, 125
Troubridge, Konteradm. 121–123, 126
Tryon, Vizeadm. Sir George 34, 62–65
Tsushima, Seeschlacht bei 26, 27, 58–59, 75
Turbinia 116
Türkei 99, 123
Tyrwhitt, Commodore 132, 134, 136
U-Boote 217; U-21 125; U-47 217–219; U-64 223; U-73 207; U-331 241
Umbau zum Flugzeugträger 176, 206–207, 209
United States, USS 170
Unterseeboote: US- 53; Kleinst- (X6 und X7) 244, 245
US Navy 50, 51; Ausbau nach dem 1. WK 169–170, 173; Pazifikflotte 234, 236; Stärke 55, 99, 203–205; Task Force 34 250, 251; Task Force 58 250; Task Force 64 247, 260; Task Force 77 251
Utah, USS 203–204
Valiant, HMS 201, 210, 223, 224, 229, 241
Vanguard, HMS 34, 112, 216–217, 266–267
Vereinigte Staaten: konföderierte Navy 29–30; Eintritt in den 1. WK 148–149; Nordstaaten-Navy 50; Aufrüstung vor dem 2. WK 193–195; Krieg mit Spanien 56
Verité 123
Versailler Vertrag 156, 173, 180
Vickers Armstrong 85, 86; Werft in Barrow-in-Furness 105
Victoria, HMS 34, 42–43, 62–65, 75, 159
Victorious, HMS 232
Victory, HMS 33, 273
Vietnam 268, 269
Viper, HMS 75
Virginia, CSS 29–30, 32
Virginia-Klasse 52–53
Viscaya 57
Vittorio Veneto 185, 186, 228–231, 264, 265
Vittorio-Veneto-Klasse 184, 186, 228
Von der Tann 81, 82, 140, 141, 143, 145
Warrior, HMS 28, 66, 68, 110, 111, 115, 120, 143, 272, 273
Warspite, HMS 143, 200–201, 222, 223, 226, 228, 230, 266
Washington, USS 17, 169, 194, 243, 247, 248, 256, 260
Washingtoner Flottenvertrag 16, 167, 175–177, 206, 207, 209
Washingtoner Konferenz 173–175
Watson Watt, Sir Robert 254
Watts, Isaac 66
Watts, Sir Philip 46–47
Weltkrieg, Erster Beginn 108, 120, 121; Ende 156
Weltkrieg, Zweiter Beginn 216; Ende 253, 258, 260, 264
West Virginia, USS 169, 202, 237, 253, 256
Westentaschenschlachtschiff, Begriff eingeführt 180–181
Westfalen 290
Whitby (Hafenstadt) 133
White, Sir William Henry 43, 48, 69
Whitehead, Robert 39, 40
Whitworth, Vizeadm. William 223
Wiesbaden 142, 143
Wilhelm II., Kaiser 49, 132
Wisconsin, USS 23, 270, 278, 279
Withöft, Adm. 58
Wyoming, USS 267
Wyoming-Klasse 100
Yalu, Seeschlacht am 57
Yamamoto, Adm. Isoroku 261
Yamashiro 106, 250, 251, 256
Yamato 189, 250–253, 261
Yamato-Klasse 189
Yarmouth, Great 133
Yorck 133
Zara 230
Zessarewitsch 58, 61
Zitadelle, gepanzerte 35, 37